国家林业和草原局研究生教育"十四五"规划教材

园林生态学

闫淑君　主编

中国林业出版社
China Forestry Publishing House

内容简介

本教材结合研究生教育的特点，注重园林生态学领域的前沿与热点问题，在编写过程中吸收了国内外园林生态学的最新研究成果和动态，辅以丰富、翔实、生动、现实的案例，并根据园林生态学研究对象的特点，尽可能反映本学科的层次性、系统性、研究性和前沿性，注重理论与实践相结合，既注重理论深度，又重视广度，体现研究生教学的特点及对该课程的要求。

本教材内容包括绪论、园林生态学相关基础理论、城市环境、城市生物多样性与生物同质化、城市植被、城市绿地生态系统服务、绿色廊道及绿色网络、城市植被恢复与重建等内容；在每个章节的后面，设置了思考题和推荐阅读书目，后者是与章节的内容密切相关的经典文献和较新文献。

本教材可供高等院校和科研院所风景园林学、园林植物与观赏园艺、城乡规划学等硕士专业的学术学位研究生和专业学位研究生的教学使用，也可供城市生态环境保护与建设、城乡规划与建设、城市公园建设等相关领域的科研、技术和管理人员参考。

图书在版编目（CIP）数据

园林生态学/闫淑君主编. —北京：中国林业出版社，2022.9（2025.7 重印）

国家林业和草原局研究生教育"十四五"规划教材

ISBN 978-7-5219-1818-2

Ⅰ.①园…　Ⅱ.①闫…　Ⅲ.①园林植物–植物生态学–研究生–教材　Ⅳ.①S688.01

中国版本图书馆 CIP 数据核字（2022）第 149470 号

策划、责任编辑：康红梅
责任校对：苏　梅

出版发行　中国林业出版社(100009　北京市西城区刘海胡同7号)
E-mail：jiaocaipublic@163.com　电话：(010)83143551，83223120
https://www.cfph.net
印　　刷　北京中科印刷有限公司
版　　次　2022年9月第1版
印　　次　2025年7月第2次印刷
开　　本　850mm×1168mm　1/16
印　　张　13
字　　数　333千字
定　　价　59.00元

《园林生态学》编写人员

主　　编　闫淑君

副 主 编 (按姓氏拼音排序)

　　　　　陈　莹　黄柳菁　李海梅

编写人员 (按姓氏拼音排序)

　　　　　陈　莹(福建农林大学)

　　　　　黄柳菁(福建农林大学)

　　　　　李海梅(青岛农业大学)

　　　　　梁立军(浙江农林大学)

　　　　　钱莲文(泉州师范学院)

　　　　　王　非(东北林业大学)

　　　　　闫淑君(福建农林大学)

　　　　　张明娟(南京农业大学)

主　　审　洪　伟(福建农林大学)

前　言

随着城市化进程的加快，人们日益重视人居环境，生态学的理论和技术在实现城市可持续发展方面发挥了越来越重要的作用，并推动了园林生态学的发展，相关的科研成果日益增多，可以说园林生态学已成为现代风景园林学科的重要组成部分，也成为风景园林学研究生培养的学位课。为了更好地提升研究生的教学质量和培养高素质、高层次、创新型风景园林建设人才，迫切需要出版面向研究生层次的《园林生态学》教材。

本教材立足本科教材《生态学》《园林生态学》《城市生态学》《景观生态学》的基础，结合研究生教育的要求和特点，在编写过程中吸收了国内外园林生态的最新研究成果和动态，根据园林生态学研究对象的特点，尽可能反映本学科的层次性与系统性，体现研究生教学的特点及对该课程的要求。

本教材由闫淑君任主编；陈莹、黄柳菁、李海梅任副主编；编写人员均为一线教师。编写分工如下：第1章由闫淑君和李海梅编写；第2章由钱莲文和闫淑君编写；第3章由陈莹和梁立军编写；第4章由陈莹和张明娟编写；第5章由黄柳菁和张明娟编写；第6章由李海梅和闫淑君编写；第7章由黄柳菁编写；第8章由闫淑君和王非编写；全书由陈莹和黄柳菁统稿；最后由闫淑君和李海梅修改、定稿。福建农林大学洪伟教授对书稿进行了审阅，并提出了中肯的意见。

本教材在编写过程中参阅并引用了大量相关文献，如 Molles 的《Ecology：Concepts and Applications》(Seventh Edition)(2015)，Smith 等的《Elements of Ecology》(Eighth Edition)(2011)，Kohli 等的《Invasive Plants and Forest Ecosystem》(2009)，Knapp 的《Plant Biodiversity in Urbanized Areas》(2010)，Forman 的《Urban Ecology：Science of Cites》(2014)，以及邬建国等译的《城市生态学：城市之科学》(2017)，冷平生主编的《园林生态学》(第二版)(2011)，彭少麟的《恢复生态学》(2007)，张娜的《景观生态学》(2016)等，这些文献为本教材的编写提供了基础素材，谨对上述著作作者表示衷心的感谢！此外，教材中引用和参考了园林生态学和其他相关领域的研究成果，绝大部分在教材中做了标注或在后面的参考文献中列出，但也难免挂一漏万，在此也向相关的研究工作者表示衷心的感谢！特别值得一提的是，本教材在编写过程中得到前辈洪伟先生的许多宝贵意见，中国林业出版社为本教材的顺利出版给予了巨大的支持和帮助，在此致以衷心的感谢！在教材编写过程中，廖剑威、叶佳伟、纪霜和杨丽等参与了部分图片绘制和文字校对等工作，在此也致以衷心的感谢！

园林生态学是生态学的应用分支学科之一，尚有许多未知领域亟待研究和探索，研究技术和手段需要不断完善和更新。因此，新成果、新发现和新技术必将不断推动园林生态学的发展；同时限于编者水平与时间，书中难免存在遗漏与错误，诚恳希望读者提出批评与改进意见。

本教材的出版，得到了福建农林大学研究生教材出版基金（71290270348）的资助，在此向福建农林大学表示感谢！同时，也感谢福建农林大学风景园林与艺术学院为本教材的出版给予的大力支持！

编 者

2022 年 4 月

目　录

前　言

1　绪　论 ………………………………………………………………………（1）
  1.1　生态学概述 …………………………………………………………（1）
    1.1.1　生态学的概念 ………………………………………………（1）
    1.1.2　生态学的研究对象 …………………………………………（2）
    1.1.3　生态学研究的基本方法 ……………………………………（2）
    1.1.4　现代生态学研究的热点问题 ………………………………（6）
  1.2　中国园林生态学形成与发展 ………………………………………（11）
    1.2.1　园林生态学的概念 …………………………………………（12）
    1.2.2　中国园林生态学的发展历程 ………………………………（13）
    1.2.3　中国园林生态学研究领域的侧重点和热点 ………………（13）
    1.2.4　中国园林生态学的发展趋势 ………………………………（16）

2　园林生态学相关基础理论 …………………………………………（18）
  2.1　空间格局 ……………………………………………………………（18）
    2.1.1　尺度 …………………………………………………………（18）
    2.1.2　自然格局和人工格局 ………………………………………（20）
    2.1.3　斑块-廊道-本底模型 ………………………………………（22）
  2.2　景观镶嵌体及其连接 ………………………………………………（24）
    2.2.1　景观镶嵌体概念 ……………………………………………（24）
    2.2.2　邻接与邻接效应 ……………………………………………（25）
    2.2.3　交错区与边缘效应 …………………………………………（25）
    2.2.4　岛屿与岛屿效应 ……………………………………………（26）
  2.3　城市景观中流和运动 ………………………………………………（28）
    2.3.1　流和运动的本质 ……………………………………………（28）
    2.3.2　边界和镶嵌体周围的流 ……………………………………（33）
  2.4　种群和群落相关理论 ………………………………………………（37）
    2.4.1　种内关系和种间关系 ………………………………………（37）
    2.4.2　植物群落演替 ………………………………………………（42）

3 城市环境 ……………………………………………………………… (46)

　3.1 城市气候形成的影响因素及特征 ………………………………… (46)

　　3.1.1 城市气候形成的影响因素 ………………………………… (46)

　　3.1.2 城市气候特征 ……………………………………………… (49)

　3.2 城市空气环境 …………………………………………………… (58)

　　3.2.1 城市空气污染物的种类 …………………………………… (59)

　　3.2.2 城市空气污染物的时空分布特征 ………………………… (61)

　　3.2.3 空气污染对园林植物的影响 ……………………………… (62)

　3.3 城市水环境 ……………………………………………………… (63)

　　3.3.1 城市水循环和水流 ………………………………………… (63)

　　3.3.2 城市水环境特征 …………………………………………… (64)

　　3.3.3 减少地表径流的途径 ……………………………………… (67)

　3.4 城市土壤 ………………………………………………………… (69)

　　3.4.1 城市土壤的组成 …………………………………………… (69)

　　3.4.2 城市土壤的功能 …………………………………………… (69)

　　3.4.3 城市土壤的独特属性 ……………………………………… (70)

　　3.4.4 城市土壤对园林植物生长的影响 ………………………… (71)

　　3.4.5 减少城市土壤对园林植物生长不良影响的措施 ………… (74)

4 城市生物多样性与生物同质化 …………………………………… (78)

　4.1 城市生物多样性概述 …………………………………………… (78)

　　4.1.1 生物多样性概念及研究热点 ……………………………… (78)

　　4.1.2 城市生物多样性研究的热点问题 ………………………… (79)

　　4.1.3 影响城市生物多样性的主要因素 ………………………… (80)

　　4.1.4 城市生物多样性保护的主要措施 ………………………… (83)

　4.2 城市生物同质化 ………………………………………………… (90)

　　4.2.1 生物同质化概念 …………………………………………… (90)

　　4.2.2 生物同质化度量方法 ……………………………………… (91)

　　4.2.3 生物同质化的驱动因素 …………………………………… (92)

　　4.2.4 尺度和地理区域对生物同质化的影响 …………………… (94)

　　4.2.5 生物同质化的影响 ………………………………………… (95)

　4.3 生物多样性与生态系统服务 …………………………………… (96)

　　4.3.1 生态系统过程、功能、服务的概念 ……………………… (97)

　　4.3.2 生物多样性与生态系统服务的多重关系 ………………… (98)

5 城市植被 …………………………………………………………… (101)

　5.1 城市植被分类及特征 …………………………………………… (101)

　　5.1.1 城市植被的群落分类 ……………………………………… (101)

　　5.1.2 城市植被主要特征 ………………………………………… (104)

　5.2 城市植物多样性 ………………………………………………… (106)

5.2.1 物种多样性 …………………………………………………………… (106)
5.2.2 物种稀有性 …………………………………………………………… (108)
5.2.3 功能多样性 …………………………………………………………… (109)
5.2.4 系统发育多样性 ……………………………………………………… (110)
5.3 城市化对植物多样性的影响及植物的响应 …………………………… (111)
5.3.1 城市化对植物多样性的影响 ………………………………………… (111)
5.3.2 城市化对植物多样性影响机制分析 ………………………………… (111)
5.3.3 植物对城市化的响应 ………………………………………………… (112)
5.4 城市硬质生境自生植物 …………………………………………………… (112)
5.4.1 自生植物概念 ………………………………………………………… (113)
5.4.2 硬质表面类型 ………………………………………………………… (114)
5.4.3 城市硬质生境植物起源 ……………………………………………… (116)
5.4.4 硬质表面植物导致的问题 …………………………………………… (117)
5.4.5 硬质表面植物的生态功能 …………………………………………… (118)
5.4.6 墙体自生植物 ………………………………………………………… (118)
5.5 城市外来植物入侵 ………………………………………………………… (123)
5.5.1 相关概念 ……………………………………………………………… (124)
5.5.2 城市外来植物入侵方式 ……………………………………………… (124)
5.5.3 外来植物入侵过程 …………………………………………………… (125)
5.5.4 植物入侵机制 ………………………………………………………… (125)
5.5.5 入侵植物的特征 ……………………………………………………… (130)

6 城市绿地生态系统服务 ……………………………………………………… (138)
6.1 生态系统服务的概念及内容 ……………………………………………… (138)
6.1.1 生态系统服务概念 …………………………………………………… (138)
6.1.2 生态系统服务内容 …………………………………………………… (138)
6.2 城市绿地生态系统服务的概念及内容 …………………………………… (140)
6.3 城市绿地生态系统服务 …………………………………………………… (140)
6.3.1 调节服务 ……………………………………………………………… (140)
6.3.2 供给服务 ……………………………………………………………… (144)
6.3.3 保护生物多样性 ……………………………………………………… (145)
6.3.4 碳固存 ………………………………………………………………… (145)
6.3.5 促进居民健康 ………………………………………………………… (148)

7 绿色廊道及绿色网络 ………………………………………………………… (157)
7.1 绿色廊道 …………………………………………………………………… (157)
7.1.1 绿色廊道概念 ………………………………………………………… (157)
7.1.2 绿色廊道类型 ………………………………………………………… (159)
7.1.3 绿色廊道功能 ………………………………………………………… (160)
7.2 绿色网络 …………………………………………………………………… (162)

7.2.1　绿色网络的概念 ……………………………………………（162）
7.2.2　绿色网络功能 …………………………………………………（163）
7.2.3　相关理论基础 …………………………………………………（163）
7.2.4　绿色网络构建 …………………………………………………（167）

8　城市植被恢复与重建 ………………………………………………（169）
8.1　植被恢复与重建基本生态学原理 ……………………………（169）
8.1.1　物种的生态适应性和适宜性原理 …………………………（169）
8.1.2　资源充分利用原理 ……………………………………………（169）
8.1.3　共生原理 ………………………………………………………（170）
8.1.4　密度效应原理 …………………………………………………（170）
8.1.5　生态位原理 ……………………………………………………（170）
8.1.6　协调稳定原理 …………………………………………………（170）
8.1.7　协同效应与整体功能最优原理 ……………………………（170）
8.1.8　植物群落演替原理 ……………………………………………（171）
8.2　城市植被恢复与重建方法 ……………………………………（171）
8.2.1　宫胁造林法 ……………………………………………………（171）
8.2.2　土壤种子库应用 ………………………………………………（176）
8.2.3　基于植物群落的种植设计法及其应用 ……………………（177）
8.2.4　城市植物景观-关键种协同共生体系的设计框架 …………（183）

参考文献 ……………………………………………………………………（191）

1 绪 论

1.1 生态学概述

1.1.1 生态学的概念

生态学(ecology)，是研究生物与其环境之间相互关系的科学，生物包括植物、动物和微生物，而环境包括有机环境和无机环境，无机环境主要指大气、水、光、热和土壤等。简言之，生态学就是研究生物界各种关系的科学，这种关系包括生物与无机环境之间的相互影响、相互作用关系，以及生物之间的种内关系和复杂的种间关系。

1866 年，德国动物学家恩斯特·海克尔(Ernst Haeckel)首次提出"ecology"(生态学)一词。这个词源于希腊文 Oekologie，由词根 oikos 和词尾 logos 构成，"oikos"的意思是"住所"或"栖息地"，logos 意思是"学问"；生态学(ecology)与经济学(economics)有着相同的词根，二者具有相似之处，因而有人把生态学又叫作自然经济学。经济学核心思想是通过研究、把握、运用经济规律，实现资源的优化配置与优化再生，最大限度创造、转化、实现价值，满足人类物质文化生活的需要与促进社会可持续发展。随着生态学研究的不断深入，越来越多的研究结果证实其具有自然经济学的一面，例如，通常植物可利用的资源总量是有限的，植物对某一功能性状的资源投入较多，必然会减少对其他性状的资源投入，即以牺牲其他性状的构建和功能维持为代价；也就是说，在有限的资源环境中，植物会在功能性状之间进行资源优化配置；又如，叶寿命较长，植物用于叶结构建成的资源较多，必然会减少对维持光合作用、呼吸作用功能的资源投入(Ordoñez et al.，2009)。

生态学，从独立成为一门学科仅有 100 多年，但它一直与人类生存息息相关。

生态学的简单定义背后是广泛的科学学科。生态学家不仅可以研究个体生物、群体生物和生态系统；还可以对个体生物的数量、生长发育和繁殖等特征进行研究；此外，生态学家经常花费大量时间研究环境中的非生物成分，如温度、光照、水分和土壤条件等。同时，一些生态学研究中有机体的"环境"也指其他物种。如今，生态学不仅在理论和方法方面，而且在研究对象的范畴、规模和尺度方面都有了新的发展，生态学已经日益成熟。

生态学已经从一门描述性的学科发展成为一门结构完整的、定量化的学科，并向预测性科学发展。生态学运用基础理论、定量的测定方法、建模技术以及系统分析等方法来解决自然界和社会面临的迫切问题，以崭新的面貌出现在现代科学的舞台上，展现出了蓬勃生机。在解决当前社会问题时，生态学的作用不仅是作为一门学科参与其过程的探索，寻求解决方案，而且在于它为科学和社会之间架起了一座桥梁。

1.1.2 生态学的研究对象

生态学主要研究从生物个体到生物圈各个层次上生物与环境的相互关系，并形成了相应的分支学科，如个体生态学、种群生态学、群落生态学、生态系统生态学、景观生态学和全球生态学。其各个层次及对应的研究内容如图 1-1 所示。

个体生态学(autoecology)一直是生理生态学和行为生态学的研究领域。生理生态学家关注的是生物的生理特征和组织结构，以及生物体为了适应环境机制而产生的进化。行为生态学家主要关注的是生物在面对环境变化时为了生存和繁殖的行为进化。

种群是在某一特定区域内同种个体的组合，种群生态学研究是以影响种群结构和过程的因素为中心。种群生态学研究的内容包括种群的适应和灭绝、物种的分布和丰富度、种群的生长和调节以及物种生殖生态的变异。种群生态学家对这些过程如何受到环境中非生物和生物成分的影响特别感兴趣。

群落是一个相互作用的物种联合体。群落生态学和生态系统生态学有很多共同点，因为二者都涉及控制多物种系统的因素。然而，其研究对象不同：群落生态学关注的是在一定空间内生活在一起的各种生物，而生态系统生态学则关注的是影响群落的物理和化学因素，以及能量流动和物质循环等过程。

为了简化研究，生态学家长期以来一直在试图确定和研究孤立的群落和生态系统。然而，地球上所有的群落和生态系统都是开放的，与其他群落和生态系统存在着物质、能量和有机体间的交流。研究这些流，特别是生态系统之间的流，是景观生态学的知识领域。然而，景观也不是孤立的，而是受大规模和长期区域过程影响的地理区域的一部分，这些区域生态过程是区域生态学的主题。生态学研究的最高层次是生物圈。生物圈是地球上所有的生物与其环境的总和，它是通过大气圈、水圈和岩石圈的物质循环、能量流动和信息传递而相互联系、相互依存的全球性生态系统。

1.1.3 生态学研究的基本方法

从 20 世纪 50 年代开始，生态学研究方法趋向专门化，针对不同对象和问题，设计了各种专用的方法技术；另外，还强调系统化，表现为各类生物系统制订出生态综合方法程序。生态学研究的专门化与系统化齐头并进，彼此汇合，是学科方法体系日趋成熟的标志。

1.1.3.1 原位观测

原位观测是指在自然界原生境对生物与环境的考察。生态现象的直观第一手资料皆来自原位观测。因为生态学研究的种群和群落均与特定自然生境不可分割，生态现象涉及因素众多，联系形式多样，相互影响又随时间不断变化，观测的角度和尺度不一，迄今难以或无法使自然现象全面地在实验室内再现，原位观测仍是生态学研究的基本方法。原位观测包括野外考察、定位观测和原位试验等不同方法。

(1)野外考察

野外考察是考察特定种群或群落与自然地理环境的空间分异关系的方法。首先划定生境边界，然后在确定的种群或群落生存活动空间范围内，进行种群行为或群落结构与生境各种因素相互作用的观察记录。

	biosphere（生物圈） 草地群落在全球碳循环中扮演何种角色？	⟹	生物圈与大气圈、水圈、土壤圈和岩石圈之间通过物质和能量交换、相互作用而联系在一起
	biome（生物群） 什么样的地质和区域气候特征决定了北美森林生态系统向草原生态系统的过渡？	⟹	景观上的每个生态系统都是不同的，因为它是由独特的自然条件（如地形和土壤）和相关的动植物种群（群落）组合而成的，地球的气候和地质特征的大尺度模式导致了不同景观地理分布的区域模式
	landscape（景观） 在景观中，地形和土壤的变化如何影响不同草原群落的物种组成和多样性模式？	⟹	景观生态学（landscape ecology）将景观视为空间上镶嵌出现和紧密联系的生态系统组合，考虑整个景观中的所有生态系统以及它们之间的相互作用及其对生态过程的影响，如能量、水分、养分和物种在景观斑块之间的交换
	ecosystem（生态系统） 降雨量的变化如何影响草原生态系统中植物的生产力？	⟹	通过生物体和物理环境的能量流动和物质循环，理解地球物理和生物过程的形式和功能的多样性
	community（群落） 松果菊（Echinacea purpurea）是如何与草原群落中的其他动植物相互作用的？	⟹	群落生态学（community ecology）关注一个区域内的有机体部分，侧重研究群落的物种组成及其多样性和群落的结构
	population（种群） 松果菊（Echinacea purpurea）种群的数量是逐年增加、减少还是保持相对稳定？它们在空间上如何分布？	⟹	种群生态学（population ecology）是以研究影响种群结构和过程的因素为中心的，研究的内容包括种群的适应、灭绝、分布，种群的生长和调节以及物种繁殖生态的变化等
	individual（个体） 松果菊（Echinacea purpurea）能够在北美中部草原中生存、生长和繁殖的环境特征是什么？	⟹	个体生态学（autoecology）关注个体生长、发育和繁殖与环境之间的相互关系

图 1-1　生态学研究的层次及实例（改自 Smith & Smith，2012）

种群生境边界的确定视物种生物学特性而定，植物种群不仅要考虑其定居的植株分布，还应包括其种子的向外扩散范围。动物种群范围，其巢穴或防御的领地可能很小，但取食空间范围可能很大，对有定期长距离迁徙或洄游行为的动物种群，原地观察时往往要包括其所扩散的地区，考察动物种群活动往往要用飞机、遥测或标记追踪技术。陆生群落的生境划界，通常是依据植物群落或植被类型边界与陆地地貌的联系，但在大范围内出现群落连续或逐渐过渡性加强时，则要借助于群落学统计或航测遥感技术。

野外考察种群或群落的特征和测定生境的环境条件，不可能在原地内进行普遍的观测，只能通过适合于各类生物的规范化抽样调查方法。植物种群和群落调查中的取样法有样方法、无样方取样法等。抽取样地或样本的大小、数量和空间配置，都要符合统计学原理，保证得到的数据能反映总体特征。

属于种群水平的野外考察项目有：个体数量(或密度)、水平或垂直分布格局、适应形态性状、生长发育阶段或年龄结构、物种的生活习性和行为、死亡因子等。群落水平的考察项目，主要有：群落的种类组成，即对组成该群落的生物种类进行分类鉴定和记录，植物种群的生活型或生长型，各种动物的生活习性和行为；各种植物种群的多度、频度、显著度、分布格局、年龄结构、生活史阶段、种间关联等。同时，要考察种群或群落的主要环境因子特征，如生境面积、形状、海拔、气候因子、水、土壤、地质、地貌等。

(2)定位观测

定位观测是考察某个体或某种群或群落结构功能与其环境关系的时态变化的手段。定位观测先要设立一块可供长期观测的固定样地，样地必须能反映所研究的种群或群落及其生境的整体特征。定位观测时限，取决于研究对象和目的。若是观测种群生活史动态，微生物种群的时限为几天，昆虫种群是几周至几年，脊椎动物从几年到几十年，多年生草本和树木要数年到几百年。观测群落演替，则需时更长。观测种群、群落功能、结构的季节或年度动态，时限一般是一年或几年。定位观测的项目，除野外考察的项目之外，还要增加数量变动、生物量增长、生殖率、死亡率、能量流、物质流等结构和功能过程的定期测定。

(3)原位试验

原位试验是在自然条件下采取某些措施获得有关某个因素的变化对种群或群落及其他因素的影响的方法。例如，在森林、草地群落或其他野外环境，人为去除其中的某个种群或引进某个种群，从而辨别该种群对群落及生境的影响；或进行施肥、灌溉、遮光等，以了解资源供应对种群或群落动态的影响和机制。

原位或田间的对比试验是野外考察和定位观测的一个重要补充，不仅有助于阐明某些因素的作用和机制，还可作为设计生态学受控试验或生态模拟的参考或依据。

1.1.3.2 受控试验

受控试验是在模拟自然生态系统的受控生态试验系统中研究单项或多项因子相互作用，及其对种群或群落影响的方法技术。

考察环境因子对种群指数的作用的实验室试验是最普通的受控试验。如单独改变温度、湿度或光照等因子，而其他因子同时不变，即可得到改变因子对种群指数的效应；或同时改变温度、湿度、光照等数个因子，而其他因子保持不变，考察几个因子对种群指数的综合效应。

此外，模拟系统也可以是在人工气候室或人工水族箱中建立自然生态系统的模拟系统，即在光照、温度、风力、土质、营养元素等大气物理或水分、营养元素的数量与质量都完全可控的条件中，通过改变其中的某一元素，或同时改变几个元素，来研究试验生物的个体、种群以及小型生物群落系统的结构和功能、生活史动态过程及其变化的动因与机制。

随着现代科学技术的进步，实验生物材料和生物测试技术的完善，近年来受控试验的规模和生态系统模拟水平正在日趋提高。例如，20世纪70年代在海洋生态学研究中，科学家们创造了一种受控生态系统技术，是用一个巨大的塑料套在浅海里围隔出一个从海面到海底的受控水柱，在其中进行包括生物及环境在内的多项受控试验。不过，受控生态试验无论如何都不可能完全再现自然的真实，总是相对简化的，存在不同程度的干扰，因而模拟试验取得的数据和结论，最后都需要回到自然界中进行验证。

1.1.3.3 生态学研究的综合方法

生态学研究的综合方法是指对原位观测或受控生态试验的大量资源和数据进行综合归纳分析，表达各种变量之间存在的种种相互关系，反映客观生态规律性的方法技术。

(1)资料的归纳和分析

对生态现象研究的资料涉及多种学科领域。众多因素的变量集和各种变量(属性)的类型不同、量纲不一、尺度悬殊，为了便于归纳分析，首先要对数据适当处理，包括对数据类型的转化，主要是把二元(定性)数据转化为定量数据，或者反之，以使数据类型一致。其次是对不同量纲的数据进行数据转换，如将原始数据换成对数、倒数、角度、概率等，以求更合理地体现各类数据之间的关系，具有一定的分布形式(如正态分布)或一定的数据结构(如线性结构)。为了使数据间线性关系加强，可进行数据的标准化或中心化，如把各项数据的绝对值转换为相对值(比值)，使变量的取值为 0~1，从而获得数据的几何意义，能在一定维数的坐标上定位和进行运算。

进行规范方法处理的数据可用来构建数据矩阵，应用多元分析方法进一步对这些数据自作用的大小、相互作用的关系进行辨识。

(2)生态学的数值分类和排序

数值分类是 20 世纪 50 年代以后新发展的客观分类群落及种内生态类型的方法技术。分类的对象单元是样地，所以样地的大小、数量和进行物种的数量特征(属性)的测度都要按照规范化的方法进行。各种属性原始数据须经过处理，建立 N 个样地 P 个属性的原始数据矩阵，再计算群落样地两两之间的相似系数或相异系数，列出相似系数矩阵，最后按一定程序进行样地的聚类或划分，得出表征同质群落类型的树状图。数值分类技术的最大特点是原地调查抽样、数据处理、计算分类程序的规范化，具有较大的客观性和可重复检验的特性。计算过程可利用计算机。

排序技术是确定环境因子、植物种群和群落三方面存在的复杂关系，并将其加以概括抽象的方法。它包括直接梯度分析和间接梯度分析。如果依据两个或更多个环境因素的环境梯度坐标系统排列种群或群落属性，则是直接梯度分析；若是采取按种群或群落属性的相似性或相异性的测定导出抽象轴，即群落梯度坐标系统来确定种群或群落形态变化方向与环境的关系，则是间接排序。用测定自然种群或群落抽样来揭示植物种或群落与环境相互关系的间接排序技术，目前正在迅速发展。

(3)生态模型与模拟

生物种群或群落系统行为的时态或空间变化的数学概括，统称为生态模型。广义的生态模型泛指文字模型和几何模型。生态数学模型仅仅是实现生态系统的抽象，每个模型都有其一定的限度和有效范围。生态学系统建模，并没有绝对的法则，但必须从确定对象系统过程的实际出发，充分把握其内部相互作用的主导因素，提出适合的生态学假设，再采用恰当的数学形式来加以表达或描述，如表述种群增长的指数方程与逻辑斯谛方程是用分析模型来表达种群动态的理论模型。由资料总结得到的统计模型现已有诸多很好的实例。

数学模型经过验证，确定了它的真实性之后，即可作为一种有用的工具，供进行试验模拟。分别改变方程中的变量参数，在计算机上进行运算，即可得出与改变的变量相应的种群或群落过程的特征和结果，恰似在实地进行试验，也是对模型的合理性与正确性的验证。所以，数学模拟既是验证模型和进行修正的手段，又是代替原位试验，或作为原位试验设计的先导。尤其是一些不可能进行原位试验的项目，如对于流行病、害虫暴发的预测，数学模拟可发挥更重要的作用。

1.1.4 现代生态学研究的热点问题

1.1.4.1 全球变化

全球变化(global change)的研究开始于 20 世纪 80 年代。它有广义和狭义之分。狭义的全球变化仅指全球气候变化，包括温室效应气体的增加以及由此引发的全球变暖、大气成分的变化、大气环流和洋流的改变、海平面上升、冰川融化以及臭氧层破坏等过程；广义的全球变化不仅包括全球气候变化，也包括全球人口增长、土地利用与覆盖的变化、元素的生物地球化学循环的改变、环境污染、生物多样性丧失，以及国际政治与经济形势与格局的变化等。

全球变化背景下生态学热点问题研究主要集中在以下几个方面：①全球变化下植物群落学研究；②全球变化下植物生理生态学研究；③全球变化下植物物候研究；④全球变化下地下生态学研究；⑤全球变化下水生态系统研究；⑥全球变化下的生物入侵研究；⑦全球变化下生物多样性研究；⑧全球变化下区域生态安全研究；⑨全球变化下低碳社会-经济系统的研究；⑩全球变化与人类健康等。

全球变化的前期研究主要集中在温室效应气体如 CO_2、CH_4、N_2O 等释放的试验观测和计算机模拟方面；现已涉及森林、湿地、水体、农田，特别是稻田等生态系统；也有不少学者对不同土地利用方式下温室气体的排放规律进行了探讨。目前，有学者对全球森林生态系统、陆地生态系统、水圈中碳源做了初步估计。全球变化研究的另一方面表现在对全球变化的生态响应及其预测研究上，即全球气候变化对不同尺度、不同层次的生态系统的影响，包括气温升高引起洋流、降水、水分循环、海平面等的改变，以及由此而引起的景观生态格局和生物生境的变化，及其对生物分布、农业生态系统的影响和干扰等，这些都是全球变化研究的重要课题和热点领域。

"反全球变化研究"也是当今全球变化研究的一个重要内容。其主要目的是通过对温室效应气体的各种反馈过程等的研究，来证实全球变化的非科学性和不确定性。同时，近年来，对全球变化的控制和管理研究工作正在不断开展。国际上已建立全球变化的监测网络，并成立了相应的协调机构，制定了管理计划和公约，如降低森林采伐的速度、增加森林面积(人工造林)、增加现有森林的碳储存量、增加木材的利用率(包括提高木材的利用率)、以薪柴替代化石燃料等。同时，一些为控制或延缓全球变化的新技术产业也在不断兴起。在一些国家，已进行低碳或无碳燃料、核聚变技术、可再生能源技术的利用与开发，无氟冰箱的研制，无公害物质的开发，以及温室气体的固定转换技术，如利用细菌、藻类固定CO_2技术及森林再生技术等。

1.1.4.2　可持续发展

"可持续发展"(sustainable development)一词自 1987 年世界环境与发展委员会提出以来，已广泛应用于各行各业。目前对可持续发展概念有多种解释和理解，其最初出现在《布伦特兰报告》(《Brundland Report》)中，即"可持续发展是既满足当代人需要，又不对后代满足其需要的能力构成危害的发展"。布氏定义包含了可持续发展的公平性原则(fairness)、持续性原则(sustainable)、共同性原则(common)。它是一种正确的发展观，是人类"环境哲学"的重大进步。在此定义的基础上，许多学者对其进行了补充或修订。北京大学杨开忠教授认为，可持续发展是既满足当代人需要，又不对后代满足其需要的能力构成危害的发展；是既符合局部人口利益，又符合全球人口利益的发展。该定义同时强调了可持续发展的时间和空间维度。章家恩认为，可持续发展是人口、资源、环境、社会、经济、政治在时间和空间的永续性和公平性，是人地关系和谐发展的一种动态的过程和状态的总和。而可持续发展具有地域性、阶段性和不同的水平，即不同的地区由于存在不同的自然环境背景和社会经济发展水平，其可持续发展必然会有不同的起点、阶段、途径和特色与之相适应。有的学者将可持续发展划分为强可持续发展、弱可持续发展两种类型。

可持续发展研究主要集中在以下几个方面：①可持续发展的内涵、发展观等的探讨；②可持续发展定量化的研究；③可持续发展模式与规划研究。目前，该领域的研究多停留在概念或内涵的定性探讨上，可操作性差。因此，对可持续发展的定量化研究即如何来度量、鉴定和评价区域可持续发展的水平与能力显得十分必要。

近年来，国内外的一些学者致力于建立可持续发展的指标体系研究，并取得了一些进展。他们一致认为判断和测度可持续发展能力包括五个方面的内容：资源的承载能力、区域的生产能力、环境的缓冲能力、进程的稳定能力和管理的调节能力，并可用社会的稳定度、安全度、保障度、舒适度、公益度、抗逆度、满意度、文明度、控制度、自立度十大指标来衡量和比较不同地区的可持续发展的能力和水平。可持续发展指标体系一般包括生态环境指标、资源指标、经济发展指标和社会发展指标以及非货币指标几大类。另外，如何制订和规划区域可持续发展模式和途径，是可持续发展从概念到行动的一个关键点和难点。目前，尚缺乏一个完整和准确的理论和技术体系作为支撑和指导。有的学者提出应建立不同类型的可持续发展综合试验区，这是可持续发展从理论到实践的一个突破点，有待于进一步探索。

1.1.4.3　生物多样性

生物多样性(biodiversity)是人类社会得以存在和持续发展的物质基础和必要保证。生物多样性及其保护已日益成为全球人民共同关注的热点问题(详见 4.1.1 节内容)。

1.1.4.4 湿地生态学

湿地被誉为"自然之肾"，它是陆生生态系统和水生生态系统之间过渡的具有独特的水文、土壤、植被与生物特征的生态系统。它对区域环境有着重要的调节作用，对于保护生物多样性具有难以替代的生态价值。有关湿地的研究最初始于欧洲，研究对象主要为泥炭、沼泽，直到 20 世纪中叶特别是 80 年代以后，湿地研究才逐步开展，成为生态学研究的一大热点。

湿地作为一个独立的研究对象，尚缺乏一个公认的定义与相应的分类体系。目前有关湿地的定义很多，也存在较多争议。但归结起来，湿地主要有以下三个方面的内涵：①多水（积水或过湿）的地表环境；②独特的土壤；③适水的生物活动。湿地定义的不严密性导致了其范围的极不明确性，主要分歧在于积水的深度、积水的时间标准以及植被的外貌。同时，湿地分类目前也没有一个统一的分类单元和体系。尽管如此，湿地一般可分为人工湿地和自然湿地两大类，人工湿地主要包括水产池塘、水塘、蓄水区、运河等；自然湿地主要包括滨海湿地、河口湿地、河流湿地、湖泊湿地和沼泽湿地等。

目前，湿地生态研究主要集中在以下几个方面：①湿地的定义与分类；②湿地的调查与编目；③湿地的结构、功能和生态过程；④湿地的生物多样性；⑤湿地的全球变化；⑥湿地的管理、保护与开发利用；⑦湿地的环境变迁。

湿地研究今后的发展方向为：①湿地资源的综合考察；②湿地资源与环境数据库的建设；③湿地生态系统结构、功能与生产力；④湿地生物群落演替规律；⑤湿地的评价、管理、保护及其决策；⑥不同湿地保护区和试验示范区的建立以及长期定位观测等。

1.1.4.5 景观生态学

景观生态学（landscape ecology）起源于中欧，是 20 世纪 70 年代后期逐渐发展起来的一门比较年轻的生态学分支学科，成为生态学一个新兴研究热点。

景观生态学的发展得益于人们对大尺度生态问题的逐步重视，也得益于现代生态科学和地理科学的发展以及其他相关学科领域的知识积累。景观生态学着重分析由不同生态系统组成的异质性地表空间单元的整体空间结构、相互作用、功能协调以及动态变化，尤其关注空间格局和生态过程的多尺度相互作用。在基础理论研究层面，景观生态学有效整合了地理学空间分析和生态过程分析两种思路，形成了具有自身特色的研究范式，可以从景观异质性、尺度变异、格局–过程关系、自然与人为的复合影响等多个侧面全方位剖析景观结构、功能及其动态特征，显著提高了人类对社会–经济–自然复合生态系统演变规律的认识，也成为宏观生态学最活跃的分支学科之一。

景观生态学的核心研究课题：①景观镶嵌体中格局–过程–尺度的关系；②景观连接度与破碎化；③尺度和尺度推绎；④复杂性科学、空间格局分析和景观模拟；⑤土地利用和土地覆被变化的原因、过程和效应；⑥景观格局的优化；⑦景观与气候变化的相互作用；⑧变化景观中的生态系统服务；⑨景观的可持续性；⑩数据获取、精度评价和不确定性分析（张娜，2014）。

1.1.4.6 环境生态学

环境生态学（environmental ecology）是环境科学的组成部分，但按现代生态学的学科划分，它又是应用生态学的一个分支，尚处于发展、完善阶段。环境生态学是门新兴的、综合性很强的学科；是一门运用生态学理论，研究人为干扰下，生态系统内在的变化机制、规律和对人类的反效应，寻求受损生态系统恢复、重建和保护对策的科学，即运用生态学理论，阐明人与环境间的相互作用及解决环境问题的生态途径。例如，砍伐森林开垦农田，是人类对生态系统干扰的一种形式，这种干扰不仅破坏了诸多生物的栖息环境，还将引发一系列的生态问题。又如，森林砍伐后，动物丧失了生存环境，鸟类减少，天敌的制约作用减弱，危害农作物的昆虫数量就相应增加；为防治害虫，农民不得不施用农药，农药的频繁使用既对环境造成污染，又会降低农产品的质量，甚至损害人体健康。这是由一个干扰源诱发的"生态环境问题效应链"，这里既有生态破坏问题，也有环境污染问题。

环境生态学研究的根本目的是维护生物圈的正常功能，改善人类生存环境，并使两者得到协调发展。运用生态学理论，保护和合理利用自然资源，治理污染和破坏的生态环境，恢复和重建受损的生态系统，实现保护环境与发展经济的协调，以满足人类生存和发展需要，是环境生态学研究内容的核心。

1.1.4.7　退化生态学与恢复生态学

退化生态学（degradation ecology）是近年来发展起来的热门研究领域。生态退化研究可追溯到 20 世纪 70 年代，1971 年联合国粮农组织提出了"土地退化"的概念，并编写了《土地退化》一书，之后一系列的土壤退化和土地退化的专著相继出现。在此期间，生态退化研究主要是以土壤退化和土地退化（包括沙漠化）研究为主，而且土壤退化和土地退化的研究往往交织在一起，并以土地与土壤退化类型划分及其评价、制图等基础性的定性研究为主。

由于自然和人为因素长期的共同干扰作用，已导致全球性不同尺度生态系统的破坏和瓦解，表现为生态系统结构和功能的整体退化，因此前期仅对单一要素退化的研究已不能满足实际需要，而应该在生态系统的整体层次上，特别是要在人类-自然复合生态系统的层次上加以研究。

从"八五"开始，中国科学院及有关科研单位对我国退化和脆弱生态环境进行了大量的研究，研究区域涉及农牧交错区、风蚀水蚀交错带、沙漠绿洲过渡带、红壤丘陵、岩溶地区、干热河谷、紫色岩地区、大型工程影响区、城市乃至贫困乡村。在理论、应用和研究手段方面已取得了初步成果。

但目前对生态退化的概念、内涵尚未形成统一和明确的认识；对生态系统的退化机制、受损过程也不甚清楚；对退化生态系统的诊断、预测和控制以及退化评价指标体系与标准的建立等方面尚需做深入的研究。

伴随退化生态学的兴起，恢复生态学也快速形成。恢复生态学（restoration ecology）是一个在 20 世纪 80 年代得到大力发展的现代生态学分支。生态系统的恢复和重建思想是根据生态学原理，人为改变和消除限制生态系统发展的不利因子，尽快地恢复已退化的生态系统。恢复生态学在一定意义上是一门生态工程学（ecological engineering），或是一门在生态系统水平上的生物技术学（biotechnology）。它最早由西欧学者提出，当时的研究对象是人类采矿活动留下的各种废弃地。它的出现有着强烈的应用生态学背景，因为其研究对象是那些在自然灾变和人类活动干扰下受到破坏的自然生态系统。

生态恢复过程是按照一定的功能水平要求，由人工设计并在生态系统层次上进行的，因而具有较强的综合性、人为性和风险性。目前，生态恢复的基本思路是运用地带性规律、植被演替规律及生态位原理等选择适宜的先锋植物，依照种草与造林相结合的原则进行种群和生态系统的构建，实行土壤、植被与生态同步分级恢复，逐步使生态系统恢复到一定的功能水平。

全球生态退化的严峻形势使得恢复生态学近些年来发展十分迅猛，并有广阔的应用前景。目前，在重建自然灾变(地震、火山、泥石流等)破坏的陆地和淡水生态系统、荒漠生态系统等，以及在重建人类活动(采矿、冶炼化工、建筑、污染、耕垦等)破坏的土地及生态系统方面，均取得了一些成绩。然而，恢复生态学研究毕竟刚刚起步，在理论和方法上还不够成熟。因此，恢复生态学今后应加强如下两方面的研究：①系统总结和完善恢复生态学有关的理论、原则和方法。②不断通过案例研究，加强景观生态设计、功能设计和优化、恢复与重建的操作程序以及风险效益评价等的研究。同时，更要加强生态恢复与重建技术方面的研究。

与退化生态学和恢复生态学相关的另一研究领域——生态系统健康(ecosystem health)研究也方兴未艾，它是生态学新近成长起来的一个领域。在这方面，加拿大和美国处于领先水平，生态系统健康研究主要涉及森林生态系统健康、农业生态系统健康、水生生态系统健康以及人类自身健康等领域。

1.1.4.8 生态设计与生态工程

生态设计与生态工程(ecological design and ecological engineering)是生态学与生产实践直接挂钩的一个领域。生态设计(ecological design)是指任何与生态过程相协调，尽量使人为建设活动对环境的破坏性影响降至最小的设计方式。生态设计的本质就是要尊重自然，减小对资源、能源的消耗，合理利用自然资源，发挥生态系统的服务功能，减少废弃物的排放，实现物质的循环利用，既能满足人们的生产与生活的各种需要，又能保证环境与生态安全，有利于实现可持续发展。生态设计就是符合生态要求、对环境友好的设计。生态设计内容丰富，涉及工业设计、产品设计、环境设计、建筑设计、园林设计等。

生态工程是一个复杂的系统工程，它是生态学、系统学和技术科学相互交叉的分支学科。它涉及的学科面较广，层次繁多。目前，生态工程研究主要涉及农业生态工程或复合农业系统生态工程、庭院生态工程、农工复合系统的生态工程、污染控制的生态工程、害虫控制的生态工程、退化生态系统恢复的生态工程、生态工程的方法与技术等方面。

目前，从研究水平上来看，美国和中国在生态工程方面处于国际领先地位。我国在该领域起步较早，现已摸索和积累了一些经验，在理论上亦日益成熟。较早的桑基鱼塘生态工程和近年比较热门的生态农业工程都是较为典型和成功的范例。目前，在我国已建立了以可持续发展为目标的社会发展综合试验区、生态农业县、生态村、生态户和生态农业示范区等不同层次的生态工程，这方面的工作正在不断深化。

今后生态工程应加强以下几个方面的研究：①加强生态工程理论体系研究，包括生态工程基本概念、范畴、原则、方法论等的确立和完善，以及新理论、新方法的引入。②加强生态工程设计方法、原则与技术研究，即在现有的理论和实践经验的基础上，建立一套从系统边界确定以及系统辨识、设计、模拟、优化的生态工程设计专家系统，实现生态工程建设的系统化、规律化及可操作性，以适应不同地区、不同研究对象的生态工程建设的需要。③加强生态工程的后期管理、评估和监测研究。

1.1.4.9　生态经济学与人文生态学

生态经济学(ecological economics)是生态学和经济学相互渗透和有机结合而形成的一个研究自然经济复合生态系统的结构和运行规律的分支学科。生态经济问题研究开始于西方一些发达国家，自 20 世纪 60 年代末正式提出和创建以来，得到了大力发展而成为现代生态学研究的一大热点。从当今国际上生态学边缘交叉领域研究的总体发展趋势来看，生态经济和生态工程研究最为活跃，发展迅猛，这主要是为了适应当前人口、资源、环境与经济可持续发展的迫切要求，因为人类活动不仅仅涉及生态问题，而且也涉及经济问题，生态与经济的协调发展就成为生态经济研究的主题。

生态经济研究主要包括以下几个方面的内容：①生态经济学基本范畴与理论体系的探讨。生态经济学广泛地引用生态学和经济学的一些原理，建立了生态经济关系、生态经济系统、生态经济功能、生态经济调控、生态经济效益等一系列的基本理论，但生态经济的理论体系目前仍不太成熟和完备。②生态经济评价研究，主要包括建立生态经济系统的综合评价指标体系与标准，这是生态经济学走向定量化的关键。目前，这方面的研究较为活跃，已有不少学者在不同区域(如县级、市级)进行了尝试，但在评价指标的全面性、可比性和客观性方面尚需进一步的探索。③区域生态经济系统的系统决策与调控研究，这是生态经济研究的核心内容和难点所在。目前，多采用数学模型方法如系统动力学模型和多目标决策模型来对生态经济系统进行预测、优化与决策。

另外，人文生态学(humanistic ecology)研究近些年来也逐步发展，并兴盛。这是生态学与社会学、人文学日益走向融合的结果。人文生态学主要研究人类文化传播、政治经济活动、习俗、宗教、伦理等与生态环境之间相互影响、相互作用及其生态学效应的一门学科，它包括文化生态学、社会生态学、人口密集区生态学、生态旅游、生态教育、环境伦理学(environmental ethics)等研究领域。

1.2　中国园林生态学形成与发展

中国园林生态学学科理论起始于 20 世纪 80 年代"生态园林"的提出，但这个"生态园林"与欧洲 20 世纪 20 年代出现的"生态园林"(以保护原野上的自然景观为主，考虑在园林中设计与自然完全一样的植物生境和植物群落)(李嘉乐，1993)含义不同，指的是根据生态学原理，把自然生态系统改造、转化为人工的并高于自然的新型园林(绿地)生态系统。1993 年，李嘉乐建议建立一门"园林生态学"。1994 年，中国第一本有关园林生态学的著作——《城市园林生态学》出版；1997 年，李嘉乐发表《园林生态学拟议》，提出了园林生态学的基本概念和学科内容框架构想。可以认为，中国园林生态学作为生态学的一个新分支学科，在 20 世纪 90 年代末才初见端倪。

进入 21 世纪后，中国园林生态学领域研究更加活跃，研究论文数量逐年迅猛增加(图 1-2)。专家学者对园林生态学科的研究更为关注，相关学术专著和教材相继问世，如冷平生的《园林生态学》(第一版和第二版)(2003，2011)，刘常富和陈玮的《园林生态学》(2003)，刘建斌的《园林生态学》(2005)，谷茂的《园林生态学》(2007)，温国胜等的《园林生态学》(2007)，周志翔的《园林生态学实验实习指导书》(2003)等。可见，中国园林生态学作为一门新兴的生态学分支基本形成，并初步构建了学科理论的基本框架体系。

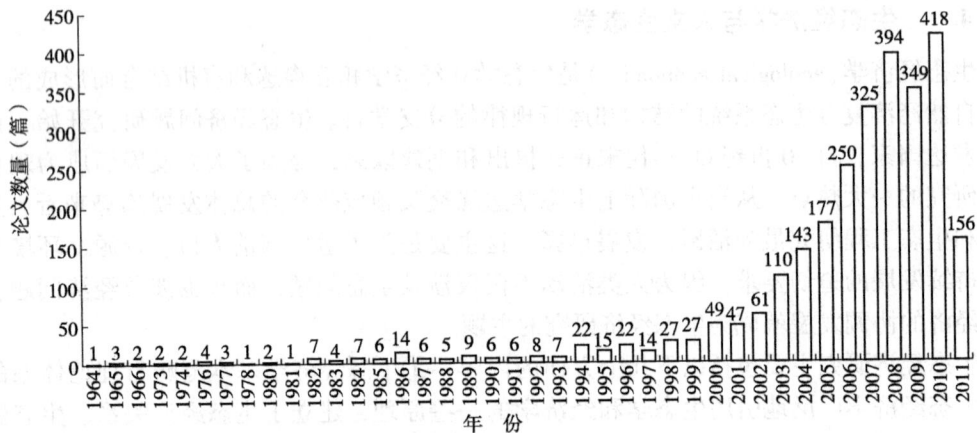

图 1-2　园林生态学研究论文数量年代分布图(196208—201108)(于艺婧等，2013)

从专家学者的学术成果内容来看，园林生态学理论的主要内涵是与园林联系密切的植物生态学、城市生态学和景观生态学等相关理论。

1.2.1　园林生态学的概念

不同学者对园林生态学定义、研究范畴、学科理论基础、系统层次与相互作用、应用实践(包括生态规划、生态设计、园林生态系统构建与管理、园林生态系统评价)等方面的认知，仍存在一些差异。

许绍惠(1994)提出，园林生态学是研究城市中人工栽植的各种树木、花卉、草坪等组成的植物群落内各种生物(包括各种动物及微生物)之间及其与城市环境之间相互关系的科学，也是研究城市园林(绿地)生态系统的结构与功能机理的科学。

李嘉乐(1997)认为，园林生态学以人类生态学为基础，融汇景观学、景观生态学、植物生态学和有关城市生态系统理论，研究在风景园林和城市绿化可能影响的范围内人类生活、资源使用和环境质量三者之间的关系及调节途径。

温国胜等(2007)认为，园林生态学是研究风景园林和城市绿化范围内，人类生活、资源利用和环境质量三者之间的关系以及调节途径的学科。

冷平生(2011)认为，园林生态学是研究城市居民、生物与环境之间相互关系的科学。它以城市居民、植物、动物、微生物以及城市环境为研究对象，以建设健康的人居环境为目的，利用生态学原理改善人居环境，合理使用资源，调控人、其他生物与环境之间的关系，最终实现城市的可持续发展。主要研究五个方面的问题：①城市地区特殊的生态环境条件与园林植物的相互作用关系，园林植物及城市绿地改善城市环境的作用和机理；②城市植被生态学，特别是城市植被的恢复重建、生态过程及生物多样性研究；③城市生态系统的结构、功能以及城市生态平衡的维持；④城市景观生态规划以及城市生态管理等；⑤园林生态设计与生态工程技术问题。

显然，随着学科的发展，园林生态学的概念越来越明晰，简言之，园林生态学是研究城市生物及其环境之间相互关系的科学，此处生物包括城市居民、植物、动物和微生物，而环境包括城市无机环境和有机环境，又分为自然环境、半自然环境和人工环境。

1.2.2　中国园林生态学的发展历程

中国园林生态学呈现出"起步探索期"（1962—1981 年）、"缓慢发展期"（1982—2001年）、"快速发展期"（2002—至今）"三个阶段性特征，近期呈快速增长趋势。

(1)起步探索期

1962—1981 年的前两个 10 年中，研究成果文献量很少，年均文献量 1.05 篇，20 年合计文献量仅占文献总量的 0.77%，说明这个时期园林生态学科研活动尚处于起步探索阶段（于艺婧等，2013）；主要是因为这一时期中国社会经济发展缓慢，风景园林与人居环境建设主要满足基本需求，注重园林实践，对园林生态科学理论的研究关注和投入不足。

(2)缓慢发展期

1982—2001 年的中间两个 10 年中，文献量有所增加，年均文献量 15.4 篇，且呈现缓慢的波形增长形势，但年增长量相对较低且不稳定，20 年合计文献量占文献总量的11.36%，说明这一时期的科学研究处于缓慢发展期；主要是因为改革开放以后，中国社会经济步入快速发展轨道，国内外文化与技术交流频繁，特别是景观生态学理论的引入，推动了园林生态学科的发展。

(3)快速发展期

2002—2011 年的 10 年中，文献量迅猛增长，几乎呈直线上升，年均文献量达到 238.3篇，10 年合计文献量占文献总量的 87.87%，可见这 10 年是园林生态学领域科学研究最为活跃的时期，科研成果丰硕，主要是因为近年来，国民经济持续高速增长，城市化进程不断加快，可持续发展与环境生态问题受到全社会的广泛关注，国家及地方相关机构不断加大科研投入力度，以适应社会经济和人居环境发展的需要，也促进了园林生态学科学研究的快速发展。

2011 年至今，我国对生态环境建设更加重视，相继提出"建设美丽中国""公园城市""碳达峰、碳中和"等建设发展目标，进一步促进了园林生态学的发展。园林生态学更加关注城市绿地生态服务功能、绿地生态过程、绿色生态网络以及城市植被恢复与重建等方面的研究。

1.2.3　中国园林生态学研究领域的侧重点和热点

1.2.3.1　园林生态学研究领域的侧重点

当今园林生态学的研究和发展侧重点主要体现在以下方面。

(1)城市绿地生态服务功能

研究城市绿地生态服务功能的内容、效果与评价方法，重点研究园林植物调节环境的作用机理，包括城市环境要素的时空变化规律以及与园林植物配置、绿地结构和城市绿地系统格局的关系，并应用遥感技术分析城市绿地对城市气候特别是减轻热岛效应的作用，应用不断升级的 City Green 模型评价城市绿地的服务功能。园林植物在人体功能效益方面的作用研究在日本、新西兰等国家普遍受到重视，我国在植物挥发物、花粉与人群健康关系方面的研究取得了持续性的进展。

(2)城市生物多样性保护

开展城市生物资源调查，包括陆生和水生植物、动物（主要是鸟类）资源调查，结合生境调查分析生物多样性指数和动植物分布变化规律，应用"3S"技术绘制重要物种和生态系统的空间分布图，建立城市生物多样性信息管理系统，提出生物多样性保护规划。开展野生植物资源的引种驯化以及珍稀、濒危植物迁地保护研究。对湿地生物多样性的研究近年受到普遍关注。

(3) 城市区域绿地网络

为了建设健康的人居环境，很多城市都在重新进行生态城市规划和城市绿地系统规划，市区、村镇的绿地和郊区大面积的植被构成统一的体系，如德国、英国、意大利、芬兰、荷兰等国家的一些城市，联合研究21世纪现代城市绿地空间发展对策。我国科学技术部将城市森林生态网络建设列为重点研究内容，并在全国多个城市设点开展系统研究。

(4) 城市植被恢复重建与生态过程

在城市地区恢复健康的植被覆盖和生态过程，是长期的研究课题。日本学者宫胁昭提倡以潜在的自然植被为模式，以"乡土树种营建乡土森林"的原则，在日本、中国以及东南亚和南美洲的部分地区进行了城市植被恢复项目的研究实践，近年来自然植物群落的研究与实践受到普遍重视。

(5) 生态规划设计与生态管理

研究城市范围内生态评价的指标体系和方法，将生态规划思想引入到城市规划中，开展生态城市建设研究，其中应用景观生态学方法研究城市绿地系统空间结构和格局及其与功能的关系取得明显进展。研究较大尺度上融合气候、地形、生物等自然条件与社会经济条件的景观生态规划设计，实现城市的革新与可持续发展，一直是近年国际风景园林师联合会(International Federation of Landscape Architects，IFLA)年会的主题。研究如何在城市绿色基础设施建设中进行生态设计与生态管理，如城市绿地有害生物的控制，乡土植物与地带性植被的应用等。北京奥林匹克森林公园是近年研究成果的范例。

(6) 园林生态工程技术

城乡生态和景观保护与修复技术、退化生境的生态修复技术(矿山、工程创面、垃圾填埋场等)、盐碱地绿化技术、人工湿地构建与园林水质生态修复技术、屋顶绿化与绿色建筑绿化配套技术、特殊生境绿化工程技术以及植物种植技术等方面的研究不断深入，在园林绿化材料与技术方面取得明显进展，并推动了园林绿化水平的不断提高。

按不同研究方面和各相关主题词分项检索统计，结果显示(表1-1)，不同研究方面的成果比重差异说明园林生态研究具有明显的侧重点，整体而言主要侧重生态效益研究和生物与环境研究(占76.3%)；不同方面也有侧重，如生物与环境研究中对植物的研究要远多于对动物和微生物的研究，这主要是因为植物是园林生态系统中最重要的组成成分，对其进行大量的研究具有必然性和必要性；生态效益研究方面，明显倾向于净化环境、水土保持和防灾减灾，主要是因为这些效益的高低直接影响人居环境质量、社会经济发展和居民生活安全，相关研究受到政府和研究机构的重视。生态规划与生态管理研究方面，则侧重生态规划与设计，原因在于生态规划是认识、评价并提供协调人与自然的景观利用选择方案的一种过程，园林生态系统是自然-人工复合生态系统，也是典型的受人类活动影响和管理的生态系统，人是园林生态环境的建设者、使用者和调控者，同时也是组成园林生态系统的成分之一，人的需求与园林生态系统的需求关系必须得以协调，这也符合生态学研究应当从未受到干扰的生态系统转到由人类影响和管理的生态系统，并将更多的生态学研究集

表 1-1　园林生态学研究成果数据统计(于艺婧等，2013)

研究领域	数 量	排重计量	数 量	主题词(精确)	数 量
生态效益研究	869	净化环境	231	园林、滞尘	97
				园林、吸收有害气体	19
				园林、抑菌	78
				园林、负离子	40
				园林、净化水	2
				园林、净化水源	3
				园林、净化水环境	1
				园林、净化土壤	3
		调节气候	28	园林、调节温度	23
				园林、调节湿度	4
				园林、调节风速	1
		维持生物多样性	12	园林、维持生物多样性	12
		防灾减灾	287	园林、防灾减灾	33
				园林、防风	135
				园林、防火	100
				园林、避难	47
		水土保持	359	园林、水土保持	359
生物与环境研究	1318	园林植物	1033	园林植物、适应性	208
				园林植物、群落	470
				园林植物、恢复	129
				园林植物、多样性	523
		动物与微生物	285	园林、鸟类	251
				园林、哺乳动物	13
				园林生态、昆虫	18
				园林生态、微生物	9
人的需求与行为研究	38			园林生态、行为心理	6
				园林生态、公众参与	17
				园林生态、休闲娱乐	11
				园林生态、文化艺术	4
生态规划与生态管理研究	640			园林、生态规划	210
				园林、生态设计	363
				园林、生态评价	46
				园林生态系统、评价	6
				园林、生态管理	39

中到生态服务和生态恢复与生态设计中的发展趋势。

1.2.3.2 园林生态学不同研究领域的热点

一个关键词在论文总量中出现频次的高低，表明相关研究成果数量的多少，频次越高，相关研究越多，研究层次越广、越深，也就意味着这是该领域的研究重点、热点所在。不同研究方向的论文主题词检索和高频主题关键词的分布统计结果显示（表1-1），园林生态研究不仅具有偏向性，也存在不同的研究热点。

生态效益研究的热点为"水土保持、防灾避险、净化环境"；植物研究热点是"多样性、群落"；动物与微生物研究的热点是"鸟类"；生态规划与设计研究热点是"地区、居住区、斑块-廊道"；生态评价与生态管理研究热点则是"地区、公园"。

1.2.4 中国园林生态学的发展趋势

园林生态学是一门多学科交叉的新兴应用生态科学，成为独立学科的时间还较短，虽然在相关领域和方面的科学研究取得了一定的进展，但其学科理论体系还不够完善，研究领域尚需进一步拓展和深入。随着风景园林学科地位和应用领域需求的不断上升，其受关注度越来越高，其研究成果及应用在健康人居环境建设管理中的作用也会越来越大，学科发展应用前景广阔。就现有状况而言，今后该学科领域科研发展趋势体现在以下几个方面。

(1) 加强理论研究，完善学科理论体系

园林生态学应在现有相关生态学理论整合基础上，需向深度和广度两方面进一步加强园林生态关系的理论探索。例如，在城市环境中，植物生活史对策，植物种群增长规律；未来更加关注城市绿地对城市居民健康关系的研究。

(2) 继续面向园林植物等生物与环境研究、生态效益研究

园林植物是园林绿地的主要生产者，是绿地最主要的基础生物群落，是人类健康发展的绿色自然环境，也是人类不可或缺的和其他生物物种赖以生存的环境。在中国城市化快速发展的今天，如何更好地保护好尚存的自然植被资源和生态环境，按照自然规律、自然力量和科学方法，恢复被破坏的重要的生态系统，更好地建立和发展能够持续稳定自然生长的园林植物群落和园林景观生态，更好地发挥园林植物和生态系统在净化环境、调节气候、水土保持、防灾减灾、保持生物多样性等方面的功能，这是园林生态研究领域需要继续重点关注的方向。特别是在全球气候变暖，温室气体依然高排放，城市空气污染形势严峻的大背景下，园林植物、绿地生态系统理应通过更多的途径和方式发挥更大的积极作用。

(3) 进一步加强生态规划与设计理论研究和实践探索

生态规划与设计已经成为国内外风景园林学科发展的重点和研究的热点之一，也是园林生态学理论研究和实践应用的重要内容。实践证明，生态规划和生态设计是综合地、长远地协调人类需求与自然生态关系，并将人类对自然资源开发、利用和转化的消极影响降至最低程度的有效途径之一。国家和地方等各级相关机构将会给予更多的关注和投入，并加强国际交流与合作，从生态规划与设计层面推动中国园林生态学研究与应用向更高水平发展。

思考题

1. 分析不同生物组织层次生态学研究问题的差异。
2. 分析景观生态学理论和方法在城市绿地建设中的作用。
3. 分析园林生态学产生的背景。
4. 园林生态学研究的热点领域有哪些？
5. 园林生态学的研究内容是什么？
6. 谈谈中国园林生态学研究的未来趋势。

推荐阅读书目

生态工程——原理及应用(第二版).2017.白晓慧,施春红.高等教育出版社.

生态学——从个体到生态系统(第四版).2016.Begon M,Townsend C R,Harper J L 著.李博,张大勇,王德华主译.高等教育出版社.

恢复生态学(第二版).2020.董世魁,刘世梁,尚占环等.高等教育出版社.

现代生态学讲座(Ⅷ)——群落、生态系统和景观生态学研究新进展.2017.高玉葆,邬建国.高等教育出版社.

基于个体的生态学与建模.2020.Grimm V,Railsback S F 著,储诚进等译.高等教育出版社.

园林生态学(第二版).2011.冷平生.中国农业出版社.

地球的生态带(第四版).2015.Schultz J 著.林育真,于纪珊译.高等教育出版社.

环境生态学导论(第三版).2020.盛连喜.高等教育出版社.

生态群落理论.2020.Vellend M.张健等译.高等教育出版社.

现代生态学讲座(Ⅱ)——基础研究与环境问题.2018.邬建国,韩兴国,黄建辉.高等教育出版社.

群落生态分析方法与应用.2020.张青田.化学工业出版社.

Ecology. 2011. Cain M L, Bowman W D, Hacker S D. Sunderland, Massachusetts：Sinauer Associates.

Wetlands. 2007. Mitsch W J, Gosselink J G. John Wiley.

Ecology：Concepts and Applications(Seventh Edition). 2015. Molles MC. Mc Graw Hill Education.

Elements of Ecology (Eighth Edition). 2012. Smith TM, Smith RL. Glenview：Pearson Benjamin Cumming.

2
园林生态学相关基础理论

园林生态学属于应用生态学的范畴，利用生态学原理改善人居环境，合理利用资源，调控人、其他生物与环境之间的关系，最终实现城市的可持续发展。园林生态学的理论体系正在不断发展过程中，许多研究者从不同的学科基础出发，采用不同的观点和方法，对城市园林进行研究，为建立和完善园林生态学理论体系作出了重要贡献，使园林生态学逐步走向成熟。本章主要介绍了园林生态学相关的生态学基础理论。

2.1 空间格局

2.1.1 尺度

尺度问题(scale issue)是所有生态学研究的基础。Levin(1992)指出，"格局与尺度问题融合了种群生物学和生态系统科学，综合了基础生态学和应用生态学，已成为生态学的核心问题"。目前，景观生态学在处理尺度问题上处于前沿，并已成为阐述生态学中基本尺度问题的主要推动力。尺度问题主要涉及三个方面：尺度概念、尺度分析和尺度推绎(张娜，2006)。

生态学尺度有三重概念：维数(dimension)、种类(kind)和组分(component)，其中，每重概念又包含多个定义(图 2-1)。

从维数来说，尺度包括空间尺度、时间尺度和组织尺度。通常意义上的空间尺度和时间尺度是指在观察或研究某一物体、现象或过程时所采用的空间或时间单位，同时又可指某一物体、现象或过程在空间或时间上所涉及的范围。组织尺度(或组织层次)是生态学组织层次(如个体、种群、群落、生态系统、景观、区域和全球等)在等级系统中所处的相对位置。应用中，时空尺度是抽象的、精确的；而组织尺度存在于等级系统之中，以等级理论为基础，是具体的，在等级结构中的位置相对明确，但其时空尺度是模糊的。

从种类来说，尺度包括现象尺度(phenomenon scale)、观测尺度(observation scale)、分析尺度(analysis scale)或模拟尺度(modeling scale)(图 2-1)。现象尺度是格局或影响格局的过程的尺度，它为自然现象所固有，而独立于人类控制之外，因此也称为特征尺度(characteristic scale)或本征尺度(intrinsic scale)。其中，现象尺度包括等级水平、各等级水平的斑块大小分布、同类斑块之间的间隔距离。对生物来说，格局尺度的这几个方面均是生物个体所感知并产生反应的尺度，如某种生物的生境斑块的大小。现象尺度包括过程本身作用的范围、过程能够影响的潜在或实际的幅度。对过程尺度的分析适用于以下生态过程的研究，如动物个体的疏散、树木种子的传播、裸地尘土的飞扬、热源的辐射、点源污染物的扩散等。例如，一个群落中种子的传播不仅发生在紧邻群落的局域范围内，也会因风、水和动物等的作用而发生在距该群落一定距离的潜在范围内。在一个等级系统中，每个等级水平上格局或过程发生的尺度范围称为尺度域（domain of scale）。与尺度域不同，特征尺度是两个相邻尺度域之间表示过渡或转折的某个（或某些）尺度，而不是一个尺度范围。

观测尺度也称为取样尺度（sampling scale）或测量尺度（measurement scale），涉及取样单元的大小（粒度）、形状、间隔距离及取样幅度，来源于地面或遥感观测。空间取样单元可能是自然物体，如一片树叶、种群的一个生物个体或一个动物巢穴等。但对于基于一定面积的大多数研究，自然的取样单元并不存在或不易区分，需在试验中人为确定。分析或模拟尺度是在空间统计分析或模拟模型中所用的尺度，如尺度方差分析中逐渐聚合的一系列尺度。

从组分来说，尺度包括粒度（grain）、幅度（extent）、间距（lag 或 spacing）、分辨率（resolution）、比例尺（cartographic scale）和支撑（support）等。在景观生态学中，尺度往往以粒度和幅度来表达（图 2-1）。空间粒度是景观中最小可辨识单元所代表的特征长度、面积或体积，如斑块大小、实地样方大小、栅格数据中的格网大小及遥感影像的像元或分辨率大小等。时间粒度是某一现象或事件发生的（或取样的）频率或时间间隔，如野外测量生物量的取样时间间隔（如半个月取一次）、某一干扰事件发生的频率或模拟的时间间隔。幅度是研究对象在空间或时间上的持续范围或长度（张娜，2006；邬建国，2007）。一般地，从个体、种群、群落、生态系统、景观到全球生态学，粒度和幅度呈逐渐增加的趋势。幅度独立于粒度，但它们在逻辑上互相制约：大幅度通常对应着粗粒度，而小幅度通常对应着细粒度（Turner et al.，2001）。在不具体指明是

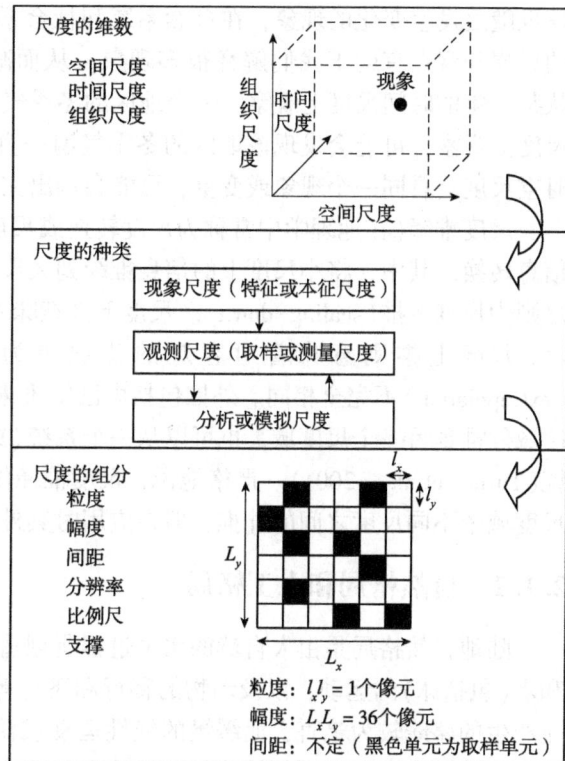

图 2-1　生态学尺度的三重概念（张娜，2014）

"幅度"还是"粒度"时，"尺度"一词的言外之意是幅度，以及与其相应的粒度。例如，当我们说"大尺度"时，通常是指大幅度和粗粒度。间隔是相邻单元之间的距离，可用单元中心点之间的距离或单元最邻近边界之间的距离表示。粒度、幅度和间隔的概念均可用于现象尺度、观测尺度和分析尺度。

地理学和地图学中的比例尺是分析尺度。生态学中的大尺度（或粗尺度，coarse scale）是指大空间范围或时间幅度，往往对应于地理学或地图学中的小比例尺和低分辨率；而生态学中的小尺度（或细尺度，fine scale）则常指小空间范围或短时间，往往对应于地理学或地图学中的大比例尺和高分辨率。地统计学中的支撑也是分析尺度，可以小到一个点，也可以大到整个空间幅度。实地取样的空间单元可作为变量的支撑，融合了空间单元的几何

形状、大小、空间位置和方向信息。

另外，尺度也有绝对尺度与相对尺度之分。绝对尺度是指实际的距离或面积，相对尺度是指与物质和生物个体在景观中穿越不同地点所需花费的能量或时间有关的距离。在多数情况下，相对尺度与绝对尺度呈正比，即距离越近，到达也越快。但也常有例外，例如，如果两个点彼此接近，即绝对尺度较小，但被一个大的山峰或峡谷阻隔，需要鸟类花费很多能量和时间才能穿越，或需要绕道而行，那么这两个点的相对距离较远，即相对尺度较大；反之，如果两个点相隔较远，但由水平地面相连，鸟类很容易穿越，那么这两个点的相对距离较近，即相对尺度较小(Turner et al.，2001)。又如，鱼类向上游游动时，走"之"字形路径(水流缓慢)要比沿河道(水流较快)逆水向上游快得多。

尺度效应(scale effect)是指当观测、试验、分析或模拟的时空尺度发生变化时，系统特征也随之发生变化的现象，在自然系统和社会系统中普遍发生。正确掌握尺度和尺度效应的思想和观点有助于我们解释很多现象，从而减少在诸如全球变暖问题上的分歧。例如，从某一年的时间尺度上观察，一个地区的冬季气温可能比常年低很多；但从近50年的时间尺度上观察，可能会发现该地区的冬季气温一直保持着波动上升的趋势。可见，从不同的时空尺度上看同一个现象或变量，可能会得出完全相反的结论。

尺度推绎(在地理学中常称为尺度转换或尺度变换)是不同时空尺度或组织层次之间的信息转换。其中，将小尺度上的信息推绎到大尺度上的过程称为尺度上推(scaling-up)，反之则为尺度下推(scaling-down)。尺度下推意味着对客观的认识更为细节化，趋向微观；相反，尺度上推则意味着对客观的认识更为全面化，趋向宏观。尺度推绎与外推(extrapolation)不完全相同。外推包括由已知推未知的所有过程。我们可以将信息从一个尺度域外推到另一个尺度域，也可以从一个系统(或数据集)外推到同一个尺度域的另一个系统(Turner et al.，2001)。严格地说，尺度推绎仅指不同尺度域之间的外推，而不包括同一尺度域中不同尺度之间的外推，但在应用时其外延也常被扩大到后者。

2.1.2 自然格局和人工格局

陆地自然格局是由大自然的水平过程所创造的[图2-2(a)]。大自然的水平过程包括风和水(包括冰)的运动，以及动物的爬行和飞行等，所有的路线都是弯曲的。高速度的线性流产生的路线较为笔直，而缓慢的线性运动或湍流则产生弯曲的路线。地下水流过沙子的轨迹，以及火在大风下的轨迹都相对较直。而动物觅食的轨迹则十分弯曲。

这些自然过程综合形成了一系列丰富有趣的空间格局(spatial pattern)[图2-2(b)左]。自然格局主要是不规则的、弯曲的、细长的。由凹凸不平的、分形的或呈树状的，聚集的、大小不一的或者纹理精细的格局形式组成。这些格局出现在所有尺度中。

人类是如何影响自然的呢？人们是化繁为简，线性化和几何化。人们尝试去控制自然，减少了多样性，因此也减弱了自然的适应性。人们复制、扩张、污染环境。人们消灭物种，使环境变得贫瘠。人们破坏格局，干扰过程。人们对景观进行穿孔、切割。人们把自然变得支离破碎，退化萎缩。人们消耗资源，并过度耗费(Forman，2012)。

因此，人类在大地上创建的格局印记与自然打造的格局十分不同。人们建造格局的目的包括控制、保护、可达、效率和形成社区。方形、网格、流畅的曲线、直线、双线以及放射状的圆覆盖了建成区[图2-2(b)中]。这些格局或对象主要是规则的几何形状，它们组合形成具有欧氏几何特征的城市地区。

　　城市生态学的重点就是关注自然格局与人工格局的结合。自然主要支配城市区域的外围部分，而人类则支配城市的中心。在城市的外围部分，除自然的影响外，人类的规划和管理也影响其格局，如砍伐木材、水源保护以及娱乐。城市中心通常作为一个整体来规划，同时在具体的地点进行详细的设计。

　　在复杂的城乡过渡带或城市周边广泛存在两类没有经过整体规划的用地格局。一种空间配置是经过长期"试错"过程产生的[图2-2（b）]。在这里，基于"可行"的原则，人工过程与自然过程达到了一种动态平衡。自然过程和人类活动都持续作用，很少会中断。自然格局和人工格局的范围都减小了。

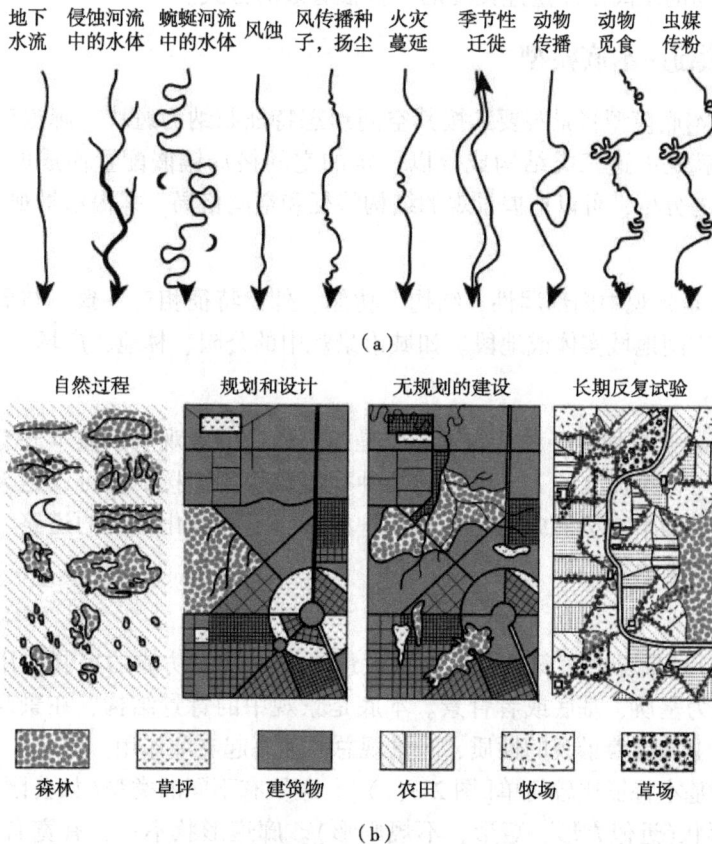

图 2-2　景观的水平自然过程及四种空间格局（Forman，2014）

（a）景观中的自然过程　（b）由不同过程产生的景观格局

注：（a）中是流或运动的典型路径；（b）（左图）周围为农田的林地（新月形沙丘，左侧中心）；（中间两个图）建成区和河流、林地及草地公园；（右图）农田和林地、农作物、牧场、草场、河流及农庄。

　　相比之下，第二种郊区格局则产生于相对较新的人类活动在自然土地上的烙印[图2-2（b）]。早期的、零碎的短期人类活动不可避免地破坏一些地点的自然环境，导致整个景观的自然环境要素严重退化，以及人居环境恶化。实际上，城市区域包含规划建立的几何式景观、自然景观和未规划的景观。未规划部分与自然的和建成的区域合为一体，其中建成的区域或者是"试错"的稳定结果，或者是自然被严重破坏的、新近开发的、正在变化的景观。

　　空间上量化城市区域的不同生态格局具有挑战性。Alberti（2008）建议从以下四个方面——形态、密度、异质性和连接度，将自然和人工格局联系起来。城市形态(urban form)通常可表现对象的中心性(例如，从紧密聚集到分散或者多中心)，以及对象分布的规则性(或不规则性)。城市人口密度(population density)是指单位面积的人口数量，当然密度也可以指建筑、公园、工厂和演替生境等的数量。生态或生境的异质性(ecological or habitat heterogeneity)则指不同植被或生境的丰富程度(水文和社会文化的异质性也可以被度量)。连接度(connectivity)测量的是物种、人或资源跨越某一个地区内不同区间的难易程度。廊道(corridor)和"踏脚石"(stepping stone)(是动物活动过程中常使用到的小型绿色斑块)是可见的结构连接，然而，即使没有它们，物种可能仍可以视该地区在功能上是相通的。通常来说，斑块或生境间的距离是度量连接度的一种很有效的方式。

2.1.3 斑块-廊道-本底模型

斑块-廊道-本底模型将景观要素按其空间形态特征归纳为斑块、廊道和本底三类景观结构成分，景观就是由这三类结构成分以一定的空间格局镶嵌配置而成的。通过对斑块、廊道和本底特征的分析，可以把握景观的结构特征和空间格局，并揭示景观功能及其变化。

(1)斑块

斑块(patch)是景观中内部属性、结构、功能、外貌特征相对一致，与周围景观要素有明显区别的块状空间地域实体或地段。如城市景观中的公园、林地、广场、居住区等。

(2)廊道

廊道(corridor)是斑块的一种特殊形式，是指与两边的景观要素或本底有显著区别的带状地段。廊道既可以是孤立的，也可以与某种类型斑块相连接；既可以是天然的，也可以是人工的。如带状的植物丛形成的绿篱、防护林带、不同绿化程度的道路、具有不同水文特征和河岸植被的河流等。

(3)本底

本底(matrix)是景观中面积最大、连接度最高、对景观功能的控制作用最强的景观要素。本底也可称为基质、基底或者背景。本底是景观中的背景结构，在景观功能上起重要作用，很大程度上决定着景观的性质，对景观总体动态起支配作用。

单个斑块的基本特征比较简单[图 2-3(a)]。斑块有不同的类型(如公园、住宅区)，面积(大、小)和形状(近似方形、矩形、不规则形)。廊道形状不一，有宽有窄，有长有短，有直线、曲线等[图 2-3(b)]。本底主要有连贯型和不连贯型，宽广型和狭小型，散孔型和连续型等[图 2-3(c)]。

上述三个空间单元都有边界或边缘，并且这一特征普遍存在。边界(boundary)可以认为是一条线。一个狭窄条带的边缘(edge)，因为不同于两侧斑块或本底的内部(interior)，通常容易辨认。边缘实际上是三维的，其每一维均有重要的生态学意义。例如，对一片森林来说，其边缘宽度、边缘高度及线型都能帮助控制生物种类的分布、野生生物的密度、土壤的营养水平、动物沿着或穿过边缘的移动，以及风对种子、土壤及雪的传送。类似地，一个城市街区边缘与其内部的树木密度、犯罪率、交通噪声、土地利用及维护强度等方面有所不同。建筑物、沙漠、森林及湖泊中都有边缘的存在。总之，斑块、廊道及边缘广泛存在于各种景观和城市区域的各个尺度中。

在过去的 20 余年里，斑块-廊道-本底模型已经成为理解陆地自然与人工格局的主要模

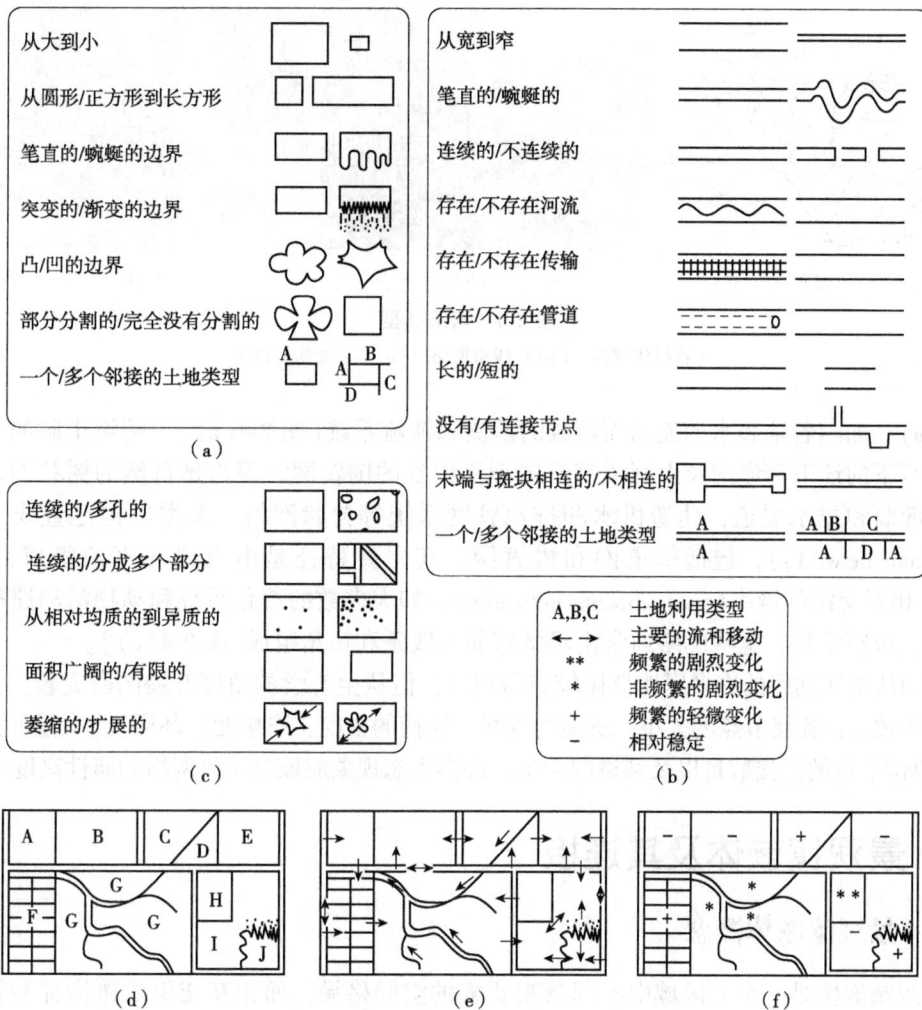

图 2-3　景观镶嵌体的斑块-廊道-本底以及结构-功能-变化特征（Forman，2014）
（a）斑块　（b）廊道　（c）本底　（d）结构　（e）功能　（f）变化

型，该模型已经广泛而成功地应用于科学分析、学术解读以及与社会环境有关的解决方案中。为解决以下两种土地格局，建立一个增强版的模型是必要的，尽管它们在城市区域中较为少见：①渐进的环境梯度（在一个区域内没有明显的斑块、廊道或边界）；②有明显的斑块或廊道，但是没有明显的边界（各种"软"边界类型）。

廊道可能单独存在，但是更普遍的是同一类型的廊道彼此连接从而形成网络。道路网、溪流网、绿篱网、铁道网和管网几乎无处不在［图 2-3（d）（e）］。这些网络都具有系统的功能，能量、物质等沿着廊道从一个节点（交叉点）流向另一个节点。此外，网络还能起到阻挡和过滤的作用，很大程度上阻断和干扰陆地其他能流和物流。

景观具有结构、功能和变化（或格局、过程和动态）特征［图 2-3（d）～（f）］。一个景观的结构就是它的空间格局，即它的组成及空间配量。它的功能或其所具有的功能是各种流、迁移及相互作用等。变化指的是景观结构、格局和功能随着时间的变化。

三种网络类型能刻画城市地区的特征。大自然创造了像树枝一样的树状网络（dendritic

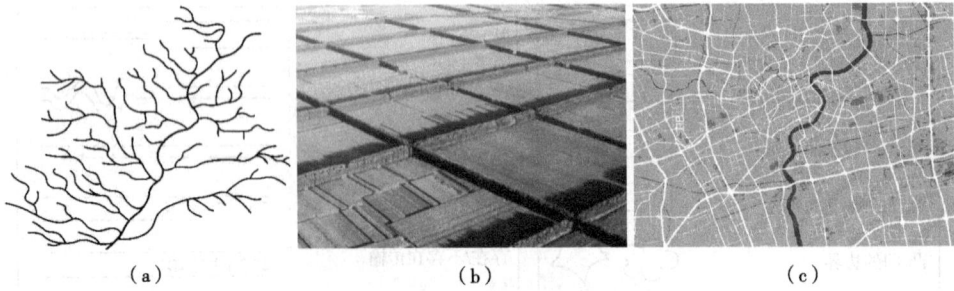

图 2-4 网络类型

(a)树状网络 (b)直线型网络 (c)相互交织的网络

networks），如随着地表水的流动而形成的溪流和河流系统［图 2-4(a)］、崎岖山脉的山脊网络、岩石下的地下河流网及山涧溪流流向干旱山谷的倒转网络等均是自然的树状网络。人类开凿灌溉和排水渠道，建造供水和排水管网系统等树状网络。人类也构建直线型网络(rectilinear networks)，包括街道网和树篱网，其主要特征是由直线和直角组成［图 2-4(b)］。相互交织的网络(anastomosing networks)，如大多数的道路系统和动物活动路径形成的网络，也很常见，这些网络通常由轻微弯曲的线条和锐角组成［图 2-4(c)］。

上面所描述网络的许多属性都比较容易理解，但从生态学的角度开展的研究较少。比如以下这些效应：连接节点的大小、廊道的等级、连接的密度、连接度、环回度(大量回路的丰度)，单位节点的连接数目以及网格的大小。许多生态现象应该对这些网络的属性高度敏感。

2.2 景观镶嵌体及其连接

2.2.1 景观镶嵌体概念

景观镶嵌体是一个大区域中不同景观要素的空间格局，而相互交织的镶嵌体被认为是各要素通过强的相互作用而紧密相连的。在景观镶嵌体中，尽管廊道或条带常常出现，但斑块是占主导地位的。斑块和廊道在空间上的排列形成独特的结构，是每一个景观镶嵌体的核心特征。

景观镶嵌体的另一个核心属性是通过网络之间的相互作用将要素联系起来。生物、物质和能量在景观中的流和运动将斑块连接在一起。实际上，这些过程决定了景观镶嵌体的运行和功能。要素之间的流也反映了一个镶嵌体的稳定性或持久性。因此，镶嵌体组分之间相互作用的强度，也就是流和运动的数量及速率是研究的关键。强的相互作用预示着：①一个紧密联系的镶嵌体，该镶嵌体的组成要素之间可能一个影响着另一个，又或者其组成斑块内部及斑块之间都是相互依赖的；②一个功能活跃的镶嵌体；③未来可能更稳定。

相互交织镶嵌体是一组通过具有强相互作用的流和运动而联系在一起的景观要素，强调一个与土地利用及栖息地紧密联系的活跃功能单元。这种强相互作用使得流和运动能作用于斑块的大部分表面，而不是简单地作用于斑块边缘的狭窄区域。实际上，在紧密交织的镶嵌体中，尽管存在一些沿着斑块边缘运动的流，但跨越镶嵌体边界的垂直流才是主要的。

廊道在一个镶嵌体中具有重要的功能。作为通道，廊道能传播正的和负的流。作为障碍或过滤器，流和运动被廊道阻隔和减弱。因此，在一个景观镶嵌体的内部和周围，廊道的分布显著地影响流的方向和速率。例如，平行和垂直边界的廊道、轻微弯曲和复杂弯曲的廊道，其生态效应差异较大。

2.2.2　邻接与邻接效应

几乎所有的人和物都受相邻事物的强烈影响。"邻接（adjacency）"可以被理解为一个物体（土地利用或生境）与另一个物体相邻且边界有接触（或者有联系）。邻接的土地利用可能是某一斑块包围着另一个斑块的全部边界，或者另一种极端现象是仅仅在一个点（邻接点）上有联系。大多数土地邻接是某一斑块与另一个斑块的部分边界相邻接。邻接效应（adjacency effect）则是指一个要素显著影响另一个相邻的要素。

邻接效应广泛存在。在美国马萨诸塞州南部城市斯普林菲尔德的研究中，40片城市/郊区林地内，鸟类物种丰富度因与林地邻接的建筑物的密度增加而减小。在芬兰，一项研究发现，公园周围建筑物的密度影响鸟类在公园外筑巢，同时也会影响鸟类在公园内部觅食。又如，工厂对空气的污染致使附近的半野生公园退化，易燃林的火灾将破坏附近的房屋建筑，来自大型沥青停车场的地表径流和暑热会影响临近的下坡和下风向区域。但是，相邻土地之间也可能几乎没有相互影响。

在西班牙巴塞罗那地区，树木茂密的斑块与城市区域相邻接。在受人类干扰的生境中，林地面积越大，植物物种的丰富度就越高。此外，常见树种和总体森林物种的丰富度，在边缘地区比较高，而在林地内部比较低。相对于林地内部，人们在林地边缘的活动频率更高。然而，当森林与农田相邻接时，小片林地中与人类密切相关的植物物种丰富度要高于大片林地。总体来讲，林地的大小、与林地相邻接的土地利用类型是两个影响植物物种多样性最重要的因素。

工业区/商业区与绿地相邻接时，蝙蝠的活动（可能与蝙蝠数量呈正比）更多（Gehrt & Chelsvig，2003）；另外，当工业区/商业区与农田相邻时，蝙蝠的活动较少，但如果相邻的农田包含水体，蝙蝠的活动相对更频繁。

实际上，一些斑块对是相互依赖的，或至少是彼此互利的。污水处理设施排出水体的水质取决于入水水质及其处理效率。游客/旅游景点和酒店互惠互利。一个小购物区依附于周围居民区，反之亦然。一座小学和居民区相互依存。乌鸦、画眉在居民区内觅食取决于附近是否有植被茂盛的公园作为夜晚的栖息地，而在公园栖息的鸟类则需要到居民区觅食。分布于高楼周围的绿地是规划所要求的，它们能够为居民提供游玩场地、公用场地、散步和约会的场所。

2.2.3　交错区与边缘效应

交错区（ecotone）又称生态交错区或生态过渡带，是两个或多个生态地带之间（或群落之间）的过渡区域。如森林和草原之间有森林草原地带，软海底与硬海底的两个海洋群落之间也存在过渡带，两个不同森林类型之间或两个草本群落之间都存在交错区。这种过渡带有的宽、有的窄，有的是逐渐过渡，有的是变化突然（图2-5）。

相邻生态系统之间的过渡带，其特征是由相邻生态系统之间相互作用的时间、空间及强度所决定的。可以认为，生态交错区是一个交叉地带或种群竞争的紧张地带。在交错区，种的数目及一些种群的密度比相邻生态系统大，这里往往包含两个生态系统中的一些种以及交错区本身所特有的种，这里因为交错区的环境条件比较复杂，不同生态类型的植物都

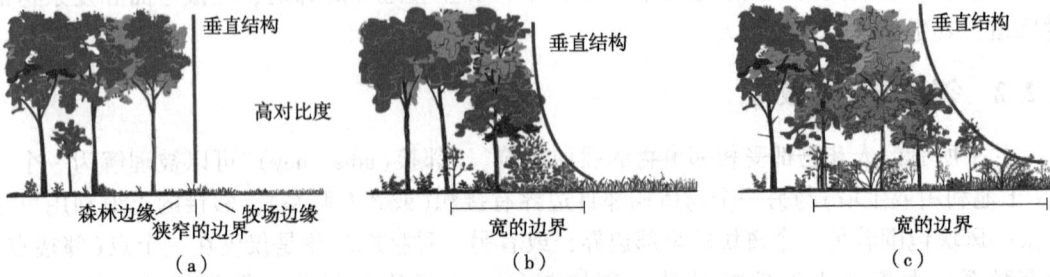

图 2-5　两个相邻群落边界纵向和横向结构随时间的变化（Smith & Smith，2011）

能定居，从而为更多的动物提供食物、营巢和隐蔽条件。与生态交错区两侧的生态系统相比，生态交错区往往具有独特的生态条件和更高的物种丰富度，这一种现象称为边缘效应（edge effect）。在生态交错区的物种通常称为"边缘"物种，而远离生态交错区的生态系统内部的物种则称为"内部"物种。

目前，人类活动正在大范围地改变自然环境，形成许多交错带，如城乡的发展、工矿的建设、土地的开垦，均使原有景观界面发生变化，形成宽窄不同、结构类型不同的交错区。这些交错区可看成半渗透界面，它可以控制不同系统之间能量、物质与信息的流通。

2.2.4　岛屿与岛屿效应

岛屿作为生态系统，具有明显的特征。例如，岛屿的边界明确，具有相对封闭性和独立性；岛屿上的生物群系较为简单，不同岛屿在其隔离程度、大小和形状上差异很大，同时岛屿的数量很大。岛屿的这些特征使其较易满足统计上对可重复性样本的数量需求。自达尔文时期，岛屿就为自然选择、物种形成和进化、生物地理学和生态学领域的理论与假说的发展及检验提供了重要的天然实验室。

生态学家在研究海洋环境中岛屿上的物种成分、数量及其变化过程时提出了岛屿生物地理学理论（island biogeography theory）。生态学意义上的岛屿主要强调隔离和独立性。海洋岛具有比较明确的"边界"，有相对不受人为干扰的"体系"，有内部相对均一的"介质"，有与外部差异显著的"领域"。广义上，我们将具有四个特征的自然环境均称为"岛屿"或"岛屿生境"或"生境岛屿（habitat island）"，其中包括各种"陆地岛"或"陆地斑块"，例如，城市绿地被建筑及铺装地面包围，形成城市中的绿岛，以及孤立分布的山峰、沙漠中的绿洲、陆地中的水体、农业包围的林地、自然保护区等。

2.2.4.1　岛屿物种数与面积的关系

岛屿由于与大陆隔离，生物种迁入和迁出的强度低于周围连续的大陆。许多研究证实，岛屿中的物种数目与岛屿的面积有密切关系。岛屿面积越大，岛屿中的物种数越多，岛屿面积与岛屿上物种数的关系可以描述为：

$$S = cA^z \tag{2-1}$$

或用对数表示：

$$\lg S = \lg c + z(\lg A) \tag{2-2}$$

式中：S 为物种数；A 为岛屿面积；c、z 为两个常数。

2.2.4.2　MacArthur 平衡说

生态学发展了不同的假说来解释物种-面积关系，主要有生境多样性假说、被动取样假说和动态平衡理论(dynamic equilibrium theory)。其中，普林斯顿大学 MacArthur 和 Wilson (1967)提出的动态平衡理论最具有说服力。该理论包括两层含义。

(1)迁入-灭绝的动态平衡过程

对于某一岛屿而言，迁入率(the rate of immigration)随着岛屿上物种数的增加呈下降趋势，而灭绝率(the rate of extinction)随着岛屿上物种数的增加呈上升趋势[图 2-6(a)]。这是因为任何岛屿上的生态位或生境的空额有限，已定居的物种数越大，新迁入的物种能够成功定居的可能性就越小，而已定居物种的灭绝率(或迁出率)则越大。物种迁入和灭绝这两个过程遵循着一种动态平衡的规律，即目标区(汇区)的物种动态演化是该物种"迁入—保持—灭绝"关系的一种动态平衡结果。当迁入率与灭绝率相等时，岛屿物种数达到动态平衡状态，即虽然物种的组成在不断变化和更新，但其丰富度数值却保持相对稳定。这种状态下物种种类的更新速率(即单位时间内原有物种被新来物种取代的数目)在数值上等于当时的迁入率或灭绝率，通常称为物种周转率(species turnover rate)或物种更替率(species replacement rate)。

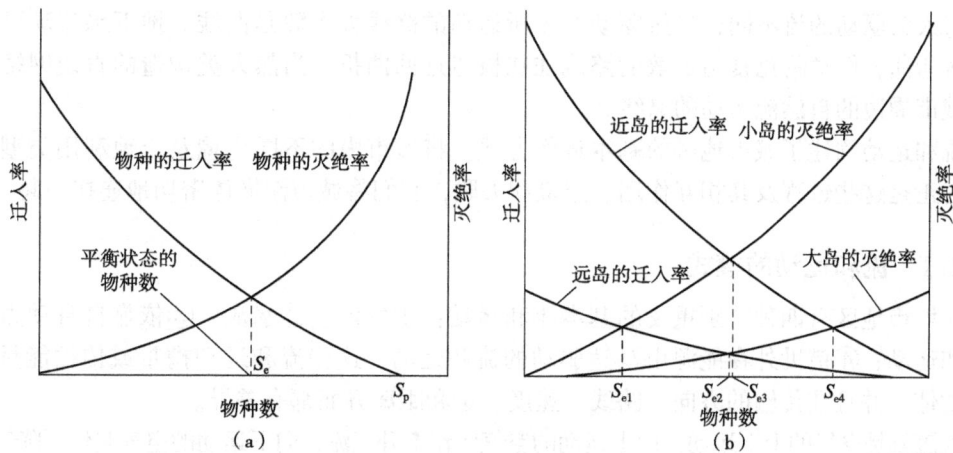

图 2-6　岛屿生物地理理论图示(仿 Molles，2015)

(a)岛屿生物地理学的平衡模型　(b)距离效应和面积效应

注：S_e 表示达到动态平衡状态时的物种数，S_p 表示大陆物种库中潜在迁入种的总数。S_{e1} 表示小而远的岛平衡状态时的物种数，S_{e2} 表示大而远的岛平衡状态时的物种数，S_{e3} 表示小而近的岛平衡状态时的物种数，S_{e4} 表示大而近的岛平衡状态时的物种数。

(2)影响物种数的距离效应和面积效应

一方面，岛屿离物种库越远，物种迁入率越低[图 2-6(b)]，这就是"距离效应"。某岛屿的物种库可理解为物种较丰富的大陆(或其他岛屿)。距离效应产生的原因是：距离影响物种的传播或运动能力，以及物种库与岛屿的隔离程度，从而影响物种的迁入率。另一方面，岛屿面积越小，物种灭绝率越大，这就是"面积效应"。岛屿面积对物种多样性的影响主要表现在它限制物种的存活，岛屿越小，种群也越小，由随机因素引起的物种灭绝率越高；岛屿越小，生境多样性越低，资源可获得性越低，通常物种数也越低(Turner et al.，

2001；邬建国，2007）。该理论首次从动态方面阐述了物种数与面积及隔离度之间的关系。

2.3 城市景观中流和运动

景观中能量、物质和物种的运动或流动取决于七种主要媒介物或传输动力：风、水、植物、飞行动物、地面动物、水生动物和人。在景观水平上有三种运动形式：扩散、物质流和运动，其普遍性依次递减。

2.3.1 流和运动的本质

城市里的很多过程本质上是物质和能量在空间中的流动、运动和传播。一些过程主要沿垂直方向运动，如降水和蒸散发。而本节关注的重点是那些沿水平方向运动的流，它们横跨异质空间，连接不同的土地利用类型或生境。

很多流和运动基本上由人为驱动，如自行车、机动车辆、火车、电力传输和自来水网、污水及石油管道的流和运动。人为驱动的流经常是在近乎笔直的线路上运动。直线流动有两个理论上的优势：一是传输效率高；二是有利于防止周围基质在传输过程中发生退化。

在城市地区，由自然驱动的，沿水平方向运动的流随处可见，如风、粉尘和气体的传输、地表水径流、地下水流动、授粉、种子传播、鱼的游动以及动物的觅食、扩散和迁徙等。与人为驱动的流不同，自然驱动的流所运动的路线大多数是曲线。地下水流动可能只是稍微弯曲，但动物觅食与扩散的路线往往极尽迂回曲折。当然人类构造的直线网络能够拉直城市周边的自然流运动的路线。

流和运动阐述了城市地区的基本运作方式。将城市内的不同生境及土地利用类型联系起来的正是这些过程及其相互作用、连接和关联，它们将城市镶嵌体密切地连在一起。

2.3.1.1 流和运动的模式

在城市地区有四种特别重要的基本流和运动：①气流；②水流；③依靠自身动力驱动的流和运动；④借助外在能源由马达驱动的流和运动。这些流和运动携带或传输能量、材料和物体，并且在传输的方向、路线、速度、量和距离方面都有差异。

气流就是空气的上下运动，向上运动的空气叫作上升气流，向下运动的空气叫作下降气流。

小尺度温差所形成的微风在城市里也非常重要。在宁静的夜晚，城市的暖空气通常会上升到较冷的上层空气中。丘陵与山地中的冷空气在晚间流向坡下，从而迫使山谷中的暖空气垂直上升。在初秋，因为海水温度高于陆地温度，向岸风由海面吹向陆地；同理，在温暖的春天，离岸风由较暖的陆地吹向较冷的海洋。

水的流动源于重力作用，顺流而下，其流动方向与地面几近平行。城市中的地表水径流主要出现在屋顶和道路等不透水表面。其中的一部分通过地表裂缝或土壤下渗，在地下以接近水平的方式流动。然而，土壤典型的小尺度异质性及城市中的斑块填充物通常会中断地下潜流。在有些区域如沙填土区，下渗较深的水在接触到潜水面后会随着地下水流进行缓慢的水平流动。饮用水、雨水和污水以及废水通常都是通过重力作用在管道和水渠内流动，尤其在丘陵与山地地带。

动物和人类自身驱动的运动所需的能量主要来源于太阳。通过光合作用将太阳能转化为有机化合物中的化学能被人和动物所食用，再通过代谢产生运动所需的能量。通过自身驱动的运动包括人类的步行和骑车、陆栖动物的走和跑、飞行动物的飞行以及水生生物的游动等。食物、水和栖息地是动物维持运动的必需条件。

为建设和维护基础设施而进行的人类活动所需的能量来自外部渠道。道路上行驶的卡车、巴士和汽车大多数使用石油作为能源。轨道上行驶的火车、地铁的能量大多直接或间接来源于化石燃料，如石油或煤炭。通过管道运送水、石油和天然气所需的能量也主要来自化石燃料，特别是石油。电力通常通过离地面很高的输电线传送。那些通过水、石油、天然气或燃煤进行发电的工厂设施或集中或广泛地分布在城市地区。可再生能源尤其是风能和太阳能为这些运动提供的能量虽然少，但其比例在日益增加。

这些风、水流、动物运动、人类行走、机动车辆行驶以及沿着基础设施管道运动的流可以根据能量的来源归为三类：①以温度差和重力作用引起的风和水流为代表的"物质流"；②通过食物链获得能量的人类和动物所进行的自身驱动的运动(如行走)；③基于化石燃料(代表着亘古以前的太阳能和以化石形式存在的植物能)的交通工具和基础设施的运转。

能量驱动的流和运动是物质和能量传输的载体。火车可以运载人、货物和种子。机动车辆可以运载人、货物、种子、昆虫，甚至脊椎动物。风能够传输热量和水分，但同时也带来噪声、灰尘、悬浮颗粒和有害气体以及有毒的有机物质。气流还可以携带种子、孢子、藻类和随风飘移的小昆虫，大风加速野火蔓延。

水流传输浮游藻类和浮游动物，将微小的黏土颗粒运送到海洋，将淤泥运输到河底和河口三角洲，在短距离内搬运沙子。水流携带大量的污染物，包括氮磷沉积物、有毒化学品及垃圾。洪水几乎可以输送任何东西，包括石头和汽车，冲毁桥梁和工业中的有毒废弃物。夹带着各式物体的强风或激流，在通过狭窄的地方时会有增速的现象[文丘里效应(Venturi effect)，也称"狭管效应"]。

2.3.1.2　动植物的运动

(1)动物运动

①主动运动和被动运动　根据空间位移的主动性，可将物种运动分为主动运动和被动运动，这是最常见的物种运动方式。主动运动一般指物种通过自身有目的的行为，从一处迁移到另一处。主动运动的目的是适应环境的变化或寻找更适于自己生存的环境。被动运动一般要借助外界的媒介物(如风、水、动物、人类)和驱动力来达到迁移的目的。在一定程度上，被动运动的物种无法选择适于自己的环境，在生态上具有较大的风险，如外来物种入侵。

由于外界环境的变化或动物种群本身的数量变化，食物资源分布不均或生存压力增大，动物往往需要离开原来的栖息地，寻找新的觅食地和繁殖地，从而发生扩散或迁移。因此，动物在景观中的运动大多表现为主动运动。

②短距离运动和长距离运动　由于进化地位的差异，不同动物在个体大小、食性和活动规律等诸多方面往往存在很大差异；不同动物种群在运动速率及能量消耗上也很不一样，从而导致不同动物在运动距离上的差别。依据运动距离，可将动物运动分为短距离运动和长距离运动。

动物的短距离运动主要指巢域(home range)内的运动。大多数脊椎动物有一个巢域，在其中进行栖息、取食和其他日常活动。其中的许多动物也有一个领地(territory)，位于巢穴周围较近处或较远处，主要是为了防御同种的其他个体。这种运动的发生与动物适宜栖息地面积的变化、景观格局的变化及人类干扰有关，并可能随昼夜或季节而变化。一些水生浮游动物和土壤无脊椎动物会发生昼夜垂直迁移。

动物的长距离运动包括扩散（dispersal）和迁徙（migration）。扩散指一些动物个体成年后永远地离开其出生或发生地，向新巢域进发；或者某些成年个体从物种比较集中的源地向四周扩散，以占领更多领地，并避免同种竞争。接近成年的个体可在距离原巢域方圆几倍远的地方建立一个新巢域。因此，动物扩散可扩展物种的分布范围。

迁徙是动物受食物资源或繁殖需求的影响，不同季节在不同区域的栖息地间进行的周期性往返运动，以趋利避害，是一种对气候及相关环境条件的适应性反应。迁徙可分为水平迁徙和垂直迁徙。水平迁徙通常在不同纬度之间进行，需要跨越几个不同类型的气候带。例如，座头鲸（*Megaptera novaeangliae*）在夏季洄游到高纬度冷水海域觅食，冬季则到热带或亚热带温暖海域繁殖，是迁移距离最大的哺乳动物。斑头雁（*Anser indicus*）每到春天从它们的冬季觅食地印度和尼泊尔等南亚国家的低地湖泊和沼泽等区域出发，成群结队地飞越喜马拉雅山山脉，到达吉尔吉斯斯坦、蒙古、中国青海境内以及北部内陆湖泊或沼泽区域，在完成生育繁衍后再飞回南亚越冬地，是典型的候鸟。垂直迁徙在山地高海拔和低海拔地区之间进行。例如，北美洲的驯鹿（*Rangifer tarandus*）夏天生活在比较寒冷的高海拔地区（高山苔原），冬季则迁徙到比较温暖的低海拔地区（北方森林）；许多鸟类在高海拔地区繁殖，在低海拔地区越冬。

动物在向目的地运动过程中，或者使用某些地标（如建筑、道路、山体），或者跟随某些方位（如坡向、风向、坡位），而这些信息的获取更多地来自年长者或群体领导，因此，无法很好地归入以上运动形式的动物运动通常是一种漫无目的的游荡。但这也许是因为人类对此类运动尚知之甚少。澳大利亚的许多鸟类在一年的一半时间或多个季节都表现出这种游荡行为（Forman，2006）。

许多动物的运动发生在不同尺度上。例如，狼可能在一棵倒木周围活动，也可能沿着一条河流活动，尽管这两个尺度上的运动均在其巢域内。大多数迁徙鸟类在夜晚进行长距离直线飞行，而在白天则进行短距离盘旋飞行，以寻找丰富的食物。北美臭鼬（*Mephitis mephitis*）的巢穴多沿树篱构筑，靠近人类种植地。在不同季节，臭鼬在其巢域内的活动存在明显差异。春季是繁殖季，臭鼬往往需要到离巢穴较远的地方寻找更多的食物资源，以哺育幼崽；夏季，巢穴周围即有丰富的食物资源，臭鼬无须远离巢穴；秋季，臭鼬往往会远离巢穴寻找大量食物，以储备过冬；冬季，一方面巢穴中已有储备食物，另一方面周边大片植被凋零，视角相对开阔，易遭天敌侵袭，因此，大多数臭鼬集中在巢穴周围活动。

③连续运动和间歇运动　根据空间位移的连续程度，可将物种运动分为连续运动（continuous movement）和间歇运动（saltatory movement），它们同时适用于土壤颗粒或矿质养分。连续运动指生态流从源区（源景观或景观组分）至汇区（汇景观或景观组分）的过程中速度始终不为零，可以是加速、减速或匀速运动，很少返回，不轻易改变运动方向，穿过的范围较大。如果景观要素是均质的或异质性较低，那么有利于物种作连续运动，而且相对匀速运动较为普遍。如果物种的一部分路线较为均质，而另一部分较为异质，那么就有可能发生加速运动或减速运动。

间歇运动指生态流从源区至汇区的过程中，会在一些地方（休息站或暂栖地）作短暂停留，之后再继续运动，也称为"跳跃疏散"（jump dispersal）。动物在停留处休息、觅食、伏击猎物、生产、育雏等。停留增加了改变运动方向的可能性，以至于路线曲折，穿过的范围较小。间歇运动一般发生在异质性强的景观中。例如，在每年 10 月下旬，黑颈鹤(*Grus nigricollis*)从繁殖地(四川若尔盖湿地和甘肃碌曲尕海湿地)迁移至云贵高原的 3 个越冬地；翌年 3 月中旬，又从各越冬地汇集到云南的大山包；4 月中旬，全部黑颈鹤离开大山包，迁移至繁殖地。黑颈鹤的回迁属于间歇运动，而大山包是其回迁中的一个中转站。

城市对动物的运动既有抑制作用，又存在促进作用。居民屋舍的开发扰乱了许多物种的活动模式，特别是蝴蝶。繁忙的道路和高速公路也会阻碍动物的运动(Forman et al.，2003)。

另外，城市的雨水排泄管网也为某些动物(如生活在餐厅、酒店和垃圾场周围的老鼠)的活动提供了方便条件。雨水排泄管网也为蟑螂进入有地下室的公寓楼和其他建筑物的内部提供了便利。地下室四通八达的管网以及管网上的壁炉和烤架为蟑螂的进进出出提供了充足的空间。这些动物能够在此类畅通无阻的系统里快速寻觅着美味佳肴。在很多用木材作为房屋地基的城市里，白蚁能够在被砂砾堆砌连通的建筑物之间横行无阻。

外来种通过港口、铁路站场和仓库进入城市区域，并进行快速扩张。尽管铁路在空间上所占的范围不大，但似乎却是穿越城市地区一个最主要的途径。尽管运输港口总有严重的水污染，但水生物种还是可以通过这些运输港口直接进入海洋生态系统中，当然游艇和渔船对水生物种的扩散也起到一定的作用。

仓库中装卸货物的卡车可能是外来种广泛传播的一个重要载体。卡车的行驶路线并不规则，但通常是由港口或机场附近的仓库向外辐射。外来种也可以通过苗圃、花店、宠物店、植物园、动物园、动物医院以及一些生物研究机构扩散到城区的各个角落。除了铁路和某些高速公路，外来种的扩散主要代表了在不同空间尺度上从某个节点出发的辐射。

(2)植物运动

植物本身的运动是有限的，不像动物那样自由。植物主要是靠其繁殖体(如种子、果实、孢粉)或幼苗和植株等，在风、水、其他动物或人类等外界媒介物或自身弹力的作用下，迁移到新地点，并在新的环境中进行繁殖，由此向其他地方扩散，此为植物的传播。

植物在漫长的进化历程中形成了多样的传播方式以适应环境变化。植物传播方式和距离与该植物种在演替中的地位和生活史对策有关。许多植物可能同时具有多种传播方式。

根据传播媒介，可将植物传播方式为自体传播、风播、水播、其他动物和人类传播。

自体传播指植物靠其自身，而非其他媒介物进行传播，是一种主动运动。一些植物的成熟果实或种子依靠重力作用直接掉落地面；还有一些植物果实成熟时开裂，将种子弹出。靠重力或弹力将种子传播出去的植物有很多，如酢浆草(*Oxalis corniculata*)、凤仙花(*Impatiens balsamina*)等。自体传播种子的散布距离有限，但有些植物的部分种子在掉落地面后，会被一些动物(如鸟类、蚂蚁、哺乳动物等)利用而传播到远处。

风播植物的种子以风作为传播媒介，种子多小而轻，具有翅(如榆树、裸柱菊、瓜子金的种子)，或毛状物(如蒲公英的种子)。

水播植物的种子多具有疏松的组织结构，可漂浮，能经溪流、江河和洋流传播。因此，许多水生植物和沼泽植物的果实和种子能够漂洋过海，到达较远的岛屿或海岸。另外，大雨在冲刷地表的同时也常将许多果实和种子冲到别的地方，使植物可以抵达新的区域。

依靠其他动物(如鸟类、昆虫和哺乳动物)传播的植物果实或种子具有刺、钩等可黏附结构，如鬼针草(*Bidens pilosa*)、苍耳(*Xanthium sibiricum*)的种子，可随动物的活动黏附动物皮毛，或者通过取食进入动物体内，其中的种子可被完整地排到其他地方。鸟类和哺乳动物传播的植物大多具有浆果、核果或隐果等肉质果实。

人类对植物传播起到越来越大的作用。一种是有目的的移植或引种,在人类农业发展历史上发挥着非常重要的作用,例如,中国目前大量种植的玉米就来自南美洲的秘鲁,土豆来自南美洲安第斯山区。另一种是在人类的迁移或运输过程中,一些植物的种子或花粉被无意地带到其他地方。有些植物被带到适宜的新环境之后可能对本土物种造成巨大威胁,并给当地生态环境造成严重危害,形成入侵种。

不同的传播方式导致植物扩散距离的差异。短距离扩散意为传播到母株附近或母株的繁殖种群范围内。长距离扩散意为传播距离超出母株种群的范围,是种群扩散所必需的。一般情况下,以植物果实或果肉为传播途径的植物,在风或水等作用下,扩散距离较短。对于以种子为传播途径的植物,若种子较轻,则可在各种媒介物的作用下扩散至很远的距离;但若种子较重,则随着与母株的距离增大,种子的分布密度迅速降低,通常只能扩散至几米到几百米处。以孢子和花粉为传播途径的植物,在各种媒介物(尤其是风)的作用下,在空间上可以扩散至很远的距离。动物传播植物的距离在较大程度上取决于动物的活动领域。人类传播植物的范围在空间上几乎没有任何限制,特别是随着科学技术的高速发展,人类甚至可以将植物种子携带到太空。因此,在某种程度上,种子的扩散格局是可以预测的。

然而,植物的成功定居和繁殖格局与种子的扩散格局不尽相同。尽管只有少数较重的果实或种子能扩散至较远处,但其中蕴含的巨大能量大大提高了植物定居的成功率。相反,尽管较轻的种子、孢子和花粉可传播至很远的距离,但其中仅蕴含极少的能量,成功定居的概率很低。

受气候变化、生境损失或隔离、种间竞争等的影响,大范围植物群在景观内的传播主要表现为三种形式:一是受周期性环境变化的影响,植物群分布边界发生变动,分布面积扩大或缩小。例如,农牧交错带在丰水年有一部分牧场转变为农田,而在旱年则有一部分农田转变为牧场。二是为了适应长期的环境变化,一些植物种在不同纬度之间或不同海拔之间迁移。尽管这种迁移的发生可能很缓慢,但其生态影响却很深远,极有可能引起全球植被带的迁移。三是一些植物被带入新环境后,能很好地适应,并成功地定居和繁殖。例如,水葫芦(*Eichhornia crassipes*)原产于南美洲亚马孙河流域,20世纪初作为观赏和净化水质的植物引入中国南方,但20世纪70年代中期开始在珠江三角洲地区泛滥成灾,极难控制,目前已扩张到北方很多地方。

需要说明的是,植物物种向新环境的迁移既可引起其分布区的变化,也可引起物种本身及其后代的演化、灭绝或新生。

2.3.1.3　系统和生态系统流

生态工程或系统生态学为输入/输出、内部系统属性、网络结构、流动速度和稳定性提供了重要的启示。一个城市群或城市可被看作是一个具有简单系统模型特性的"黑箱",这个"黑箱"拥有能量、水、物质及人的输入和输出。有四个方面可以增加城市及周边地区的稳定性和持续性:①增加内部的生产与储存;②提高效率与循环再利用能力;③降低输入;④减少输出。

生态系统分析(ecosystem analysis)注重能量流和化学流。城市的能量流主要是以化石燃料的输入为主,再通过对化石燃料的转化,以热量的形式分散到城市的各个角落。同时,城市的化学流是具备化学组分的材料、货物和水等进入系统,然后分散到各个小单元中,最后经过化学改变和重新积累进入空气、水体以及废物传输流中。通常在城市系统中化学流很少有循环和回收利用发生。

对于城市生态系统中化学物质的生物地球化学（biogeochemical）或矿质养分（mineral nutrient）流动，研究者主要基于自然生态系统养分循环的传统生态模型开展了相关研究。这些研究较多关注城市的氮循环，当然也有部分研究描述了城市的碳循环。

城市的很多特性都与自然区域不同，因此开发一个新的"城市化学流模型"或范式在未来的研究中将极具价值。新模型应该基于以下概念：网络格局、空间异质性对比度、空间等级理论、化学上分解—改变—再聚集的模式，以及与周围异质环境的关联等。对此方面的探讨是城市生态学一个重要的研究前沿。

值得我们下一步研究的还包括生态流输入—输出与城市内空间模式之间的相互联系。城市有着鲜明的特点，这里具备由人、车辆、货物、种子、野生动植物、微生物、灰尘、气体和水等构成的强大源—汇流；如工厂废气排放、交通尾气排放等均被看作大气污染的源，而可以吸收大气污染的绿地、湿地等则是"汇"。然而，目前对于径向或非径向生态流的研究还很欠缺。这些不同的流和运动主要发生在为城市内部和城市周边的人类和生态流而设计的人为网络中。公路、铁路、管道、电力线和水路系统通道对城市化学流起着加速或阻断的作用。

2.3.2 边界和镶嵌体周围的流

2.3.2.1 边界的流和运动

物体的流动方向可能是沿着边界、平行于边界或与边界垂直。直线有利于物体沿着边界运动，包括风、水和动物的运动（Forman，1995）。一些动物的运动平行于边界线，如在瑞士山毛榉（*Fagus*）林内距边界大约 8m 处发现的由鹿踏行出来的路径，以及在美国新泽西州发现的与树篱平行的浣熊（*Procyon lotor*）足迹。然而，可能因为平行于边界的流并不常见，对此研究还比较缺乏。垂直于边界的流多数反映的是生活在斑块内部的动物从其生活巢穴往返于斑块边缘的活动。更为常见的垂直于边界的流是动物跨越边界，从一种土地利用类型到另一种类型，它代表着不同景观要素之间的相互作用与关联。

当动物走近到边界时，它基本上有三种选择（图 2-7）：继续穿越，如图上动物运行路线 A、BC、DE；调转方向沿着边界或平行于边界行走，如图中 F 和 G；或者是折回，如图中 H。第一种和第三种选择最为常见，而到底选择哪一种在很大程度上取决于边界另一侧的生境或土地的适宜性。

自然生境的边缘分布着较密集的植被，物种种类也较多（图 2-8），这样的边缘条件可能会抑制动物穿越边界。如果没有任何穿越发生的话，该边界就是一个屏障，但是这种情况十分罕见。通常情况下，边界是一个过滤器，它能够减缓跨越边界的流。这种过滤作用随着时间而改变，就像液体穿过半透膜的流动也会随时间而变化。城市里的边缘区域受人类活动的影响较大，如公园的边缘大部分是开放的，以便于人们的进出。相对应地，为保护公园内珍贵资源，则可以用密集的灌木作为边缘。英国剑桥附近的一个小型自然保护区的边缘被密集的悬钩子（*Rubus corchorifolius*）、山楂（*Crataegus pinnatifida*）灌木丛等多棘植物环绕，因此除了通过指定的入口，人们根本不可能进入这个保护区。为了尽量减少人类对保护区的过度利用，我们可以采取多种模式对边缘地带进行管理，如对边界外部地带、边界本身以及保护区内边缘部分的管理。

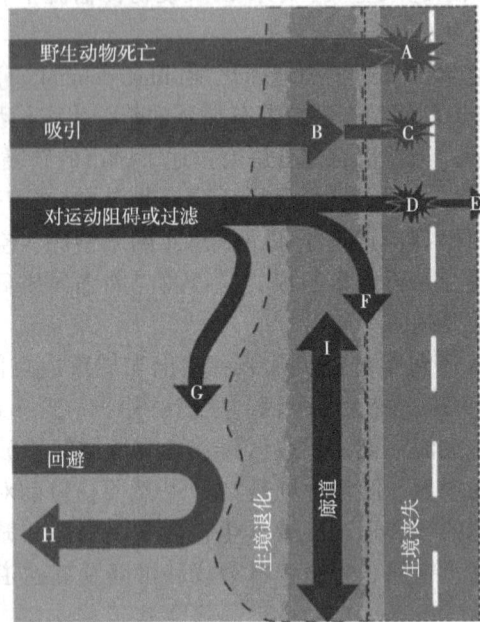

图 2-7　道路边界对动物的影响(van der Ree et al.，2015)

　　跨边界的运动也依赖于边界自身的形态(图 2-8)。硬边界(hard boundary)一般都比较陡峭且相对来说比较直。软边界(soft boundary)比较平缓且较为弯曲，有以下四种形式出现[图 2-8(b)]：①从一个生境逐步"渐变"至另一个生境过渡带；②像叶缘那样带着凸凹裂片的"回旋"或弯曲的边界；③在多个栖息地之间具有高异质性的"补丁状条带"；④具有分形特性或者精细纹路的边界。很多边界的形态随时间变化而改变。

　　在美国新墨西哥州林地和草地之间或笔直、或弯曲、或回旋状的边界周围，研究者对加拿大马鹿(*Cerus canadensis*)、骡鹿(*Odocoileus hemionus*)及郊狼(*Canis latrans*)的足迹和排泄物进行了观察，发现了一些重要的动物运动模式(Forman，1995)。对于前两类植食动物来说，硬边界是其运动的主要通道，但这两个物种基本上不会沿着回旋状的硬边界活动。与此相反，回旋状的软边界是动物在栖息地之间迁移的主要通道。几乎没有动物会跨越直线型的边界。跨越边界的频率与边界的分形维数(fractal dimension)(即实际边界的长度与边界直线长度的比值)呈比例。肉食动物主要是沿直线边界运动。在草地斑块中一部分回旋状边界会包含一些很小的林地斑块，让人联想到斑块状的条带软边界。根据足迹和排泄物密度，研究者发现食草动物主要使用这些边界进行觅食以及在林地与草地生境之间穿越等活动。

　　单个凹面和凸面对边界周围运动的变化有着重要的作用。携带沉积物和雪的水与风的流动主要穿越凹面边界的两端。此外，根据凹形—凸形边界模式，边界周围的湍流模式相对来说可以预测。在凹面和凸面边界中广泛分布着诸如或冷或暖、或多风或防风等环境各异的场所，这些微环境的异质性造成了野生动物活动模式的局部性。在环境适宜的生境或土地利用类型中动物通常会远离凸面边界的顶端。然而，在接近回旋型边界时，动物本来是前往生境前部一个突出的凸面，但结果却可能是走进凸面与凹面两端对角线的区域。这些模式仅被有限的证据所证实，它仍然是当前研究的前沿。

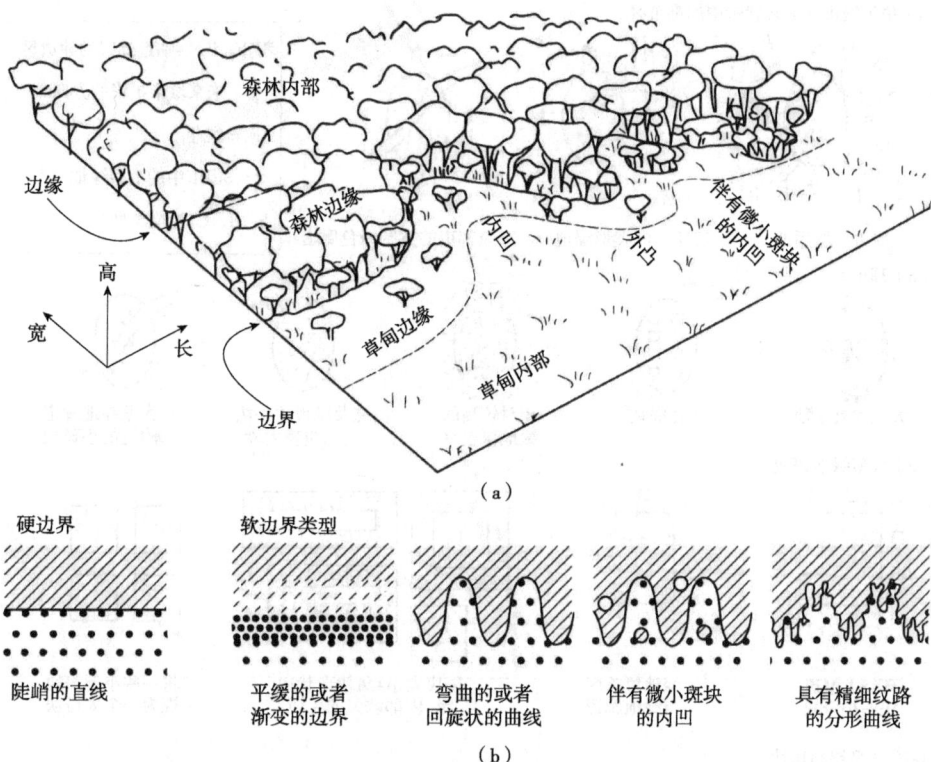

图 2-8　生境边缘、生境内部、硬边界和软边界(Forman，2014)
(a)生境边缘和内部　(b)硬边界和软边界

2.3.2.2　景观镶嵌体中的流

在异质性景观镶嵌体中运动的流有三个核心维度：方向、路线和速度。理解这些就可以了解任何区域(从近郊到城市)内的流是如何运作的。

一些特定的空间格局尤其有助于详细地说明流的运动过程(图 2-9)。源于周边自然环境和农田中的狭生性特化种(specialist species)在城市中很少能生存或繁荣下去。城市中存在的物种大多是或将成为广泛适应各种生境的广生性泛化种(generalist species)。维持整个城市地区生物多样性的重点是：①增强物种从周边生境进入城市区域的连续性运动；②增加城市区域生境面积和多样性。

在复合种群动态学中，当物种由大的自然斑块迁移到小的自然斑块时就会产生净迁移。大斑块附近的小生境斑块似乎具有吸引动物进出大斑块的作用。

在景观中吸引和排斥也具有方向性。因此，公园、水和食物源地能吸引野生动物，而博物馆、饭店和旅游景点能吸引人类。野生动物和人类通常都会排斥交通噪声、工业空气污染和他们认为危险的地区。

如上所述，空气从温暖的区域流向寒冷的区域，水由于重力作用而向下流动。在区域尺度，风总是吹向大气中较冷的地区；而在局地尺度，局地微风又会吹向土地利用类型中较冷的下垫面。雨水能够从土壤表层向下渗透进入地下水。溪水、河流和洪水都沿着斜坡向下流动。

（a）位于城市区域环状带中的都市区

都市=市区+临近郊区的建成区
➡ 未来城市扩张的方向
Ag =农业
⦂⦂⦂ =都市中的小型绿地
A，B，C=生境类型

周边自然用地　　都市中的契形绿地　穿越都市的宽阔绿色廊道

（b）都市区

大型中央绿地　　大型绿地　　相对较高的绿地覆盖率　　遍及城市的小块生态演替生境　　大型绿地廊道附近的小斑块

（c）大型绿地斑块

环绕大型斑块的小斑块　　绿地覆盖区与绿地廊道　　斑块大小+斑块形状边缘+内部缺失的生境　　将一些小型斑块视为一个大斑块

（d）小型绿地斑块

软边界类型　　行道树的连接线　　繁华路段两侧设置的方便野生生物穿行的绿地斑块　　爬虫和昆虫可以通达的两个生境

（e）大型及小型绿地

（f）异质性

好 ← 绿地之间移动 → 差

生态环境质量高的基质

生态环境质量低的基质

好 ← 绿地质量 → 差

两侧设置同样的生境以促进移动

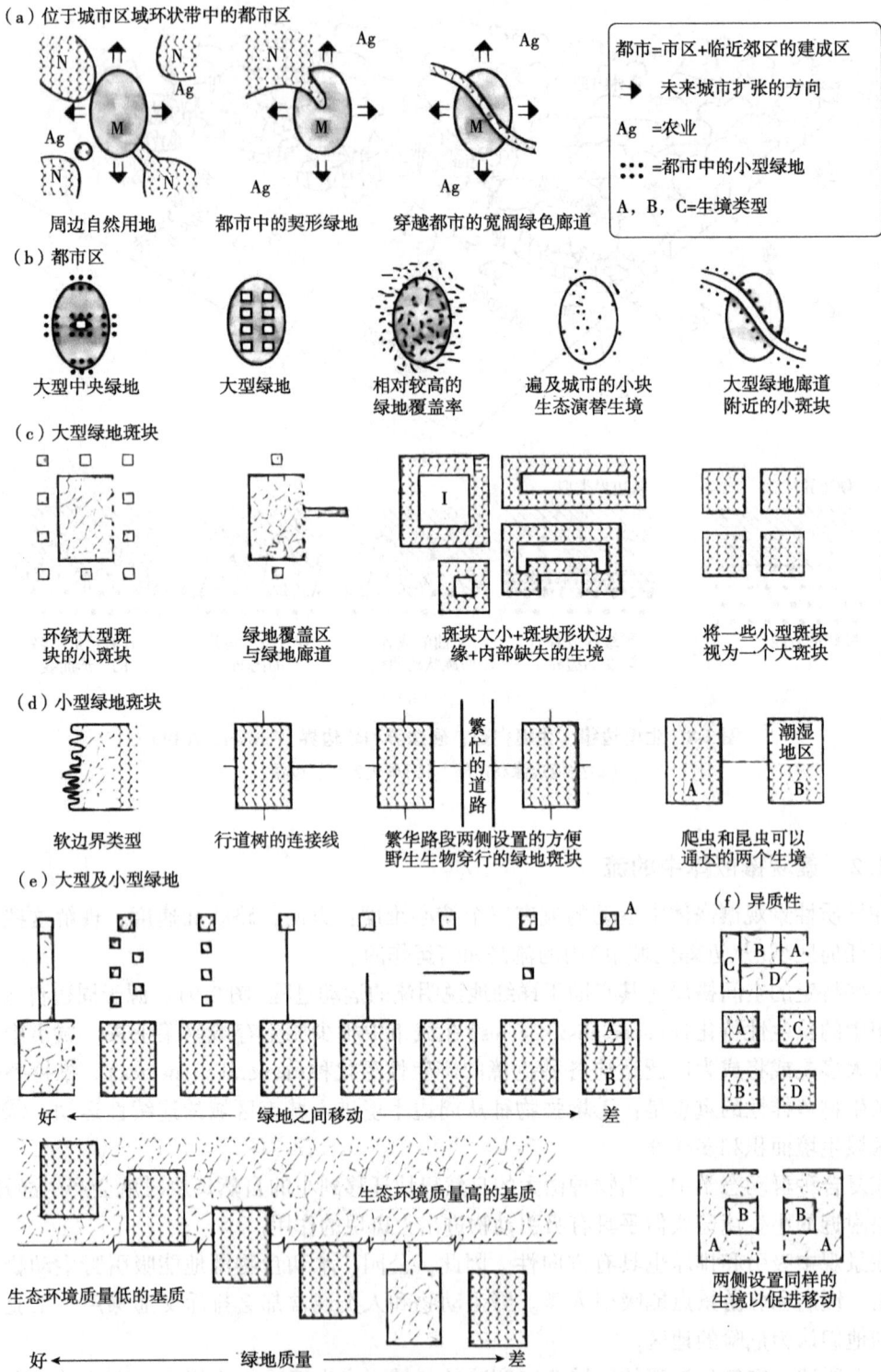

图 2-9　生态适宜的城市绿地格局（Forman，2014）

注：（a）(f)表示影响城市流和运动的关键空间要素。

除了方向性，陆地上的种种模式也能表征运动和流的主要路线（Forman，1995）。廊道是一个最明显的例子，它主要是用来提供连接往返两个方向的密集型运动的通道。高速公路是通勤者的廊道，而公园里的步道则是游憩者的廊道。带有围墙的廊道或繁忙的道路对于垂直流往往存在局部的阻碍作用，如减缓运动的速度，并且使运动的方向发生偏转。廊道中存在的间隙或窄路通常作为穿越两种不同土地利用类型的运动线路。有的生境存在着一排"踏脚石"。这些生境也具有通道的功能，尽管没有廊道那么有效。动物、人和风传输的物体在各种形状的斑块周围的运动路线相对来说是可以预测的，通常是从细长型到回旋型。"汇集点"是三个或更多的生境和土地利用类型汇集的地方，通常可以促进运动的发生或通过。

由于动物和人总会选择自己喜好的生境与土地利用类型，生境的空间分布会显著影响运动的方向和路线。如果源附近等距离分布着好几个生境类型，动物通常会迁移到自己喜欢的或质量高的生境中。实际上，生物活动轨迹在高质量的生境中大多是回旋反复的曲线，而在低质量或危险的生境中则是利于快速逃离的直线。动物觅食的时候经常会跟随着一个头领，或者对预先设定好的目的地按照顺序逐个"拜访"（Ball，2009）。

除了运动方向和路线，运动的速率和量对于在景观镶嵌体中的流也非常重要。运动量通常与源的距离呈指数型递减或者与距离的平方呈线性递减，比如离开母树的种子和从停车场分散到沙滩的人群。穿越边界运动的速率大概取决于两个因素：边界的陡峭度和边界两边土地利用类型的相对差异性。沿廊道的运动会随连接度和廊道宽度的增加而增加。在一个镶嵌体中不同土地利用类型之间流和运动的连接度很有可能包括前文提到的方向、路线和速度这些模式。

2.4　种群和群落相关理论

2.4.1　种内关系和种间关系

生物在自然界长期发育与进化的过程中，出现了以食物、资源和空间关系为主的种内与种间关系。我们把存在于各个生物种群内部的个体与个体之间的关系称为种内关系（intraspecific relationship），而将生活于同一生境中的所有不同物种之间的关系称为种间关系（interspecific relationship）。随着科学技术的进步，这方面的研究也越来越深入。大量的事实表明，生物的种内与种间关系除从光、温、水及养分等方面去考虑竞争作用外，还包括有多种作用类型，是认识生物群落结构与功能的重要特性。

生物的种内关系包括密度效应、动植物性行为（植物的性别系统和动物的婚配制度）、领域性和社会等级等。从生态学观点来讲，不能单从表面上和形式上看待种内关系。如森林中植物个体数量的增减，种内个体对矿质养分的需求和个体之间的遮阴关系，或动物中甚至同种内个体间为生存和争夺社会地位而进行的相互残杀等，从个体看，这种种内斗争是有害的，但对整个种群而言，因淘汰了较弱的个体，保存了较强的个体，从而有利于种群的进化与繁荣。因此，生物种内关系的研究，既应重视个体水平，也应重视群体水平的研究。

从理论上讲，生物的种间关系多种多样，但最主要的有九种类型（表2-1），可以概括为两大类，即正相互作用（positive interaction）与负相互作用（negative interaction）。

表 2-1　生物种间相互关系基本类型

类　型	种 1	种 2	特　　征
偏利作用	+	0	物种 1 受益，物种 2 无影响
原始合作	+	+	对两物种都有利，但非必然
互利共生	+	+	对两物种都必然有利
中性作用	0	0	两物种彼此无影响
竞争：直接干涉型	−	−	一物种直接抑制另一物种
竞争：资源利用型	−	−	资源缺乏时的间接抑制
偏害作用	−	0	物种 1 受抑制，物种 2 无影响
寄生作用	+	−	物种 1 为寄生者，通常较宿主 2 的个体小
捕食作用	+	−	物种 1 为捕食者，通常较猎物 2 的个体大

注：0 表示没有意义的相关影响；"+"表示对生长、存活或其他种群特征有利；"−"表示种群生长或其他特征受抑制。

2.4.1.1　种内关系

在种内关系方面，动物种群和植物种群的表现有很大区别。动物具活动能力，个体间的相容或不相容关系主要表现在领域性、等级制、集群和分散等行为上，而植物除了有集群生长的特征外，更主要的是个体间的密度效应，反映在个体产量和死亡率上。在一定时间内，当种群的个体数目增加时，就必定会出现邻接个体之间的相互影响，称为密度效应（density effect）。根据生物种群密度效应的作用因素类型，还可以将其划分为内源性与外源性作用因素。前者指内因，即种群自身内部的作用因素，它包括种内竞争所产生的各种作用因素，如遗传效应、病理效应和领域性效应等。后者指外因，即种群外部的作用因素，它包括种间竞争、食物和气候等外部作用因素所引起的密度效应。植物的密度效应有如下两个基本的规律。

（1）最后产量恒值法则

在一定范围内，当条件相同时，不管一个种群的密度如何，最后产量差不多一致。最后产量恒值法则的原因在于：在高密度情况下，植株之间的光、水、营养物的竞争十分激烈，在有限的资源中，植株的生长率降低，个体变小。

（2）−3/2 自疏法则

如果播种密度进一步提高和随着高密度播种下植株的继续生长，种内对资源的竞争不仅影响植株生长发育的速度，而且进而影响植株的存活率。在高密度的样方中，有些植株死亡，于是种群开始出现"自疏现象"（self-thinning）。Yoda 等（1963）把自疏过程中存活个体的平均株干重（W）与种群密度（d）之间的关系用下式表示：

$$\lg W = \lg c - a \lg d \tag{2-3}$$
$$或\ W = cd^{-a} \tag{2-4}$$

式中：a 是用密度/平均株干重的对数作图所得相关直线的斜率；c 是该直线在纵坐标上（平均株干重的对数）的截距。

Harper（1981）等对黑麦草（*Lolium perenne*）的研究发现 a 为接近 −3/2 的一个数值，因此将 $W = cd^{-a}$ 这一经验公式称为 −3/2 自疏法则。

最后产量恒值法则和 −3/2 自疏法则都是经验的法则。对许多种植物进行的密度试验中，证实了-3/2自疏现象。

2.4.1.2 种间关系

(1)种间竞争

种间竞争(interspecific competition)是指具有相似要求的物种，为了争夺空间和资源而产生的一种直接或间接抑制对方的现象。在种间竞争中，常常是一方取得优势，而另一方受抑制甚至被消灭。

种间竞争的能力取决于种的生态习性、生活型和生态幅度等。具有相似生态习性的植物种群，在资源的需求和获取资源的手段上竞争都十分激烈，尤其是密度大的种群更是如此。植物的生长速率、个体大小、抗逆性及营养器官的数目等都会影响竞争的能力。

①竞争排斥原理 Gause(1934)首先用试验方法观察两个物种之间的竞争现象，他选择在分类上和生态习性上很接近的双小核草履虫(*Paramecium aurelia*)和大草履虫(*P. caudatum*)进行试验。对两个种取相等数目的个体，用一种杆菌为饲料，放在基本恒定的环境里培养。开始时两个种都有增长，随后双小核草履虫的个体数增加，而大草履虫的个体数下降，16d后只有双小核草履虫生存，而大草履虫趋于最终的灭亡(图2-10)。这两种草履虫之间没有分泌有害物质，主要就是其中的一种增长得快，而另一种增长得慢，因竞争食物的结果，增长快的种排挤了增长慢的种。这就是当两个物种利用同一种资源和空间时产生的种间竞争现象，用其他动物甚至植物材料进行这种试验，都得到了相似的结果，表明两个对同一资源产生竞争的种，不能长期共存，最后导致一个种占优势，另一个种被淘汰，这种现象即为竞争排斥原理(competitive exclusion principle)，或称高斯假说。

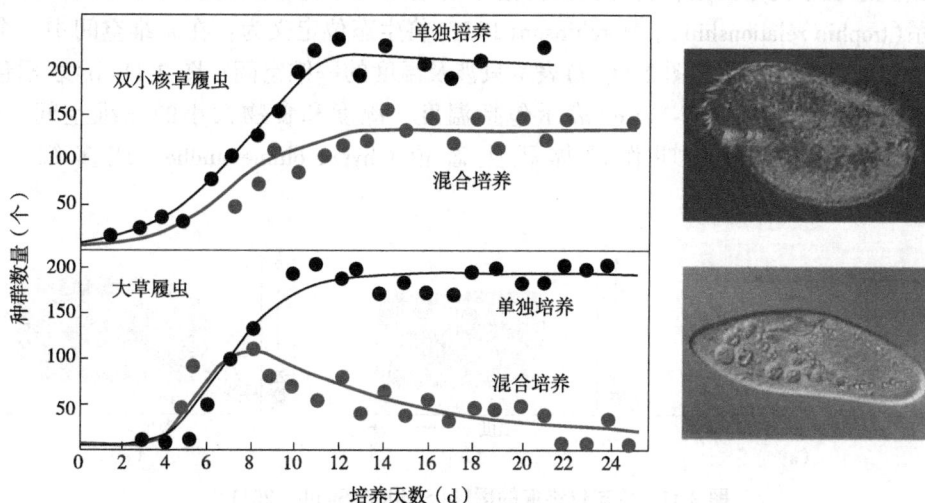

图2-10 两种草履虫单独和混合培养时的种群动态(Smith & Smith, 2011)

②Lotka-Volterra 模型 美国的Lotka(1925)和意大利的Volterra(1926)分别独立地提出了描述种间竞争的模型，是逻辑斯谛模型的引申。

现假定有两个物种，当它们单独生长时其增长形式符合逻辑斯谛模型，其增长方程是：

物种1：$$dN_1/dt = r_1 N_1 (K_1 - N_1)/K_1 \tag{2-5}$$

物种2：$$dN_2/dt = r_2 N_2 (K_2 - N_2)/K_2 \tag{2-6}$$

如果将这两个物种放置在一起，则它们就要发生竞争，从而影响种群的增长。设物种1和物种2的竞争系数为 α 和 β（α 表示在物种1的环境中，每存在一个物种2的个体，对于物种1种群的效应。β 表示在物种2的环境中，每存在一个物种1的个体，对于物种2种群的效应），并假定两种竞争者之间的竞争系数保持稳定，则物种1在竞争中的种群增长方程为：

$$dN_1/dt = r_1 N_1 \left(\frac{K_1 - N_1 - \alpha N_2}{K_1} \right) \tag{2-7}$$

物种2在竞争中的种群增长方程为：

$$dN_2/dt = r_2 N_2 \left(\frac{K_2 - N_2 - \beta N_1}{K_2} \right) \tag{2-8}$$

从理论上讲，两个种的竞争结果是由两个种的竞争系数 α、β 与 K_1、K_2 比值的关系决定的，可能有以下四种结果：

——$\alpha > K_1/K_2$ 和 $\beta > K_2/K_1$　　两个种都可能获胜。

——$\alpha > K_1/K_2$ 和 $\beta < K_2/K_1$　　物种1将被排斥，物种2取胜。

——$\alpha < K_1/K_2$ 和 $\beta > K_2/K_1$　　物种2将被排斥，物种1取胜。

——$\alpha < K_1/K_2$ 和 $\beta < K_2/K_1$　　两个种共存，达到某种平衡。

高等植物种群混合栽培或培养时所表现出的竞争结果都可以用 Lotka-Volterra 竞争方程来说明。

③生态位理论　生态位（niche）是生态学中的一个重要概念，最早由 Grinnell 在1917年提出，生态位是栖息地再划分的空间单位，表示某物种在栖息地中具体居住的区域。Elton（1927）给生态位下的定义是：物种在其群落中的地位和角色，强调该物种与其他种之间的营养关系（trophic relationship）。Hutchinson（1957）将生态位定义为：在 n 维空间中一个物种能够存活和繁殖的范围。如图2-11（a）表示只涉及温度的一维空间；图2-11（b）表示包括温度和湿度的二维空间；图2-11（c）表示包括温度、湿度和食物大小的三维空间。因此，Hutchinson 的生态位概念叫作超体积生态位（hypervolume niche）或多维生态位（multidimensional niche）。

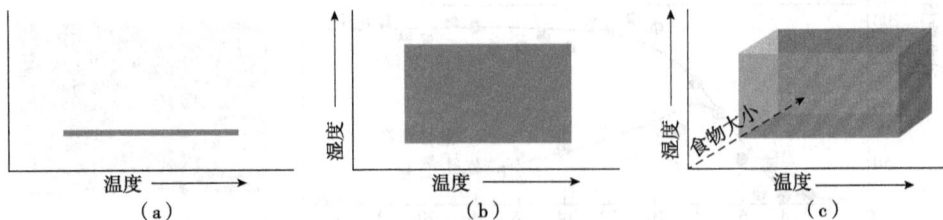

图 2-11　生态位维度的图解（Smith & Smith，2011）
(a)一维　(b)二维　(c)三维

Hutchinson 还进一步提出了基础生态位（fundamental niche）和实际生态位（realized niche）的概念。基础生态位是指一个物种理论上所能栖息的最大空间，但是实际上很少有一个物种能全部占据基础生态位。由于竞争的存在，该物种只能占据基础生态位的一部分，实际占有的生态空间叫作实际生态位。竞争的种类越多，某物种占有的实际生态位越小。密歇根大学的 Grace 和 Wetzel（1981）研究证实了一个物种的基础生态位和实际生态位之间的差异。

（2）化感作用

德国学者 Molisch 于 1937 年提出了化感作用（allelopathy）的概念，他认为植物的化感作用就是一种植物通过向体外分泌代谢过程中的化学物质对其他植物产生直接或间接的影响。这个概念得到了大多数研究者的赞同。这种作用是种间关系的一部分，是生存竞争的一种特殊形式，种内关系也有此现象。

20 世纪 40 年代以来，在植物化感作用的试验验证，以及化感物质的提取、分离和鉴定方面做了许多工作。Bode（1940）发现蒿叶的分泌物对毗邻植物具有明显的抑制作用，具有决定意义的成分主要是苦艾精——一种具有通式 $C_{25}H_{20}O_4$ 的化合物，多为一种芳香族的酸，他的研究后来曾为许多研究者所补充和证实。被鉴定出的叶分泌物还有：香桃木属（*Myrtus*）、桉树属（*Eucalyptus*）和臭椿属（*Ailanthus*）的叶面分泌物，主要是酚类物质，如对羟基苯甲酸、香草酸和阿魏酸等，它们对亚麻属（*Linum* spp.）的生长具有明显的抑制作用。菊科植物 *Encelia farniosa* 是一种生长于美国加利福尼亚州南部半荒漠的多年生灌木，其叶分泌的一种苯甲醛物质对相邻的番茄、胡椒和玉米的生长有强烈的抑制作用，但对大麦、燕麦和向日葵的影响却很微弱。

在自然界，植物一般以群落的形式存在，从植物化感作用的角度来看，其种间结合的关系是形成群落的原因之一。

植物化感作用的研究在农林业生产和管理上具有极重要的实践意义。在农业上，有些农作物不宜连作，连作则影响作物长势，降低产量。必须与其他作物轮作，连作时产生的这种现象，称为歇地现象。红三叶草（*Trifolium praterse*）是繁殖力很强的牧草植物，它常形成较纯的群落，排挤其他的杂草植物。红三叶草含有多种异黄酮类物质，这些异黄酮类物质及其在土壤中被微生物分解而成的衍生物对其他植物的发芽起抑制作用，因而导致其他植物不易生长，这是造成不宜连作的原因。

植物群落是由一定的植物种类组成，然而某种植物的出现会引起另一类植物的消退。Bode（1958）阐明了很久以来人们注意到的黑核桃（*Juglans nigra*）树下几乎没有草本植物的原因，因为该树种的树皮和果实含有氢化核桃酮（1,4,5-三羟基萘）。这种物质被雨水冲洗到土壤中，即被氧化成核桃酮，抑制其他植物的生长。

化感作用是植物群落演替的重要内在因素。北美加利福尼亚的草原，原来是由针茅（*Stipa capillata*）和早熟禾（*Poa annua*）等构成，由于放牧和烧荒，逐渐变成了由野燕麦和毛雀麦（*Bromus mollis*）构成的一年生草本植物群落，又由于生长在这种群落周围的芳香性鼠尾草（*Salvia japonica*）和蒿（*Artemisia apiacec*）的叶子分泌樟脑和桉树脑等萜烯类物质，抑制了其他草本植物的生长。在干旱季节，这些萜烯类物质聚集在土壤中，抑制了雨季时发芽的一年生植物，进而逐渐取代了一年生草本植物群落。

园林植物之间普遍存在着化感作用。它们通过植物器官挥发、淋溶、残株腐解等途径向周围环境释放化感物质来影响周围植物的生长。有的化感物质能促进植物的生长，有的能抑制植物的生长。

自毒作用是植物通过分泌与释放有毒化学物质对同种植物种子萌发和生长起抑制作用的现象。1967 年，Webb，Tracey 和 Haydock 做了一项十分重要的研究。他们发现，在乔木树种山龙眼科的银桦（*Grevillea robusta*）种植地见不到它的幼苗，而在邻近的南洋杉（*Araucaria cunninghamii*）种植地内却有大量的银桦幼苗。在排除了光照、水分供应、土壤中矿质营养的竞争等因子的影响之后，他们得出的结论是：银桦的自毒作用使得它的幼苗在银桦林内不能生存。银桦根系分泌一种有毒物质，有毒分泌物随水输送至幼苗而致其死亡。McNaughton（1968）指出，当用宽叶香蒲（*Typha latifolia*）叶子的浸出液处理同种植物的种子后，这些种子因被完全抑制而难以萌发。原产于墨西哥的一种产橡胶的草本植物——银胶菊（*Parthenium hysterophorus*），当其群生时，不但对其周围其他种类植物产生有害影响，而且由于自毒作用的缘故，使其自身植株的生长也很差。这是因为银胶菊植物的根系分泌的反肉桂酸，抑制了其他种类植物及本身的生长。苹果树也具有自毒作用，苹果树的根系分泌的黄酮根苷，能强烈抑制苹果幼苗的生长。这种现象的存在，使得苹果园树木的更新及缺株的补种难度很大。

（3）环境因子的动态变化对种间关系的影响

当一个物种为了更有效地利用一个共有的、有限的资源时，它可以通过排斥另一个物种的方式来增加种群数量；但环境资源的动态变化也可以改变物种的竞争能力，从而改变种间关系。

南非林业研究所 Peter Dye 研究表明非洲南部草原可用性资源的时间变化导致竞争能力的变化。他研究了津巴布韦西南部稀树草原群落的草种相对丰富度的年度变化。从 1971—1981 年，优势草种从莫桑比克尾稃草（*Urochloa mosambicensis*）转变为黄茅（*Heteropogon contortus*）[图 2-12（a）]，观察到的优势种的变化是由于降水量逐年变化的结果 [图 2-12（b）]，1971—1972 年和 1972—1973 年雨季的降水量远低于平均水平，在干旱条件下，莫桑比克尾稃草可以维持较高的存活率，比黄茅生长得更好，从而使其在低降水量条件下成为有优势的竞争者；随着降水量的增加，黄茅逐渐成为优势草种。

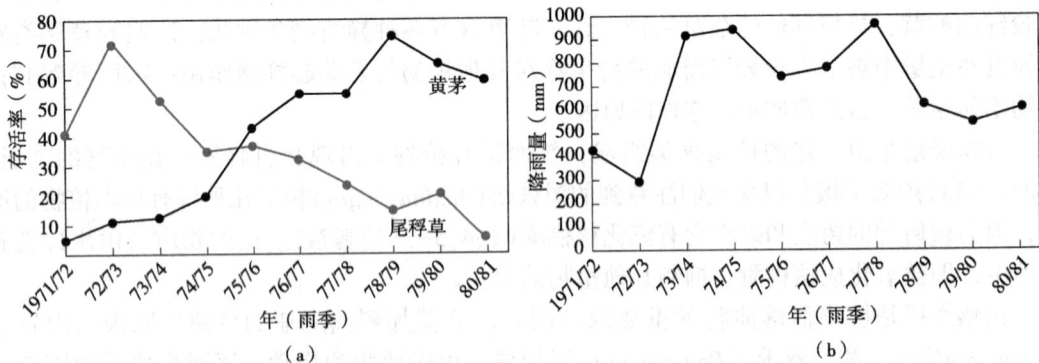

图 2-12 津巴布韦西南部稀树草原群落的草种相对丰富度的年变化（Smith & Smith，2011）
（a）优势草种年变化 （b）雨季降水量的年变化

在美国堪萨斯州的大草原上，也发现相似的格局。Adler 和他的同事研究了 30 年（1937—1968 年）的气候变化对草原草相对丰富度的影响。他们发现，物种表现的年际变化与气候的年际变化相关。物种竞争能力的逐年变化对竞争排斥起到了缓冲作用。

气候变化除了改变物种的相对竞争能力，也可以对种群起到非密度制约的作用。在极端干旱或极端温度时，可能会使种群数量降至最大承载量以下。如果这些事件的频率高于种群恢复所需要的时间，在此期间，资源可能足够丰富，从而减少甚至消除竞争。

2.4.2 植物群落演替

生物群落作为一个有机整体，与生物个体一样也有其形成、发展、成熟直至衰老消亡的过程。一个群落经过发育的不同阶段，成熟以后，就进入了消亡过程。消亡的同时，伴随着一个更适合当时当地环境条件的新群落的诞生。一定地域的植物群落发生变化，而形成其他植物群落，被其他植物群落所取代的过程，就称为植物群落的演替（community succession）。如一块农田被废弃后，最初 1~2 年内会出现大量的一年生和二年生杂草，随后多年生植物开始侵入并逐渐定居下来，杂草的生长和繁殖开始受到抑制。随着时间的推移，多年生植物逐渐取得优势地位，一个具备特定结构和功能的植物群落即形成。同时，适宜于这个植物群落的动物区系和微生物区系也逐渐确定下来。整个生物群落仍向前发展，当它达到与当地的环境条件，特别是气候和土壤条件都比较适应的时候，即成为一个稳定的群落。

在一定区域内，群落由一种类型转变为另一种类型的有顺序的取代过程，称为演替系列。演替系列中的每一个明显的步骤，称为演替阶段或演替时期。生物群落从演替初期到形成稳定的成熟群落，一般要经历先锋期、过渡期和顶极期三个阶段。在先锋期出现的群落叫作先锋群落，亦即在一个地点最早出现的群落。在过渡期出现的物种叫作过渡种。至演替后期，演替的速度越来越慢，逐渐趋于平衡，最终形成物种较为丰富多样、结构复杂、生态稳定性高的植物群落类型，称为顶极群落。群落由先锋阶段开始，直至演替为顶极群落的这一过程，即顶极演替。

生物群落的演替是群落内部关系（包括种内和种间关系）与外界环境中各种生态因子综合作用的结果，主要原因包括以下五个方面。

（1）植物繁殖体的迁移、散布和动物的活动性

植物繁殖体的迁移和散布普遍而经常地发生着。因此，任何一块地段，都有可能接受这些扩散来的繁殖体。当植物繁殖体到达一个新环境时，植物的定居过程即开始。植物的定居包括植物的发芽、生长和繁殖三个方面。我们经常观察到这样的情况：植物繁殖体虽到达了新的地点，但不能发芽；或是发芽了，但不能生长；或是生长到成熟，但不能繁殖后代。只有当一个种的个体在新的地点上能繁殖时，定居才算成功。任何一块裸地上生物群落的形成和发展，或是任何一个旧的群落为新的群落所取代，都必然包含植物的定居过程。因此，植物繁殖体的迁移和散布是群落演替的先决条件。

对于动物来说，植物群落成为它们取食、营巢、繁殖的场所。当然，不同动物对这种场所的需求是不同的。当植物群落环境变得不适宜它们生存的时候，它们便迁移出去另找新的合适生境；与此同时，又会有一些动物从别的群落迁来找新栖居地。因此，每当植物群落的性质发生变化的时候，居住在其中的动物区系实际上也在做适当的调整，使得整个生物群落内部的动物和植物又以新的联系方式统一起来。

（2）群落内部环境的变化

这种变化是由群落本身的生命活动造成的，与外界环境条件的改变没有直接的关系；有些情况下，是群落内物种生命活动的结果，为自己创造了不良的居住环境，使原来的群落解体，为其他植物的生存提供了有利条件，从而引起演替。如据 Rice 研究，在美国俄克拉何马州的草原弃耕地恢复的第一阶段中，向日葵的分泌物对自身的幼苗具有很强的抑制作用，但对第二阶段的优势种 *Aristida oligantha* 的幼苗却不产生任何抑制作用。于是向日葵占优势的先锋群落很快被 *Aristida oligantha* 群落所取代。由于群落中植物种群特别是优势种的发育而导致群落内光照、温度、水分状况的改变，也可为演替创造条件。例如，在云杉林采伐后的林间空旷地段，首先出现的是喜光草本植物。但当喜光的阔叶树种定居下来并在草本层以上形成郁闭树冠时，喜光草本便被耐阴草本所取代。以后当云杉伸于群落上层并郁闭时，原来发育很好的喜光阔叶树种便不能更新。这样，随着群落内光照由强到弱及温度变化由不稳定到较稳定，依次发生了喜光草本植物阶段、阔叶树种阶段和云杉阶段的更替过程，也就是演替的过程。

（3）种内和种间关系的改变

组成一个群落的物种在其内部以及物种之间都存在特定的相互关系。这种关系随着外部环境条件和群落内环境的改变而不断地进行调整。当密度增加时，不但种群内部的关系紧张，而且竞争能力强的种群得以充分发展，同时竞争能力弱的种群则逐步缩小自己的地盘，甚至被排挤到群落之外。这种情形常见于尚未发育成熟的群落。处于成熟、稳定状态的群落在接受外界条件刺激的情况下也可能发生种间数量关系重新调整的现象，进而使群落特性或多或少地改变。

（4）外界环境条件的变化

虽然决定群落演替的根本原因存在于群落内部，但群落之外的环境条件诸如气候、地貌、土壤和火等常可成为引起演替的重要条件。气候决定着群落的外貌和群落的分布，也影响到群落的结构和生产力；气候的变化，无论是长期的还是短暂的，都会成为演替的诱发因素。地表形态（地貌）的改变会使水分、热量等生态因子重新分配，反过来又影响群落本身。大规模的地壳运动（冰川、地震、火山活动等）可使地球表面的生物部分完全毁灭，从而使演替从头开始；小范围的地表形态变化（如滑坡、洪水冲刷）也可以改造一个生物群落。土壤的理化特性对于置身于其中的植物、土壤动物和微生物的生活有密切的关系；土壤性质的改变势必导致群落内部物种关系的重新调整。火也是一个重要的诱发演替的因子，火烧可以造成大面积的次生裸地，演替可以从裸地上重新开始；火也是群落发育的一种刺激因素，它可使耐火的种类更旺盛地发育，而使不耐火的种类受到抑制。当然，影响演替的外部环境条件并不限于上述几种。凡是与群落发育有关的直接或间接的生态因子都可成为演替的外部因素。

（5）人类的活动

人对生物群落演替的影响远远超过其他所有的自然因子，因为人类社会活动通常是有意识、有目的地进行的，可以对自然环境中的生态关系起着促进、抑制、改造和建设的作用。放火烧山、砍伐森林、开垦土地等，都可使生物群落改变面貌。人类还可以经营、抚育森林，管理草原，治理沙漠，使群落演替按照不同于自然发展的道路进行。人类甚至还可以建立人工群落，将演替的方向和速度置于人为控制之下。

思考题

1. 试分析自然格局和人工格局的特征。
2. 试分析边界的类型及其作用，对于城市绿地建设有何指导意义？
3. 景观生态学在城市绿地系统构建中的应用有哪些？
4. 城市化进程对生境产生哪些空间影响？
5. 景观中，森林斑块的形状如何影响森林边缘鸟类的比例？森林斑块形状如何影响森林内部鸟类的存在？

6. 试述生态位理论在城市植物群落构建中的应用。

7. 试述群落演替理论在城市植物恢复中的应用。

推荐阅读书目

克隆植物生态学. 2011. 董鸣. 科学出版社.

城市生态学：城市之科学. 2017. Forman RTT. 邬建国等译. 高等教育出版社.

景观生态学原理及应用. 2001. 傅伯杰, 陈利顶, 马克明等. 科学出版社.

景观生态学（第二版）. 2019. 何东进. 中国林业出版社.

普通生态学. 1993. 孙儒泳, 李博, 诸葛阳等. 高等教育出版社.

景观生态学——格局、过程、尺度与等级（第二版）. 2007. 邬建国. 高等教育出版社.

生态学（第三版）. 2014. 杨持. 高等教育出版社.

景观生态学. 2017. 曾辉, 陈利顶, 丁圣彦. 高等教育出版社.

植物生活史进化与繁殖生态学. 2004. 张大勇. 科学出版社.

景观生态学. 2013. 张娜. 科学出版社.

Animal Ecology. 2001. Elton CS. University of Chicago Press.

Land Mosaics：the Ecology of Landscapes and Regions（ninth edition）. 2006. Forman RTT. Cambridge University Press.

Urban Regions：Ecology and Planning Beyond the City. 2008. Forman RTT. Cambridge University Press.

Urban Ecology：Science of Cities. 2014. Forman RTT. Cambridge University Press.

Pattern and Process in Macroecology. 2000. Gaston KJ, Blackburn TM. Blackwell Science, Malden, MA.

Habitat Fragmentation and Landscape Change, An Ecological and Conservation Synthesis. 2006. Lindenmayer DB, Fischer J. Island Press.

3
城市环境

　　城市环境与农村地区比较有很大差异，如空气污染、热岛效应、高度人工化等，必然影响园林植物的生长发育，同时园林植物对城市环境也具有一定的调节作用。近些年，随着城市化进程的快速发展，城市环境对园林植物的影响越来越大，其复杂性、长期性、严重性、多变性已经成为影响园林植物生长的重要因素。城市园林植物多生长在高温、低湿、空气污染物含量高、光污染、土壤贫瘠、土壤结构通气差、生长空间有限等城市环境中。如何应对多变而又脆弱的城市环境，保证园林植物健康生长，促使园林植物最大限度地发挥生态效益，形成良好的园林景观，实现人与自然和谐相处，已经成为广大学者所关注的重要课题。

3.1　城市气候形成的影响因素及特征

3.1.1　城市气候形成的影响因素

　　城市气候是指城市内部形成的不同于城市周围地区的特殊小气候，城市创造了独特的局部或小尺度气候特征。城市气候除了受当地纬度、大气环流、海陆位置、地形等区域气候因素的作用外，还受到城市表面性质（如材料、形态、建筑和植被覆盖率等）的变化以及城市居民在城市中的活动（产生热量、温室气体、气溶胶等）的影响而形成局地气候。城市气候的形成是地表与大气之间动量、能量和物质交换的结果，了解这些生态流的交换过程，以及特定城市环境对其时空动态的影响，对于理解不同尺度的城市气候，以及预测和减轻负面影响至关重要。

3.1.1.1　城市下垫面

　　下垫面（underlying surface）是气候形成的重要因素，是指在热量、动量和水汽交换过程中与大气相互作用的地球表面。下垫面性质对大气温度、湿度、风等有很大影响。

　　城市气候的形成与原有下垫面性质改变和人类活动强度密切相关，城市下垫面是导致城市气候形成的直接原因。

　　由于城市的人口和社会经济活动的聚集效应，使城市建设不断向郊区、空中和地下扩展，使原来的林地、草地、农田、牧场、水塘等生态环境改变为水泥、沥青、砖石、玻璃、金属等材料建造起来的人为地貌体。这些物质坚硬、密实、干燥、不透水，其形态、刚性、弹性、辐射、比热容等物理、化学和几何性状都与原有植被覆盖的疏松土壤或空旷荒地、水域等自然地表不同，人工铺砌的道路纵横交错，建筑物鳞次栉比、参差不齐，从根本上改变了城市下垫面的热力学、动力学及水循环特征，从而影响到城市中的各个气候因子。

3.1.1.2　城市边界层

对城市环境研究尤为重要的是近地面 1000～2000m 的城市边界层（urban boundary layer，UBL）（图 3-1），这是对流层（位于地表与平流层之间）的近地面部分。地表摩擦、风速减弱、逆温现象等均出现在城市边界层，这里通常还含有大量的由人类活动产生的污染物和热量，小型螺旋桨飞机经常在城市边界层上方飞行。

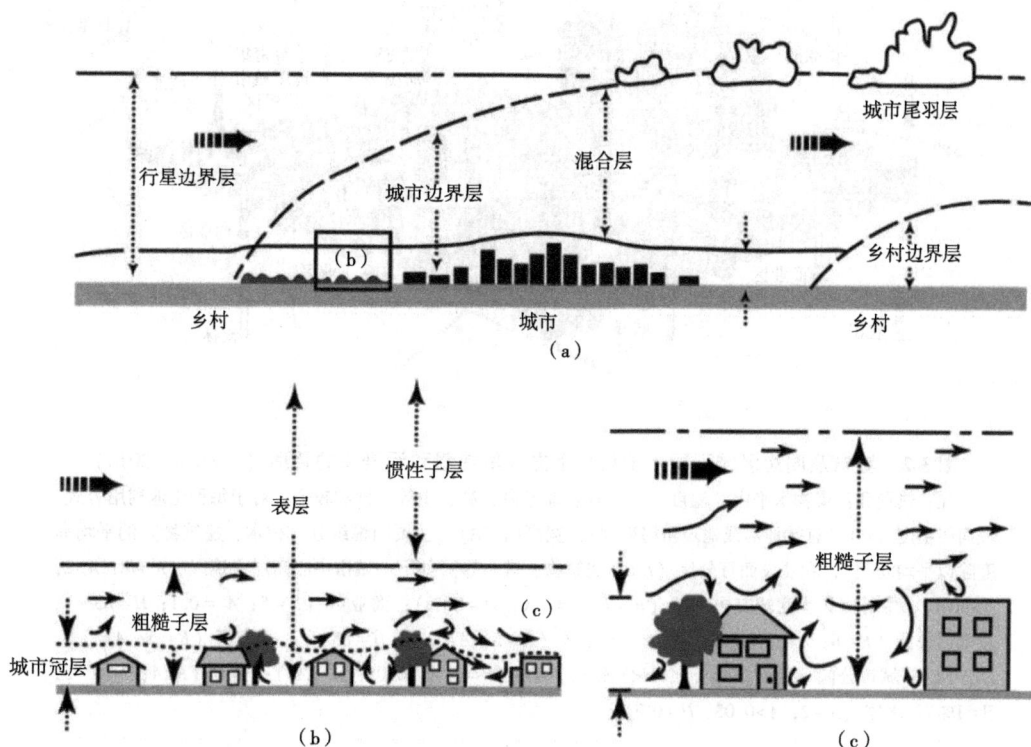

图 3-1　行星边界层与城市边界层示意图（Hall & Balogh，2019）
（a）中尺度　　（b）局部尺度　　（c）微尺度

在城市的下风方向有一个城市尾羽层（urban plume），也可称为城市尾烟气层。这一层中的气流、污染物、云、雾、降水和气温等都受城市下垫面及边界层的影响。在城市尾羽层之下为乡村边界层（rural boundary layer，RBL）。

城市边界层的底部是城市冠层（urban canopy layer，UCL），通常位于树顶和建筑物顶部平均高度以下的空间，由树木和建筑物所导致的平行风、爬坡风和螺旋风都发生在这里。城市冠层上方是粗糙子层（roughness sublayer），这一层有相当多的湍流和涡流，同时包含了大量来自城市冠层的污染物。

在粗糙边界层之上，是以区域平流风为主的表层（surface layer）。在表层边界层中，风速随高度以指数形式增加，直至达到 100%。相较于郊区而言，城市冠层和粗糙边界层越厚，对区域空气流动的拖曳作用越大，城市上空风速减弱趋势越明显。在大面积的空旷区域，通常以水平的空气流动作为主导，而在多数城市区域，湍流是主导。

人类活动产生的污染物，如热量、颗粒物、气溶胶和气体污染物等，在城市上空形成了一个厚度不一的圆顶或者穹（dome）。穹最厚的部分通常在中央商务区和工业区或发电

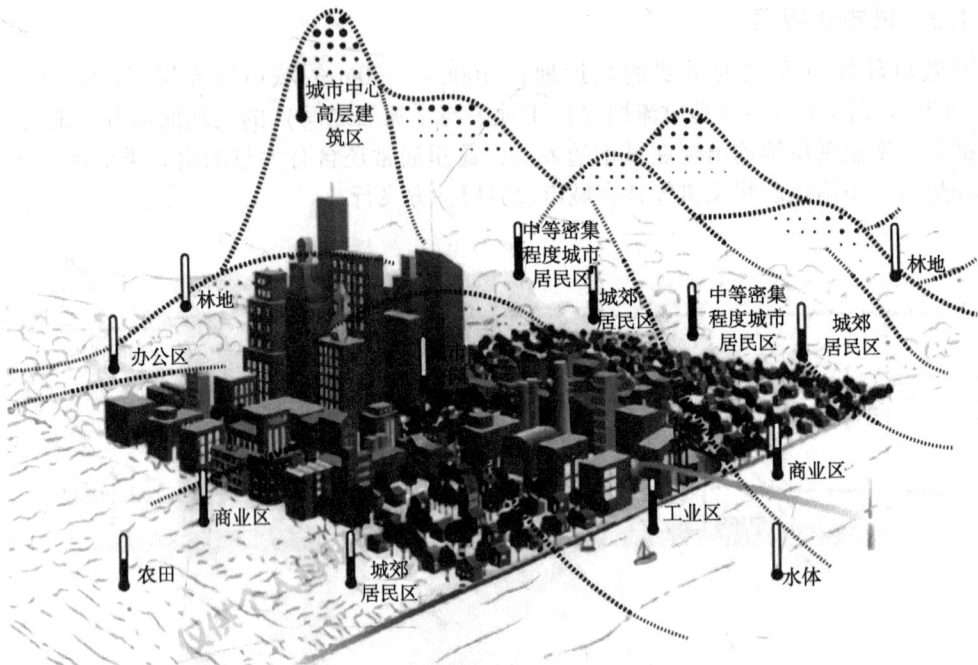

图 3-2 城市及周边区域不同土地利用上方聚集热量和污染物的圆顶（Forman，2014）

注：热量和污染物水平由"温度计"表征：非常高、高、中等、低和较低。对于每种土地利用方式，表面粗糙度（*R*）（有效地形或地表粗糙程度），宽高比（*A*）[主要粗糙组分（树木、建筑物）的平均高度除以平均间距]，和硬表面百分比（*H*）（建筑物、道路等）如下：城市中心高层建筑区（*R*=8；*A*>2；*H*>90%）；中等密集程度城市居民区（*R*=7；*A*=1.0；*H*=80%）；商业区（*R*=5；*A*=0.1；*H*=85%）；城郊居民区（*R*=6；*A*=0.4；*H*=50%）；工业区（*R*=5；*A*=0.1；*H*=85%）；办公区（*R*=5；*A*=0.3；*H*<50%）；城市公园（*R*=5；*A*>0.5；*H*<50%）；农田（*R*=3；*A*>0.05；*H*=1%）；林地（*R*<4；*A*>0.05；*H*=1%）；水体（*R*=2；*A*>0.05；*H*=0%）。

厂等污染源上空，最薄的部分通常是在大面积绿地和水体的上空。此外，城区和郊区的地表覆盖格局，以及当中的建筑物密度，都会影响这个大气穹（airdome）的形状（图 3-2）。

不同土地利用方式上方的大气穹形状受多种因素的影响而表现差异，主要的影响因素包括：①表面粗糙度；②宽高比例；③植被覆盖（或不透水地表）率；④颗粒物、气溶胶和气体污染物来源。热量通常集中在城市中心高密度的高层居民区。颗粒物和化学污染物多集中在工业区、农田和商业区。上升的热量和各种污染物一起构成了大气穹的形状。大气穹的峰值出现在城市中心的高层建筑区和工业区（图 3-2）。在有树木的公园和城郊居民区上方，大气穹会出现凹陷。与城市大气穹相邻的农田，其上方会形成自己特有的包括热量和污染物的扁平大气穹。

在空气短时间内静止的时候，如夜晚，不同土地利用方式区域上空的大气穹厚度的差异会更加明显。温暖的逆温层持续存在，生成一个顶部平滑的污染物气体圆顶。较弱的区域风，通常将这个圆顶吹得更薄，并向下风向区域延伸成羽毛状；强风则会完全吹散这个包含热量和污染物的圆顶，随着污染物的释放和空气相对静止，圆顶再次逐渐形成。

在圆顶之下，是因土地利用方式不同所形成的冷、热空气的镶嵌体。由于热空气上升使得周边地区的空气不断移动补充，不同土地利用方式区域之间会形成局部的水平空气流动。因此，空气污染物也会随之移动，例如，从农田到城郊住宅区、从市中心到城市公园，空气局部的水平移动将会使圆顶的表面更平滑，厚度更均匀。圆顶在每天、每周、每个不同的季节都会发生变化。

3.1.2 城市气候特征

3.1.2.1 城市热岛效应

城市热岛效应（urban heat island effect），指的是城市建成区气温高于郊区气温的现象。这归因于城市内地表的变化和人类活动。在夜间和平静的天气条件下观测到的热岛现象最为明显，其强度取决于城市的地理位置、城市规模和人口、城市结构、土地利用类型空间分布、城市活动类型等，在基本上不透水的景观中，强度大小取决于该区域是否有树木分布和植被绿地。城市中心和乡村景观之间的空气温度差可以达到10℃以上，但城市绿地的存在又可以使城市结构内部的空气温度降低。

从生态学角度上，城市热岛意味着夜晚温度不那么低、寒带地区的生长季节延长；而从人类的角度来看，热岛效应则意味着会引发更多环境污染、诱发人类的哮喘病和其他一些依靠空气传播的疾病。

在当今世界中，像岛屿一样的单中心城市越来越少，事实上，很多城市的郊区都与周边的城镇或其他城市相连，从而形成了复杂的城市群，如美国东北部大西洋沿岸城市群、北美五大湖城市群、日本太平洋沿岸城市群、英伦城市群、欧洲西北部城市群、中国长江三角洲城市群等，都呈现出因城市内温度升高而导致蔓延成片的、复杂的热量格局。

（1）城市热岛的特征

最高温度或最大的热强度通常分布在城市中心附近，或者位于温度较高区域的下风向。热岛强度通常指城市地区里最热的地方与非城区相似位置的温度差。如何选择对照点是一个重要的问题，因为城市周边的环境具有很强的异质性，如何理解可比性和极端值都取决于对空间异质性的解读方式。北美城市通常比同等人口规模的欧洲城市热岛强度更高，导致这个情况的原因与热岛的形成有关。

随着城市的扩张，热岛地域范围增加，热岛地区中的最高空气温度上升。热岛强度随着城市区域的半径增加而增强。城市热岛效应呈现出时空分布特征。

①城市热岛强度的时间变化　热岛强度随时间主要表现出两种周期性的变化，即日变化和年变化。在晴朗无风的天气下，日变化表现为夜晚强，白昼午间弱；白天夏季高于冬季，夜晚冬季高于夏季。热岛强度也有明显的非周期性变化，主要与当时的风速、云量、天气形势和低空气温直减率有关，主要表现为风速越大，云量越多，天气形势越不稳定，低空气温直减率越大，热岛强度就越小，甚至不存在热岛；反之，热岛强度就越大。

②城市热岛强度的空间分布

小尺度上　城市热岛的水平分布表现在热岛出现于人口密集，建筑物密度大，工商业最集中的地区，而郊区则有较好的植被覆盖，或者农田密布，热岛强度小。热岛的空间分布因高度的不同而有所差别，表现在白天城郊差别不明显；夜晚城郊热岛强度差别大，并且这种差别随高度的升高而下降，到一定的高度还会出现"交叉"现象。

大尺度上　城市热岛强度也表现出空间分异特征。整体上，我国的城市热岛强度有明显的南北差异，北方地区的城市热岛强度高于南方，华北地区最高，达1.4℃，且各地区夜晚热岛强度均高于白天，尤其东北地区，昼夜热岛差达 1.6℃（李宇等，2021）。

城市热岛及其热岛强度常被认为是影响居民舒适度和健康的城市问题。也有人认为温度升高仅仅是一个寻常的城市特征，由城市区域集中的建筑物和道路吸收、储存和释放热导致。虽然在城市中生活的人越来越多，但是，将城市气象和热方面的已有知识融合到城市规划和设计中的工作却依然很少。

以城区与非城区的温度差来刻画的热岛强度概念，以及以此概念为核心形成的热岛比喻或模型，与现实情况相比都存在一定程度的简化，需要内涵更丰富的概念框架及更全面的诠释。而地表能量平衡的基本过程，能够满足此概念框架的需要。核心因素包括：①相互连接的圆顶；②非城市区域比城市区域更加多样化，具有更高的异质性；③综合考虑植被覆盖和植被多样性；④将其他水平流动，尤其是水体、野生动物和交通结合进来。以此为基础建立模型进行观察和分析，将有助于我们进一步理解城市地区的热岛效应。

（2）城市热岛效应的成因

热量平衡是城市热岛形成的能量基础，城市化改变了下垫面的性质和结构，增加了人为热，从而影响城市热量平衡。研究认为，城市热量平衡各因素变化与下列因子有关。

①城市下垫面性质改变   城市下垫面多为水泥、沥青路面、混凝土等硬质铺砌，所占的面积 70%~80% 及以上，绿地和水面相对较少，而郊区则农田密布，城乡下垫面性质的差异十分明显。城市下垫面颜色较深，对太阳辐射的反射率比郊区绿地小，加上其热容量和导热率也要比郊区绿地大，所以在相同的太阳辐射条件下，城市下垫面能吸收更多的热量。另外，城市参差不齐的建筑物，使城市的墙壁与墙壁、墙壁与地面之间进行多次反复吸收热量，这为城市"热岛"的形成奠定了能量基础。城市下垫面由于贮热多、温度高，以长波辐射的形式供给大气的热量也多。加上城市近地面大气中的温室气体多，绝大部分吸收了地面的长波辐射，同时又以长波辐射的形式向地面逆辐射，从而使地面及地表空气保持较高的温度。城市下垫面性质改变导致下垫面物理和生物学特性改变，对城市、地区甚至是全球范围内的气候有十分显著的影响。

②人为热和大气污染   城市人为热也就是人类活动产生的废热，主要来自机动车辆、工厂车间、空调运转、居民烹饪及建筑物向外散发的热量等，对城市热岛的形成起十分重要的作用。人为热排放对城市"热岛"的影响具有双重作用：一方面，直接增加了城市的热量，特别是在夏季和冬季；另一方面，城市人为热排放的同时，也大量排放煤灰、粉尘及各种污染气体，其中较多的是 CO_2、N_2O、H_2O、CH_4 等温室气体，形成覆盖在城市上空的圆顶或穹（见图3-2），加重了城市热岛的强度。城市内大量的人为热释放引起城市地区局部升温，从而在温度空间分布图上出现一个个高温中心。

③城市规模、形状和所处的地理位置   城市建成区面积、几何形状与热岛强度存在明显的相关关系。如果街道走向设计或几何形状不合理，则密不通风，风速小热量不易散发，温室气体也难于迅速扩散，导致局部气温过高。城市人口越多，规模越大，热岛效应越明显。

城市地貌也是引起城市热岛的主要因素。如广州市地处低纬度，高温、多雨、湿度大；风向以北和东北及东和东南方向为主，具有通风不良和静风频率高、近地层的逆温频率高、热岛效应强等特点，而重庆市周围高山环绕，长江与嘉陵江交汇于市中心，冬季云多，阴雨天多，太阳直接辐射大为减弱，因而热岛强度较弱。

④其他因素   除了城市本身的内部原因以外，热岛的形成还需要外部的气象条件配合，

如气压场必须稳定，气压梯度小，静风或微风；天气晴朗少云或无云，大气层结构稳定，无自动对流上升运动等。我国大部分地区夏季受副热带高气压控制，以下沉气流为主，多静风天气，近地面热量不易散发，进一步加剧了城市热岛效应。

总之，热岛的形成除区域气候条件外，主要与城市化程度、人口密度、下垫面性质改变以及大气中污染物浓度增加有密切关系，并且这些影响因子以一种极其复杂的方式相互作用于城市气候。

（3）城市热岛强度的影响因素

在城市冠层，建成区主要包括两大类型的地表覆盖物：一是具有植被的绿地，二是具有不透水层的建筑物；这也是通过能量流动形成城市热岛的两大决定因素。可以通过城市区域内绿地和建筑表面两方面来考虑其对空气温度的影响。

①绿地　研究者首先关注绿地面积大小的影响作用，比较了在晴朗夏日的夜晚，柏林市42个面积不同的绿地周边建成区的温度（图3-3）。研究发现，面积小于30hm² 的绿地平均比周边地区低1℃，面积介于30~500hm² 的绿地平均低3℃，而4个面积大于500hm² 的大型绿地温度平均低5℃。小型和大型的绿地斑块内部的温度变化较小，中型绿地中的温度变化较大，为0.5~5.4℃。较大的温度变化，可能源于中型绿地的形状、地形、位置以及中型绿地往往包含了多种不同的土地利用方式（如草坪、森林、道路、停车场、球场、湿地和池塘等）。无论如何，面积更大的公园明显比小公园降温能力强。

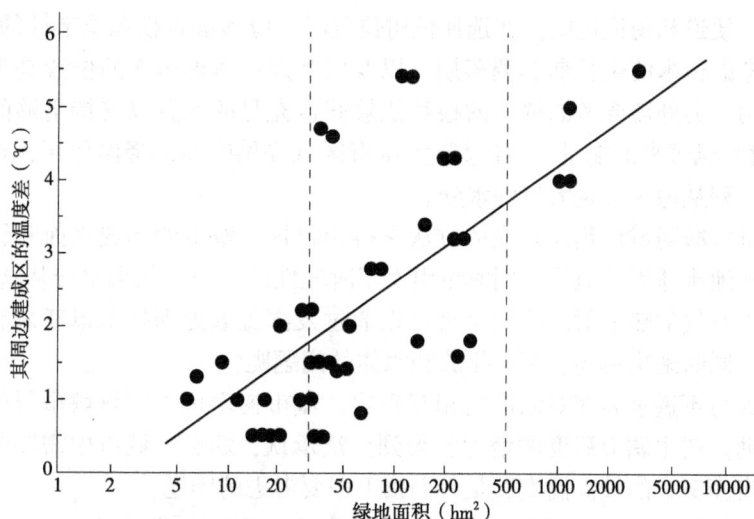

图3-3　空气降温与城市绿地面积之间的相互关系（Forman，2014）

另一个值得探讨的问题是，绿地降温的影响能够向外扩展多远？向哪个方向扩展？柏林市5个绿地的监测研究发现：中型绿地的降温作用（在距离地面2m位置温度明显下降）能够到达下风向1500m处和上风向500m处；总体而言，中型绿地（125~212hm²）的降温作用比小型绿地（18~36hm²）延伸得更远，但是在中型或小型绿地之间，降温作用并未随绿地大小而产生显著差异；对于小型和中型绿地，降温作用向下风向延伸的范围平均都是向上风向延伸范围的2~2.5倍。数据表明，在无风的条件下，降温作用向上风向延伸范围会增加，但是向下风向延伸范围在无风和微风条件下变化不大；在风力强劲的天气条件下，绿地的降温作用基本消失，不过在两个观测点，仍然观察到了相当的降温作用。

②不透水表面　与绿地相反，城市区域内不透水表面的斑块通常面积较小，数量较多（如屋顶和停车场）。即使是直线型的街道和便道，也是被十字路口分隔成很多段。飞机场、货车仓储物流集散地以及较宽的高速路或道路，是城市中为数不多的大面积不透水地面。

反照率（即净输入辐射被表面反射的比例）非常重要，因为所有没有被反射的能量都被吸收。这些能量转化为热量，聚积起来并再次反射，加剧了热岛效应（尤其是在夜间）。浅色、干燥和平滑的表面反射最强，白色屋顶和新型混凝土的反照率较高，因此对空气温度上升的贡献较小；深色表面如沥青路面和焦油为主的屋顶反照率较小，因此吸收大量的输入能量，使城市空气温度上升。新建造的道路，停车场和便道的反照率较高，但是烃和其他交通污染物很快会使这些表面暗化，反照率降低。总体来说，城市中的颗粒物和气溶胶污染物会暗化屋顶、墙壁、道路和便道，因此加剧热岛效应。

增加植被覆盖，同样可以最小化在不透水城市区域中聚积的热量，抑制空气温度的升高。关键问题在于树木和其他植被相对于建筑物表面的位置关系。在不透水表面（如街道、停车场或便道）上方的树或者树冠，可以提供以下三点益处：第一，树木可以遮阴，减少不透水表面吸收的能量和积累的热量；第二，树冠底部可以吸收从不透水地面向上辐射出的能量；第三，树叶的蒸腾作用向上释放水分，因此将输入的辐射能量转化为潜热，而不升高空气温度。被植物覆盖的绿色屋顶和绿色墙壁，可以提供上述的第一条和第三条温度控制作用。

因此，城市绿化应该重视街道、便道和停车场的遮阴情况。街道两侧的行道树，能够为建筑物墙面、便道和街道遮阴。在选择植树位置时，应考虑昼夜和季节性的太阳光角度；选择树种时应考虑树木的生长期和凋落期，以及展叶期；考虑树木的位置是否会增强或减弱风的降温作用；另外需要考虑树木的根系能够获得充足的水分以支持足够的蒸散发过程（考虑输入辐射和风带来的能量）。如果要为城市区域提供明显的降温作用，树木在白天需要通过蒸散发过程从地下带走大量的水分。

还有一种可以减弱城市热岛效应的方法未得到重视。城市的不透水面和管道迅速排放雨水和污水，本地水体因此退化，同时也引发了阶段性的干旱。如果水分从这些表面蒸发，则可以减少输入空气的热辐射。我们是否可以通过发挥想象力和技术革新来利用这些雨水和建成区地表，同时解决热岛、污水排放和水体的问题呢？

③树冠覆盖与不透水表面对温度的相互影响　城市树木可为缓解城市居民日常生活中的高温提供帮助。树木调节温度的潜力已得到广泛承认，那么，城市中需要多少树冠覆盖来抵消不透水表面覆盖的较高温度，是人们接下来要考虑的问题。

对城市内部气温的研究主要集中在不透水的表面（吸收和保持热量）或"公园冷岛"效应上，公园内的温度由植被斑块的大小、形状和类型进一步改变（Hiemstra et al.，2017）。然而，城市并没有被精确地划分为绿地和不透水的空间，更确切地说，绿地和建筑在城市中以小尺度进行融合，其特征可以同时出现（图3-4）。因此，应将绿地和不透水表面综合考虑。研究表明，具有中等数量不透水表面和≥40%树冠覆盖的社区可以为城市居民提供最大的温度缓解保障，空气温度随冠层盖度的增加呈非线性下降的趋势，冠层盖度超过40%时降温幅度最大（Ziter et al.，2019）；沿着街道、地产和公园种植的树木必须具有战略性的位置，通过增加超过临界值的树冠覆盖，使该区域的夏季温度显著性降低。另外，尽管大于40%树冠的区域可能会最大程度地降低温度，但重要的是要确保在城市区域内进行绿地的整体规划。

图 3-4　不透水路面上的树冠覆盖（闫淑君摄）

高密度的城市建筑区域会限制园林树木生长的空间和土壤，进而限制树冠生长的能力；要缓解城市热岛效应，需要在城市中加大绿地比例，以达到有效的冠层覆盖水平，这需要城市规划师不断创新城市规划和设计方案。由于树木生长期长和路面的持久性，当前的决策会影响未来的城市热风险景观的形成。

（4）热岛效应对园林植物的影响

热岛的生态影响是我们最先关注的问题。热岛会使植物的生长季节和无霜期延长，尤其是在夏秋交替之际，植物物候会发生改变，如开花期提前和落叶时间推迟（Alberti，2008）。

①影响植物花期　张德顺和刘鸣（2017）对上海梅花（*Prunus mume*）、玉兰（*Magnolia denudata*）和东京樱花（*Cerasus yedoensis*）三种早春开花植物的花期物候观测资料进行分析得出：早春时期上海城市热岛现象较为明显，热岛效应由城市核心区向周围近郊区辐射，作用半径约为 20km，离城市核心区越远效应越低；东京樱花与城市热岛效应关系最大，依次是梅花和玉兰。在热岛效应作用下，上海中心城区植物花期比近郊区平均提前了 2.2d，南部远郊滨海地区的植物花期推迟了 1 周左右。局地微气候对植物花期的调控有显著影响。在空间格局上，由上海城市核心区向城郊平均每推移 10km，植物花期约推迟 1d。

②促进植物生长　有研究表明：城市的热岛效应，有利于促进植物生长，大多数植物会表现出较早的物候特征以及生长较快、生物量较高等特征；如美洲黑杨（*Populus deltoides*）在纽约市的生物量是乡村地区的 2 倍。在城市环境中生长的成熟北美红栎（*Quercus rubra*），其叶片呼吸率通常高于郊区环境生长的呼吸率，其幼苗生物量是郊区生长的 8 倍。热岛效应促进植物生长的原因：一方面是温度升高，会增强植物的光合作用；另一方面温度升高导致植物的生长期延长，尤其是在温带及寒温带地区；此外，还与空气中 CO_2 浓度升高、光污染有关。

③影响植物叶片功能性状　城市高温区植物叶片生物量高于低温区：在北京，高温区大叶黄杨（*Euonymus japonicus*）叶片的生物量是低温区的 1.6 倍，高温区丁香（*Syringa oblata*）的叶片生物量是低温区的 1.4 倍（王亚婷等，2011）。热岛区域内生长的植物的叶片生物量相较于区域外显著增加，可能是由于城市温度升高导致的物候期延长，以及高温引起的光合作用增强。在热岛区域生长的植物叶表现出较低的比叶面积、单位重量和单位面积叶氮含量。受到高温影响的植物叶肉、叶脉和叶柄的生物量分配出现改变，热岛区域

的植物倾向于将更多生物量分配到叶肉部分，减少叶柄的生物量投入，从而获得更多的碳水化合物，用于自身生长。

3.1.2.2 多样的空气流

下文将从五个方面讨论城市中的空气流动：①风（或气流）；②城市区域风；③水平风和风障；④建筑物对气流的影响；⑤园林树木对气流的影响。

（1）风（或气流）

地表不同位置因太阳辐射受热不均而产生的气压差可导致空气流动，即气流，也就是风。气流主要是在重力、气压梯度力、地转偏向力、惯性离心力、摩擦力等各种力的作用下发生的。其中，气压梯度力是推动气流的直接原因和动力。空气从高压区向低压区流动，流动速率取决于气压差大小。大气边界层内的摩擦力会阻止气流，摩擦力对气流的影响以近地面最大，在大气边界层以外可忽略不计。

气流几乎都发生在对流层，主要以层流和湍流的形式传播。气流在将能量传输到其他系统的同时，也传输物质。气流在对流层中形成一个巨型输送带，使冷、热空气在相邻系统之间发生流动，或沿下风向传输到其他系统。因此，气流输送带是使不同生态系统、景观或区域之间发生连接和相互作用的重要纽带，对于生态系统的生产力、生物多样性、矿物质循环等具有重要影响。

气流具有搬运、沉积、稀释、携带和扩散物质的功能。这些物质包括颗粒物、气体和水分。气流可促成其中的物质在生态系统之间、景观之间甚至区域之间的空间位移，此为气流的搬运作用。适宜的天气条件（如干燥的湍流气团）可将大多数植物繁殖体抬升至大气边界层。这些生命物质被搬运的距离与气流运动的速率和繁殖体本身的特征有关，在太平洋中部和其他海洋的上空可以收集到大量不同类型的植物种子、花粉和孢子。这种气流搬运作用可为较远处裸地上的植物迁入和植被重建提供重要的物质基础，是维持生态系统弹性和长期存续必不可少的因素。然而，气流对繁殖体的搬运也会产生不良后果。例如，源于南美洲的紫茎泽兰（*Eupatorium adenophora*），其种子细小，并有适宜风媒传播的附属结构，这使得其在地面风的作用下，即可传播到500m以外的地方，并很快成为定居地的一种恶性入侵杂草。

在气流搬运过程中，若因风速减小或者遇到障碍物，则被搬运物质会沉积下来。另外，高空的粉尘可作为冷湿气团的凝聚核，并随降水降落地面。这些均为气流的沉积作用。林地对于颗粒物的沉积十分有效，大量随气流移动的颗粒物沉积在树篱或防风林附近，这与林地本身的紧实度和风速降低都有关。

气流搬运物并非很快沉降，而是长时间存留于气流中，并随气流作长距离移动，这种情况称为气流的携带和扩散作用。对流层上部的气体和轻质颗粒物均可被气流长时间携带，进行长距离扩散。例如，在我国华中和华南地区监测到来自华北地区的雾霾，而北极的雾霾可能来自欧洲。气体被气流长时间携带，进行长距离扩散，但其存在形态和过程很复杂，取决于上升或下降的空气、风、气流输送带和空气湿度的综合作用。通常，气体在大气中被稀释，至其浓度下降；或者与其他分子发生化学反应，生成新的物质。如 SO_2，在干燥空气中，高浓度 SO_2 可移动几百或几千米，对动植物和人类呼吸系统产生直接危害；而在湿润空气中，SO_2 分子与水分子结合形成硫酸溶液，从而产生更大的危害作用。

（2）城市区域风

陆地海洋温差等宏观气象条件带来的空气流动或风，会携带热量、污染物和空中生物进入或离开城市区域［图3-5（a）］。密集的高层建筑物迫使在陆地上水平流动的空气呈现抬升趋势。这些地物结构也造成了湍流，即带有上下旋涡的随机气流。湍流（和旋涡气流）将污染物，包括热量和颗粒物，带离城市地表。因此，区域风有助于通风，清洁城市地表和空气，将污染物携带到城市下风向地区。

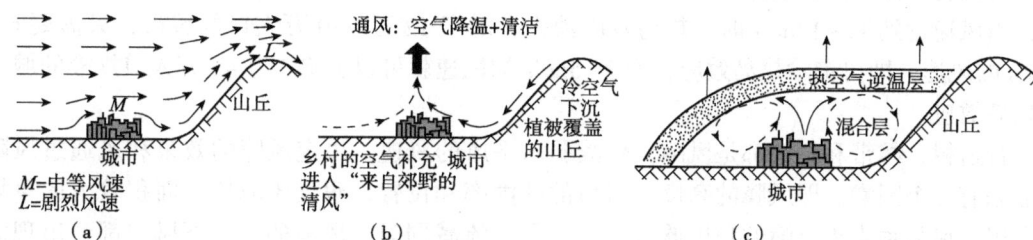

图3-5　城市与山丘的空气流动（Forman，2014）

（a）区域风　　（b）没有区域风的夜晚　　（c）没有区域风出现的逆温层

注：（a）箭头表示水平方向上的空气流动；（b）和（c）热空气从城市升起；（c）冷空气在热空气下方形成逆温层，阻隔了正常的热空气与高空（对流层）冷空气的对流。

在多数城市中，区域风一般在夜间停止，此时空气是静止的。热量从城市地表向温度较低的外部空间上升，因此自然形成一定程度的对流风。温暖而污浊的空气上升，使得周边农田、乡野或水体上方相对较冷的空气进入城市，从而有效地形成了"来自田野的清风"［图3-5（b）］。但是，如果城市附近有坡地或山脉，在夜晚会产生很强的冷空气下沉气流。较重的冷空气倾泻而入城区，排挤出较轻的温暖空气，从而形成局部环流，这对城市空气能够起到较强的降温和清洁作用。德国的斯图加特市（Stuttgart）就是一个例子，那里的城市规划将高层建筑置于谷底之外，使得冷空气能够畅通无阻地贯穿城市。无需任何投资，这样的设计既去除了污染物，清洁了城市空气，也可以降低城市温度，从而削弱城市热岛效应。如果坡面上有植被覆盖，冷空气下沉的作用将更加有效（Forman，2008）。

在没有区域风的特定气候条件下，温暖空气形成逆温层，并在城市上空停留一段时间［图3-5（c）］。静止的温暖空气层，干扰了同样温暖的城市空气的垂直对流。因此，在逆温层下方，城市热量不断积聚，逐渐外溢，污染物不断累积，致使城市空气质量下降。

总而言之，区域风或风暴可以带走热量和污染物。这样，居民方可享受清新的空气。

（3）水平风和风障

在陆地上的区域风，在城市边缘层中水平流动，越往高处风速越大。在面积较大而开阔平坦的区域，如平原地带的农田或牧场，空气水平流动形成水平风。当水平风在顺风和逆风方向遇到坡度较小的缓坡，最下层的空气会向上抬升与上层空气产生摩擦。在山顶，风速通常增加10%~15%［图3-5（a）］。水平风在经过爬坡、到达顶端和下坡之后，其方向仍然可以保持水平。

如果顺风或者逆风坡非常陡峭，水平风会离开地面，形成具有上下移动的强劲圆形涡旋的湍流。陡峭的山壁，直接阻挡了水平风，从而形成湍流或涡流。湍流从山上向下风向延伸，最后沿地面再次形成水平风。涡流风，是空气流动的第三种形态，指强劲的气流以圆柱体的形态旋转，如龙卷风。水平风经过较长的物体，如很长的墙或者高层建筑物的边沿，会形成涡流风。

风将物体和能量带离地表，如建筑工地的灰尘、蝴蝶园的蝴蝶和墙壁上的热量，这些都被带往下风向地区。不同类型的风，按照从地表带走物体和能量的能力从小到大排序为：①微风；②水平风；③湍流风；④涡流风。人们应尽可能躲避湍流风和涡流风。

研究者计算了能够消除城市热岛效应的最小区域风速：对于有 200 万~800 万人口的城市，当风速达到 11~12m/s 时，热岛效应消失；对于 12 万~40 万人口的城市，只需要 6~8m/s 的风速，即可消除热岛效应；而 3~5m/s 的风速就可以去除 3 万~5 万人口规模的城市的热岛效应。

行道树、林带和石墙都是风障，会减弱水平风的风速。决定风障的效果和风通过风障的形态有三个因素，即风障的高度、风障的孔隙率和位置。假设风障位于面积较大的草坪或农田，风从垂直于风障的角度吹来，当水平气流减弱时，风障的上、下风向都会出现湍流。上、下风向风速减弱的距离与风障的高度（H）相关。通常上风向风速减弱的距离是 H 的 3~6 倍（即如果风障的高度是 2m，上风向风速减弱的距离则是 6~12m；如果风障是 20m 高的林带，上风向风速减弱的距离则是 60~120m）。风障的另一侧是"静风区"，几乎没有水平空气流动，静风区范围大约为下风向 8 倍于 H 的距离。超过静风区是"苏醒区"，湍流从这里延伸至下风向 H 的 15~25 倍的距离内，直到重新形成水平风。

风障的孔隙率对气流有很大的影响。不透风的墙或建筑物，以及几乎不透风的树林，会在下风向形成强劲的湍流，也会在上风向形成较为强劲的湍流。与之相反，水平风可以通过多孔隙的行道树或者灌木篱墙。因此，多孔隙的风障可以减少或消除在上、下风向形成的湍流。

除了风障的高度和孔隙率，位置是第三大决定因素。以上讨论了位于开阔地带的风障影响，而大量建筑物和树木集中的城市区域则会产生湍流和涡流，如果遇到风障的风已经是湍流风，那么在上、下风向受到风障影响的距离会缩短，如果风不是垂直到达风障，而有一个角度的话，这个距离也会缩短，并且风障减弱风速的能力也会受到影响（Erell et al.，2011）。

（4）建筑物对风的影响

孤立的长条状建筑物，其两侧都形成了高风速区，使移动的空气挤压进建筑结构和其他气流（图 3-6）。与街道拐角的情况类似，涡流效应会形成竖直的涡流。这些可能会影响部分或全部建筑物下风向侧面（Erell et al.，2011）。

建筑物越高，在其下风向形成的风速减弱带就越长。如果建筑物或者石墙非常薄，垂直方向上的水平风将抬升越过风障，在下风向移动一段距离后回到地面。相反，如果建筑物是大型平顶结构，水平风气流会抬升到屋顶的高度，然后迅速沿着水平的屋顶移动。建筑物的下风向一侧会产生很强的向下湍流，仅仅延伸很短的距离即可再次在地面上形成水平风。同时，由于树冠层粗糙，经过森林的气流会出现一些湍流，而下风向的湍流区和风速减弱区域通常较短。

为了减弱水平风的影响，增加农田产量，通常基于风障的高度和孔隙率来设置一组平行风障的间距。一个中等穿透程度的风障，可以使其下风向较长区域内的风速减弱，并且不出现过多的湍流。

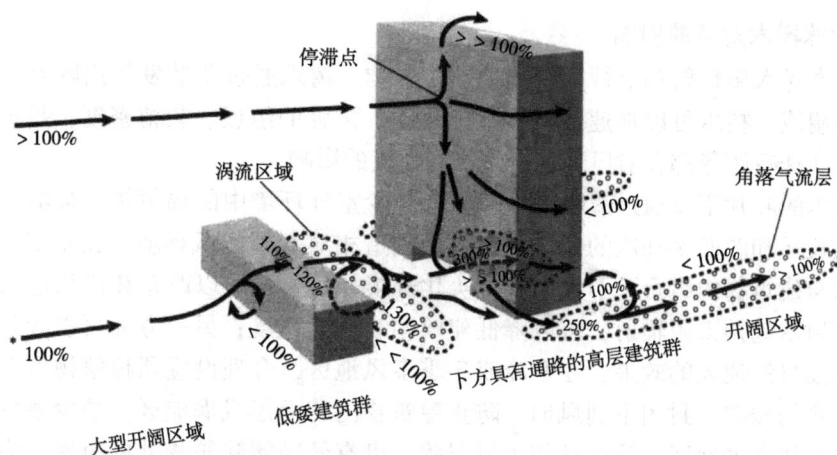

图 3-6　经过低矮建筑物和高大建筑物的空气流动（Forman，2014）

注：开阔区域内水平空气流动风速。给定理想化的风速增加和减少，并根据其他结构如建筑物、桥梁、树木和停泊的卡车调整。但是，风速变化的位置和相对幅度显示了预期在城市区域出现的基本原则和格局。

对于建筑物来说，其孔隙率几乎是零，因此高度和间距是决定气流格局的主要因素。对于联排的建筑，如果高宽比≤1，将产生"滑行气流"，这时水平风将连续经过街道，出现湍流最小化。当建筑物相对独立或间距较大时，水平风可能在建筑物之间直接接触地面，形成孤立的不规则气流。

建筑群周围的气流格局也随其大小和形状而不同。设想风垂直经过一个低矮狭长的建筑物和一个高层建筑物（图 3-6）。在近地面，低矮建筑物的上风向区域风速减弱。由于来自第二个高层建筑物的附加气流，第一个建筑物的下风向区域风速增强（和风速减弱的独立建筑物情况不同）。当气流被迫绕行两个建筑物的区域，风速增加。这些流动更快的空气形成了"侧面条带"，其风速在下风向方向迅速减弱。

在近地面层，高层建筑中央通道具有一定的穿透性。由于空气都被挤压通过通道，这里的风速为近地面最大风速。下风向方向，通过通道的空气形成强劲的湍流，而非长条的条带。同时，竖直的涡流会将中心气流和两侧的条带分开。

滑行气流可能对城市地面的通风有所帮助，其形成原因类似于北美草原一种因穴居哺乳动物而得名的"草原犬鼠效应"：草原犬鼠在地下的家有两个或更多的入口（图 3-7），下风向洞口一般都建在小丘上（图 3-7B），而上风向入口多在近地面处（图 3-7A），水平风经过草原时，会被小丘稍稍抬升和加速，这个过程可以将空气带出草原犬鼠的洞穴，空气由第二个近地面的上风向入口进入洞穴，草原犬鼠通过这样的方式使它们的洞穴保持良好的通风。

由于建筑物对风的作用，在建筑密度较高的城市地区，风速趋于缓慢，室外自然通风成为一个环境问题。

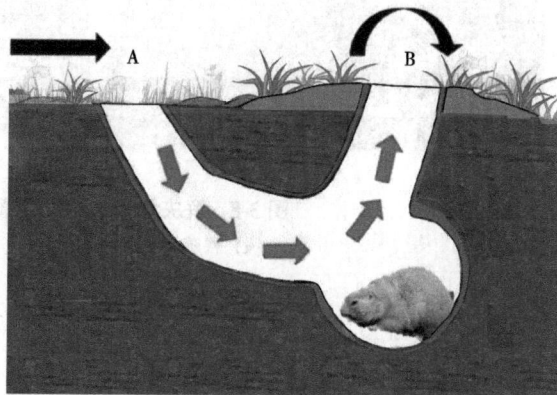

图 3-7　草原犬鼠洞穴示意图（廖剑威绘）

（5）园林树木对风的影响

园林树木对太阳辐射和上行空气流动产生影响。树木通过蒸散发作用降温，它们将水平风转化为湍流。树木可以加速或减缓空气流动，树种的组成、栽植密度、栽植方式、树木的孔隙度和株行距等都会对风环境产生不同程度的影响。

园林树木的叶片不仅通过蒸腾大量水分来减少室外环境中的辐射热，缓解热岛和干岛效应，更能疏导和改变室外风的走向，为人们创造相对舒适的风环境。在夏季，合理地利用园林植物与建筑物的组合，不仅能起到美化环境作用，还可以改善和优化建筑外的风环境。一方面树木遮挡太阳辐射，可以降低建筑物表面的温度；另一方面可引导风，使风进入室内，加强自然通风的效果。在寒冷或冬季多风地区，合理设置园林植物可有效地阻挡寒风对建筑物的侵袭，封闭不利风向，防止建筑物的背面形成涡流区，减少寒风对建筑的影响。在风速较大的地区，防护林作为风屏障，可有效减缓建筑物外的风速，为行人或小区内工作、生活的人们提供适宜的风环境。

研究城市园林树木的抗风性对于解决景观规划中的室外自然通风问题具有重要意义。目前，研究园林树木对风环境的影响的研究方法主要有：计算流体力学（computational fluid dynamics，CFD）、风洞实验（wind tunnel experiment）和半经验模型（semi-empirical model）。

已有的研究表明：树木对城市风环境的高影响区多在滨水区域，即低密度区域。由于滨水地区对背风环境很重要，建议限制滨水地区的树木数量，即通过种植草本或灌木而不是树木来提高绿化覆盖率，滨水地区选择的树种必须具有稀疏、扩展的树冠 [图 3-8(a)]，这样可以减弱树木的风障作用。城市建筑中密度区，可通过种植稀疏、扩展型树冠的树木增加绿化覆盖率，可以减轻树木的负面空气动力影响，同时有利于增加树木的遮阴和蒸散；此外，与高密度地区相比，在中等密度地区种植具有扩展树冠的树木更容易，因为未建成区域更大，街道更宽。在高密度城市地区，树木对风环境的影响较小，因此建议优先选择种植冠层浓密且庞大的树木，以获得更多的遮阴和蒸散效益 [图 3-8(b)]，而不是种植草本或灌木。

（a）   （b）

图 3-8 解决城市地区自然通风问题的建议树木冠形
（a）稀疏树冠（曹辉摄） （b）浓密树冠（王喆摄）

3.2 城市空气环境

不管是在发达国家或是发展中国家，空气污染都是一个重大问题。空气污染（air pollution）

是指在空气的正常成分之外，增加了新的成分，或者原有成分大量增加而对人类健康或动植物生长产生危害。

3.2.1 城市空气污染物的种类

城市空气污染物的种类有很多，本书列出城市中十大空气污染物的类型（图 3-9）。其中气体包括 CO_2、CO、SO_2、NO_x 和 HCs 等；颗粒物和气溶胶污染物包括颗粒物（particulate matter，PM）、重金属（heavy metals，HM）、臭氧（O_3）光化学烟雾和氯氟烃（chlorofluorocarbons，CFC）；还有一种污染物是有毒物质，其中包含多种气体、气溶胶和颗粒物。

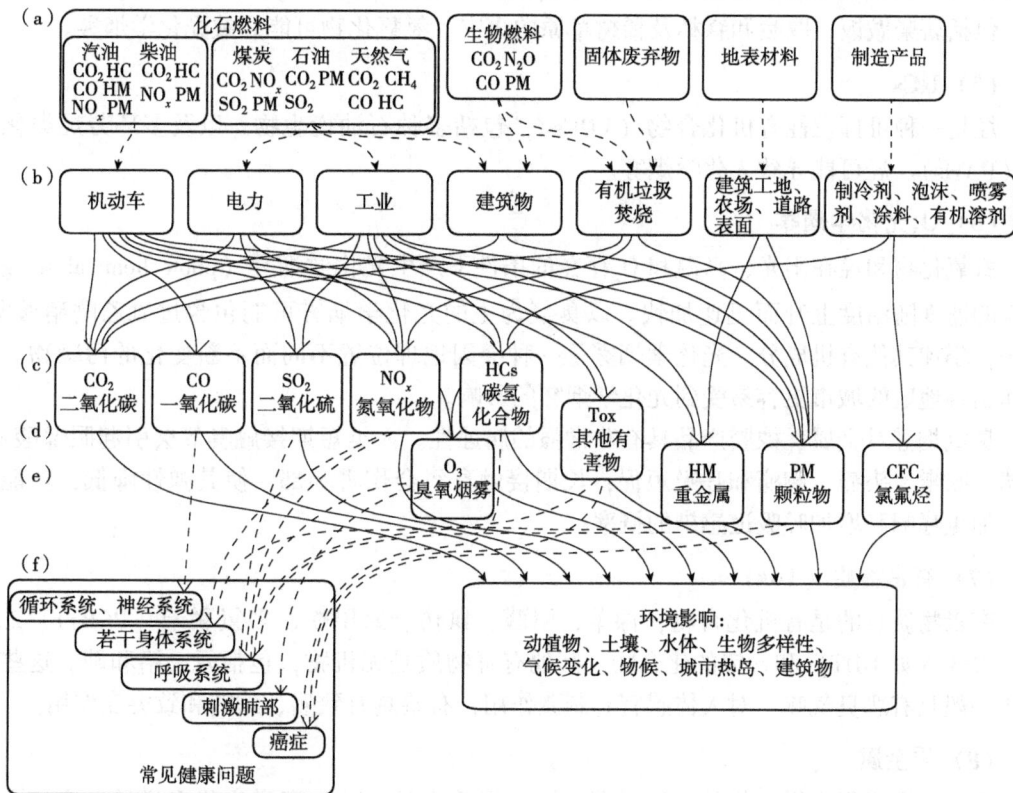

图 3-9　十大城市空气污染物及其主要来源（Forman，2014）

化石燃料产生的污染物是城市空气污染的主要来源（图 3-9）。生物燃料、固体废弃物、表面物质和工业化产品是潜在的间接污染物来源。在城市区域中，直接排放的污染物类型大不相同，其中机动车和工业生产产生的空气污染物种类最多（图 3-9）。

主要污染物对生态环境和人类健康的影响如下。

（1）CO_2

使土壤形成厌氧的环境，导致植物根系生长停滞，土壤动物减少，出现厌氧细菌和减缓分解。同时，也是导致全球变暖的主要温室气体。

（2）CO

减少脊椎动物血液中氧气的输送，导致动物死亡。对心脏或循环系统（血管）存在问题的人以及肺部或呼吸道损伤的人来说，CO 是极其有害的。

（3）SO_2

损伤植物叶组织，甚至导致植物死亡。降低 pH 值，形成酸雨，破坏树木和湖泊，腐蚀石灰石、混凝土、砖缝中的砂浆以及雕塑。影响人的呼吸系统，会对肺部造成永久性损伤。

（4）NO_x

在城市地区主要是二氧化氮（NO_2），绝大部分来自工业生产和交通运输，其中汽车尾气是氮氧化物的主要来源。一氧化氮（NO）带来的影响并不大，但当它转变为二氧化氮时就具有和二氧化硫相似的腐蚀与生理刺激作用。一氧化二氮（N_2O）主要来自生物燃料燃烧，包括薪柴做饭、取暖和森林及稀树草原的火灾。氮氧化物可能导致光化学烟雾。

（5）HCs

烃是一种可挥发性有机化合物（VOCs），包括多种石油衍生物，以及多环芳烃类化合物（PAHs）。烃可能导致光化学烟雾。

（6）O_3光化学烟雾

氮氧化物和烃在阳光、高温和 O_2 存在的条件下产生光化学烟雾（photochemical smog），反应的速度随温度上升而迅速加快。以臭氧为主的光化学烟雾可能包含过氧乙酰硝酸酯、甲醛、酮和其他有机成分。光化学烟雾是一种会因地理位置不同而不断变化的污染物。盆地和山谷地区的城市更容易受到光化学烟雾的影响。

臭氧烟雾对金属、橡胶产品具有非常强的腐蚀性。人类短期接触臭氧会引起眼部酸痛、气喘、咳嗽、头痛、胸痛和呼吸短促；长期接触臭氧会伤害肺部，使其弹性降低，功能衰退，加重哮喘和增加呼吸道感染的概率。

（7）有毒物质（Tox）

有毒物质有的是有机化合物，像苯、甲醛、氯仿、氯甲烷、多氯联苯（PCBs）、二噁英、农药（如 DDT）和含镉的化合物。其他有毒物质是无机物，包括汞、铅和砷。这些污染物一般具有恶臭气味，对人体感官有刺激作用，有些具有致癌、致畸和致突变作用。

（8）重金属

重金属阻碍很多微生物的分解过程，影响根系生长，减少海洋生物多样性。它们可能引起人体慢性中毒。如大量含铅的机动车废气的排放，可以使周边居民的内脏受到损害，造血功能衰退，同时血管病、脑出血和慢性肾炎等病的发病率提高。

（9）颗粒物（PM）

PM 损害叶片和植物生长，可能导致地衣和苔藓窒息。空气中的颗粒物可以将输入的太阳和天空辐射向外反射。PM 增加水体浑浊度，抑制清水鱼类的生长。直径小于 $10\mu m$（PM_{10}）的颗粒物包括花粉、焚化炉燃烧的飞灰以及土壤侵蚀产生的沙尘、水泥和煤（图 3-10）。直径 $<2.5\mu m$（$PM_{2.5}$）的极细微的颗粒物，会对呼吸系统造成很大的危害。非常细小的颗粒物（直径 $<1.0\mu m$）包括光化学烟雾、烟草产生的烟、汽车尾气、油烟和海啸盐。

（10）氯氟烃

氯氟烃会破坏平流层中的臭氧分子（是导致"臭氧空洞"的原因），导致穿过大气层的紫外线辐射增加，对生物体产生危害。

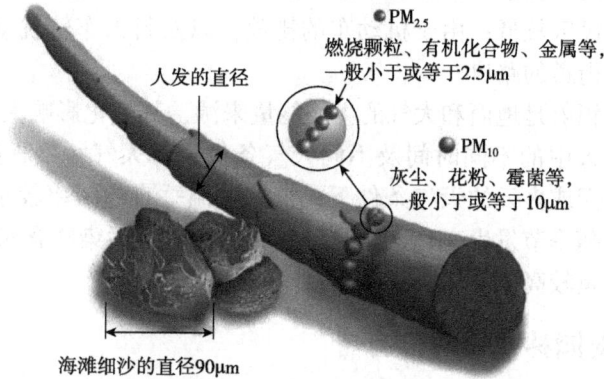

图 3-10　两种大小级别的颗粒物（PM）与一根头发、一粒沙子直径对比

（改自 Kirkman & Jack，2017）

近年室内空气污染也越来越受到人们的重视。比如一种室内空气污染物就是氡气，这是一种放射性气体，主要来自土壤、岩石和水中铀的自然分解。氡气存在于各种类型的建筑中，主要是通过地基和地窖进入住宅，它能通过地窖底板、排水管、水泵和施工缝等各种裂隙进入室内。另一种室内污染物是 CO。室内 CO 的来源包括香烟烟雾、室内生火、有故障的炉子、取暖器、烧炭的炉灶、内燃机、汽车尾气（在密闭车库内）、发电机和以丙烷为燃料的设备如便携炉等。当这些设备在建筑内或半封闭的空间内使用时就会产生 CO。另外，室内装修材料与家具释放出来的甲醛、苯、甲苯、二硫化碳、三氯甲烷、三氯乙烯、氯苯等百余种挥发性有机物，能损伤人的肝脏、肾脏、骨髓、血液、呼吸系统、神经系统、免疫系统等，有的还能致敏、致癌。

3.2.2　城市空气污染物的时空分布特征

在全球范围内，大量羽状物到达平流层，再缓慢地沉降到地表，而在对流层的羽状物则经常通过降水沉降到地表，但是，这些羽状物通常比云团分布更广，所以可能在雨后再次迅速累积。此外，因大量机动车尾气排放形成的厚厚一层 NO_2，覆盖在东亚及周边地区，笼罩在北京、上海、香港、首尔，甚至大阪和东京上空。类似地，来自干旱牧区和农区受侵蚀土壤的颗粒物也向东扩散，混入这些城市的空气中。

一些城市主要受单一污染物的影响，如纽约市和东京市主要受 NO_x 的影响，印度德里（Delhi）主要受 PM 的影响。也有些城市受多种污染物的综合影响，如布宜诺斯艾利斯（阿根廷首都）受到 CO、NO_x 和 O_3 的污染，北京受到 SO_2、NO_x、PM 和 O_3 的污染，墨西哥城空气中的 SO_2、CO、O_3、NO_x 和 PM 的含量都很高。

颗粒物污染物的浓度在城区和非城区之间通常有明显的差别，各种气体污染物的浓度在城区和非城区之间也存在差别。具体浓度差别跟非城区与城市的距离有很大关系，在美国，非城区空气中的颗粒物浓度比城区低 60%，NO_x 低 90%，SO_2 低 17%（Marsh，2010）。上风向的辐射区域往往比下风向区域的变化更加明显，污染源多集中在城市的下风向地区，并且城市中污浊的空气也向下风向地区流动。在干燥的空气中，较重的颗粒物往往沉降在比较近的区域内，而较轻的污染物则会扩散到下风向或者更远的地方。城市中的工业区通常是凝结核的来源，促进云的形成和潜在降水，因此降水在城市或其下风向地区更加强烈。

在城市内部更小的尺度上，污染物浓度的空间分布与土地利用方式有关。一般工业区污染物浓度较高、居民区较低；由于机动车的排放，以及行人车辆扰动导致的扬尘，颗粒物往往会集中在繁忙街道的路口。

另外，由于太阳辐射是地面和大气的主要能量来源，其变化影响大气温度的垂直分布，因此在不同季节、一天中的不同时间及不同天气条件下，大气污染程度都有一定的变化。一般而言，冬季、阴天或多云的天气条件下或夜间气温垂直递减率较小时，大气污染程度较高；大气污染物也随季节发生变化，如北京，春季颗粒物污染物含量较高，而 O_3 和 NO_2 污染物在夏、秋季含量较高。

3.2.3 空气污染对园林植物的影响

空气中的污染物主要通过气孔进入叶片并溶解在叶肉组织中，通过一系列的生物化学反应对植物产生毒害，如 SO_2，从气孔扩散到叶肉组织，进入细胞后和水反应，形成亚硫酸和亚硫酸根离子，从而对叶肉组织造成破坏，使叶片水分减少，叶绿素 a/叶绿素 b 的值变小，糖类和氨基酸减少，叶片失绿，严重时细胞发生质壁分离，叶片逐渐枯焦，慢慢死亡。在叶片内亚硫酸根离子逐渐被氧化成硫酸根离子，而后者的毒性比前者低近 30 倍，可进行自我解毒。只有当亚硫酸根离子积累到一定程度，超过植物的自净能力后，才产生毒害。

由于空气污染物主要通过气孔进入叶内，对植物生理代谢活动产生影响，所以植物受害症状一般首先出现在叶片。污染物不同，植物受害的症状也不同。

空气中 SO_2 浓度达到 $0.3\mu L/L$ 时，植物出现受害症状。针叶树首先在两年以上的老针叶上出现褐色条斑或叶色变浅、叶尖变黄，逐渐向叶基部扩散，最后针叶枯黄脱落。阔叶树受害后，叶部出现几种症状，大多数在叶脉间出现褐色斑点或斑块，颜色逐渐加深，最后导致脱落。一般生理活动旺盛的叶片吸收 SO_2 多，吸收速度快，所以烟斑较重，而新枝与幼叶的伤害相对比老叶轻，发生烟斑较少。

以氟化物为主的复合污染所造成的危害比 SO_2 气体严重得多。氟化物主要是氟化氢，属剧毒空气污染物，其毒性比 SO_2 大 10~1000 倍。氟化物通过气孔进入叶肉组织后，首先溶解在浸润细胞壁的水分中，小部分被叶肉细胞吸收，大部分则顺着维管束组织运输，在叶尖与叶缘积累。针叶树对氟化物十分敏感，针叶伤害从顶端开始，随着氟化物的积累，逐渐向基部发展，受害组织缺绿，随后变为红棕色。一般在有氟化物污染的地方，很少有针叶树生长。阔叶树受害后，首先在叶片尖端和叶缘产生灰褐色烟斑，烟斑逐渐扩大，最后叶脱落。氟化物所致烟斑多发生在新枝的幼叶上，这是与 SO_2 伤害症状的显著区别。鸢尾、唐菖蒲、郁金香对氟污染极敏感。

光化学烟雾的主要成分为臭氧。臭氧对植物有危害，主要破坏栅栏组织细胞壁和表皮细胞，植物受毒害后，叶片失绿，叶表出现褐色、红棕色或白色斑点，斑点较细，一般散布于整个叶片。

空气污染中的固体颗粒物落在植物叶片上时，布满全叶，堵塞气孔，妨碍光合作用、呼吸作用和蒸腾作用，从而危害植物，在一些尘埃污染严重的地方，如道路两侧，经常可见植物叶面布满尘埃。尘埃中的一些有毒物质还可通过溶解渗透进入植物体内，产生毒害作用。

空气污染对植物的危害与污染物的含量和危害时间也密切相关。当有害气体含量很高时，在短期内（几天、几小时甚至几分钟）便会破坏植物叶片组织，叶片产生许多明显的烟斑，甚至整个叶片枯萎脱落，芽枯损，植株长势显著衰弱甚至枯萎，称为急性伤害。植物长期接触有毒气体，叶片逐渐失绿黄化，或产生烟斑、枯梢、烂根等，生长发育不良，称为慢性伤害。一般在植物外表被害症状出现以前，内部生理活动已出现异常，表现出不可见伤害症状。

污染物含量和接触时间的联合作用称为剂量；能引起植物伤害的最低剂量称为临界剂量，或叫伤害阈值。不同污染物危害植物的临界剂量是不同的，同一污染物危害不同种类的植物，由于植物敏感程度的不同，临界剂量也不同。

3.3 城市水环境

城市地区降水主要受所处地理位置影响，同时由于城市下垫面与自然地面存在很大差异，城市地区人口密集，耗水量大，污染严重，城市地区的水环境有其特殊性。

3.3.1 城市水循环和水流

作为"全球水循环"的一部分，城市地区的水循环包含一系列相对独特的水流动过程。某种程度上，我们可以有效地管理整个城市地区水文流入和流出情况。此外，城市用水有一部分来自循环水或者回收利用的雨水。

在水循环中，大气中的水蒸气遇冷冷却后，以降水的形式降落。部分降水被建筑、道路和土壤"截留"，这些水分直接蒸发返回到大气中，部分水通过裂缝渗透进入硬质表面，部分进入绿地和小范围的植物生长土壤，这些渗透水可以被根系吸收，经由植物的汲取再通过蒸腾作用返回到大气中（图3-11）。蒸散发是非生物表面蒸发和植物蒸腾作用的总和，其通常与植被覆盖度的百分比，以及植被的叶表面积相关。

另外，渗透到土壤中的水分通过接近水平的潜流运动移动到溪流、河流或其他水体中，剩余的渗透水进一步向下流入地下水。然而，大多数的水分降落在城市的硬质表面，特别是暴雨时，会迅速以地表径流的形式通过地表，进入管道或沟渠组成的排水系统流走。这部分地表径流的水主要注入水体当中，有时会导致洪水。地面和水体的蒸散发作用将水分通过水蒸气的形式传输，进而返回到大气中，这样就完成了水循环。

此外，我们通常用管道将不断流动的清洁饮用淡水输送到城市的各个地区（图3-11）。除了干旱城市以外，这部分添加的水与降水的输入量相比通常是微小的。接下来，城市居民会将大量管道运来的清洁水转化成废水冲入排水管和厕所，一些清洁的水用于灌溉公园、草坪和其他用途。在许多城市外围，废水经过净化系统或化粪池处理后直接排入土壤，这些水在土壤中变成潜流。还有一部分污水通过污水管道系统迅速输送到污水处理设施进行净化，之后被再次输送到附近的水体。

总体来说，城市水循环基础设施有以下几个特点：①有广泛的、不透水的、坚硬的表面；②有降水排水系统；③有备选目标作为补充的管道输入水（图3-11）。这三个特性加快了水流向当地水体。坚硬的表面覆盖还蒸发了相当多的水分，并限制了植物的蒸散发。此外，硬质表面给地表径流的水和流入土壤的水增加了一系列包括热量在内的污染物。管道水带走了废水污染物和病原体。自然界的水循环没有这些具有城市属性的水循环特征，自然界水循环过程中只有较少的蒸发和地表径流，更多的以渗透、植物蒸散发、潜流和地下水补给为主，完成水循环再利用。

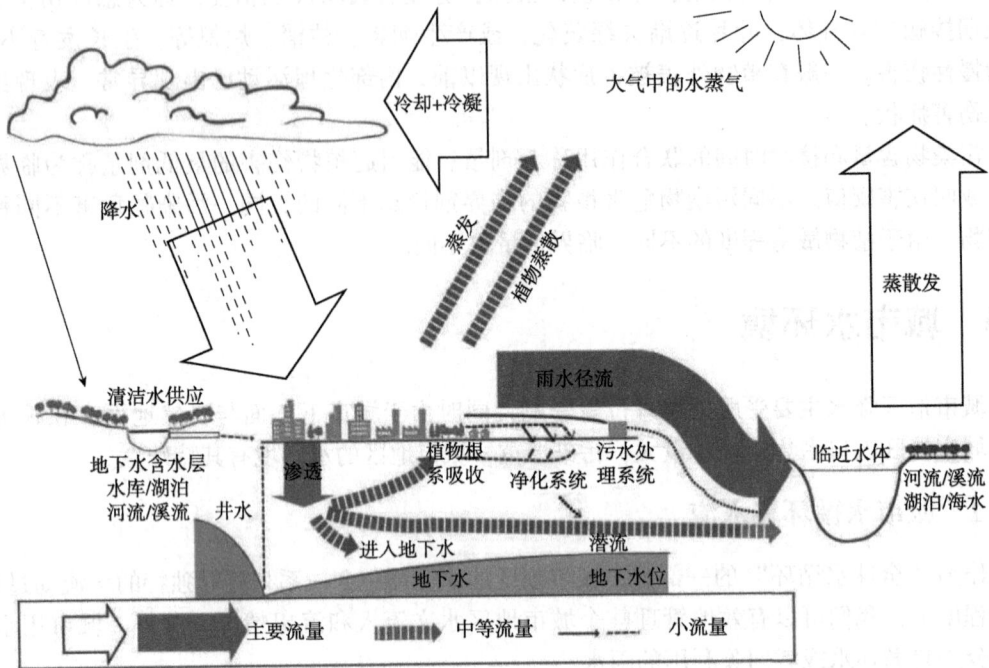

图 3-11 城市水循环（Forman，2014）

注：城市地区的降水总体上导致了主要的和中等的水流量（深色箭头），而洁净的水通过管道进入城市区域产生了较小的水流量。除了气候的影响之外，水流的数量变化还取决于不透水表面覆盖的百分比、人们对地下的改造以及城市基础设施运转的有效性。独特的流动方式创造了不同于自然和农业土地的城市水循环。

城市水循环遭到破坏后，将会造成城市气候的不稳定，诸如因为城市化所形成的高温化、干燥化、日照量减少、云雾量增多、降水量微增、平均风速降低及空气污染等问题，间接使得生态平衡失调，因此降低不透水表面率、透水性地面的运用以及涵养地下水，是恢复城市水循环有效的方法。

3.3.2 城市水环境特征

3.3.2.1 降水量大

城市地区建筑物的增多，大大提高了城市下垫面的粗糙度，特别是一些高层建筑强烈阻碍流过城市的气流，在小区域产生涡流，导致"堆积"现象，而城市热岛效应导致更多的地表水蒸发到空气中，另外城市上空大气污染物的浓度远远高于郊区，堆积的气流在丰富的凝结核作用下易形成降水，因此，受热岛效应、阻滞效应和凝结核效应的影响，城市地区的降水强度和降水频率都高于郊区。

3.3.2.2 径流量增加

郊区地表有良好的透水性和较大的孔隙度，雨水降落到地面，一部分渗入地下，补给地下水；一部分涵养在地下水位以上的土壤孔隙中；一部分填洼和蒸发；其余部分形成地表径流。城市中，由于人类活动的影响，植被受到破坏，土地利用状况发生变化，自然土壤地面少，降水渗入地下的部分减少，蒸散发减少；街道、广场、建筑物铺有不透水表面，排水系统管网化，近 2/3 的雨水流入下水道，形成地表径流。

英国城市区域不同土地利用类型的雨水径流百分比如下：公园和花园是 5%～30%，中低密度住宅是 30%～50%，高密度住宅、公寓和近郊的商务区是 50%～70%，工业区是 50%～90%，城市商务区是 65%～100%，市中心是 70%～95%。

由于绿地径流百分比通常很低，因此不透水表面和植被表面的空间配置对雨水径流很重要。例如，在地势逐渐倾斜并通向河流的市区，不透水区域和绿色廊道相间且平行于河流，那么就会使雨水在绿廊里进行处理。这样就减少地表径流直接进入河水中，而增加了更清洁的潜流进入河水中，或者从不透水表面流走的雨水径流可能会汇集到一个密度合理的、分散的城市地区绿地中（图 3-12）。因此，对于空间格局的研究仍然是雨水研究中的一个重要领域。

图 3-12   从道路和停车场汇集径流的雨水滞洪区
(National Association of City Transportation Officials, 2017)

3.3.2.3   径流污染

（1）雨水径流污染

雨水径流污染，也就是径流带来的过多的物质、化学成分和热量，其源头多种多样。污染物主要来自雨水、干空气沉降（包括风传送的物质）、车辆（泄漏、磨损和排放）、商业废弃物、工业废弃物和建筑工地、人类产生的垃圾、动物粪便、道路除冰、都市农业以及草坪和公园垃圾。雨水流经城市的表面，溶解并携带走各种污染物。如雨水流经混凝土或砖块间的砂浆，稀释并带走了碳酸钙；同样，流经沥青表面的雨水，带走了烃类。

暴雨后，雨水径流的初次冲刷通常是污染物最丰富的时候，这是因为水流快速清洗掉大部分自前一次暴雨后积累在表面的物质，暴雨之间间隔时间越长，初次冲刷的污染物也就越多。暴雨，尤其是初次冲刷，有效地清洁了城市的表面。

为了更好地理解雨水的独特成分，以英国城市一次降水事件数据为例说明（表 3-1）。

表3-1　英国城市一次降水地表径流成分及其含量（Butler & Davies，2011）

污染物	数值（mg/L）	备注
总悬浮物（TSS）	90	
化学需氧量（COD）	85	测定的有机物被强氧化的化学物质分解的需氧量
生物需氧量（BOD）	9	测定的有机物在溶解氧存在时被微生物分解的需氧量
铵态氮	0.56	
总氮（TN）	3.2	
总磷（TP）	0.34	
总锌（Zn）	0.3	
总铅（Pb）	0.14	
总烃	1.9	
多环芳烃（PAHs）	0.01	
大肠杆菌型细菌（大肠杆菌 Escherichia coli）	400~50000MPN/100mL	

本地水体，如溪流、河流、湖泊，是雨水管道或沟渠流水排放主要的接收者。城市不透水层覆盖区域的排水有时被认作是决定这些水体中水生生态系统和鱼类生存条件的主要因素。例如，快速水流和洪水会极大地改变侵蚀或沉积模式以及鱼类种群。接近雨水管道系统末端（排水口）的水体区域通常会被严重污染，同时也会被大量雨水径流改变。

（2）融雪径流污染

融雪径流污染是指降雪融化给城市受纳水体带来的污染。降雪所携带的污染物质一般比降雨更多，一方面是因为雪花下落过程中与污染物质接触的时间较长；另一方面因为积雪在融化过程中又携带了部分地表污染物质，使得融雪径流的潜在污染影响更大。

由于积雪具有疏松多孔的物理特性，其对近地面空气中的悬浮颗粒、有毒化学物质、杂质、重金属等污染物具有较强的吸附作用。污染物在雪中经过冬季较长时间的积累，会在融雪时短期内全部释放出来。研究发现，积雪初始融水中的离子含量远高于原始积雪的离子含量，这种由于积雪融水作用而导致雪层中化学成分发生迁移的现象即离子的"淋溶作用"。积雪淋溶作用不仅能够影响雪层化学成分的原始状况，而且能够影响融雪径流的化学成分，产生所谓的"离子脉冲"现象（侯书贵，2000）。"离子脉冲"指的是季节积雪开始消融的几日时间内，少量（一般少于全部积雪融水当量的10%）的融雪水，在短至数小时，长至数日内，集中将积雪中逾80%的化学物质排出，并可使径流化学成分产生一瞬时高峰。

车丽娜等（2019）对2018年哈尔滨市春季融雪径流中16种多环芳烃类化合物（PAHs）检测数据进行分析，发现城市道路、人行道和绿地融雪径流中PAHs污染处于高生态风险等级，而屋面和冰面的生态风险处于低等级；融雪径流中PAHs主要来自燃烧过程，其中交通排放源最为显著，尤其是汽油车辆尾气排放。Galfi等（2017）对城市雨水和融雪径流中重金属浓度进行对比，结果显示，融雪径流比雨水中的浓度高出2~4倍。

（3）融雪剂的负面影响

融雪剂是指可以降低冰雪融化温度的化学药剂。融雪剂成分主要是醋酸钾和氯盐，并以这两种进行分类。以醋酸钾为主成分的有机融雪剂融雪效果好，基本没有腐蚀损害，但价格高。另一类是以氯盐为主要成分的无机融雪剂，如氯化钠、氯化钙、氯化镁和氯化钾等，通称"化冰盐"，其优点是价格便宜，价格仅相当于有机融雪剂的 1/10，但它对大型公共基础设施的腐蚀很严重。

融雪剂的使用，通过以下途径对环境产生影响：①通过土壤进入地下水或者地表水，使其临时或长期地滞留在土壤中，对土壤和地下水造成污染；②冰雪融化后通过地表径流直接进入周围环境；③暴雨后通过下水道进入排水沟；④被植物吸收，使其临时或长期地停留在植物组织中，对植物造成盐害胁迫；⑤被灰尘颗粒物或者液态水滴所吸附并发生转移。

融雪剂对环境影响的研究主要集中在土壤、水体、植物和动物等方面，其中对土壤、地表水和地下水的研究更为深入，而对植物特别是城市绿化植物生理生化特征的研究较少，对动物的研究也主要集中在少数水生动物。氯盐型融雪剂对环境的污染大，其中的 Cl⁻ 活性高，在水中几乎处于离解状态，腐蚀性强。非氯型融雪剂被认为是比较环保的融雪剂，但醋酸盐易生物降解，会消耗水体中的溶解氧。目前研制的复合型融雪剂对环境的危害相对较小，但是其中微量的添加剂也会造成污染，今后还需要系统研究化学融雪剂对城市生态环境的影响。

氯盐类融雪剂对植物的伤害主要是通过含盐雪水在土壤中积累，引起土壤盐分过高，影响植物生理功能的实现。附近几米范围的植被都会受到融雪剂的影响，氯盐类融雪剂对植物的影响因植物的种类不同而异，但都会造成植物生物量的下降、叶片黄褐化，最终导致植株死亡。融雪剂的大量使用会破坏陆地植被，耐盐植物将逐渐取代不耐盐植物，从而使植物种类组成发生变化，改变植物群落结构。

3.3.3　减少地表径流的途径

为了减少城市地表径流以及带来的水体污染问题，结合国内外在城市雨洪管理等方面取得的理论成果及实践经验，以自然积存、自然渗透、自然净化为目标的"海绵城市"理论得以应用和发展，与城市雨洪调蓄渗技术、城市规划和风景园林设计融合使用。

海绵城市，是指城市能够像海绵一样，在适应环境变化和应对自然灾害等方面具有良好的"弹性"，降水时吸水、蓄水、渗水、净水，需要时能够将蓄存的水"释放"并加以利用，从而提升城市生态系统功能和减少城市洪涝灾害的发生。

"海绵城市"的理论基础主要是最佳管理措施（best management practices，BMPs）、低影响开发（low-impact development，LID）和绿色基础设施（green infrastructure，GI）。20世纪 70 年代，美国提出了"最佳管理措施"，该措施最初主要用于控制城市和农村的面源污染，之后逐渐发展成为控制降水径流水量和水质的生态可持续的综合性措施。在 BMPs的基础上，20 世纪 90 年代末期，由美国东部马里兰州的乔治王子县（Prince George's County）和西北地区的西雅图（Seattle）、波特兰（Portland）共同提出了"低影响开发"的理念。它的初始原理是通过分散的、小规模的源头控制机制和设计技术，可以对暴雨所产生的径流和污染进行控制，从而减少开发行为对场地水文状况的冲击，是一种发展中的、以生态系统为基础的、从径流源头开始的暴雨管理方法。1999 年，美国可持续发展委员会提出"绿色基础设施"理念，即空间上由网络中心、连接廊道和小型场地组成的天然与人工化绿色空间网络系统，通过模仿自然的过程来蓄积、延滞、渗透、蒸腾并重新利用地表径流，从而削减城市灰色基础设施的负荷作用。上述三种理念在雨洪管理领域既存在差异也有部分交叉，均为构建"海绵城市"提供了战略指导和技术支撑。

近20年来，英国、美国、澳大利亚、德国、日本等国家针对城市化过程中所产生的内涝频发、径流污染加剧、水资源流失、水生态环境恶化等突出问题，运用了效仿自然排水方式的城市雨洪可持续发展的管理体系，相应的措施和技术也得到了长足发展和实践应用。例如，英国建立了"可持续城市排水系统"（sustainable urban drainage system，SUDS），以通过科学途径管理降雨径流，实现良性的城市水循环。澳大利亚则以城市水循环为核心，建立了"水敏感性城市设计"（water sensitive urban design，WSUD）体系。同时，新西兰也在 LID 和 WSUD 的理念背景下，整合、发展、建立了"低影响城市设计与开发"（LIUDD）体系。此外，德国、美国、日本等国家对雨水管控方法的探索更早，法律法规也相对完善，实践效果更加显著。相比美国、德国、日本等发达国家的城市雨洪管理系统建设，中国在"海绵城市"的研究及实践方面起步相对较晚。

总体来说，海绵城市的建设主要包括以下三方面内容：①保护原有生态系统；②恢复和修复受破坏的水体及其他自然环境；③运用低影响开发措施建设城市生态环境。海绵城市技术的基础设施不仅重视自然河流、湖泊、林地等，城市绿地也应当受到高度重视。在满足绿地功能的前提下，通过研究适宜绿地的低影响开发控制目标和指标、规模与布局方式、与周边汇水区有效衔接模式、植物及优化管理技术等，可以显著增强城市绿地对雨水的管控能力。

例如，在一个小的住宅流域或者集水区，使用分布在整个流域的小型雨水采集法，可大幅度减少径流。这些采集器是各种各样的，如雨水花园、沼泽、洼地、排水沟、湿地、生物滤池、滞留池等，它们会有效地收集、保持和处理雨水。在低于或者达到平均降水量的时期，这种方法会使得流域的末端很少或没有雨水径流。暴雨造成的径流也会很显著地下降（图3-13、图3-14）。

关于海绵城市构建途径与技术可参看有关文献。

图3-13 街道排水绿色基础设施（National Association of City Transportation Officials，2017）

图3-14 滞洪池（闫淑君摄）

3.4　城市土壤

3.4.1　城市土壤的组成

在城市中的大部分区域，土壤大多被硬化地表所覆盖，因此剩余的土壤对于众多的生命就显得尤为重要。大多数对城市生态极为重要的物种，包括树木、灌丛、花草、野生动物、土壤动物、微生物和城市居民，都依赖于这些残存的空间。

城市土壤就是城、镇岩石层上面松散的物质，主要由矿物质下层和混合着有机质以及物种的生物上层组成。在上层也有矿物质，在下层也有生物，但大多数的生命活动主要存在于上层土壤中。表层土一般指生物层（由 A 层与 B 层组成，或只有 A 层）。下层土则主要以矿物质为主。在城市里，人类丢弃的沙质填土在建筑工地到处可见，一般不含表层土，只有下层土。用于填埋的地表物质和下层土可以通过加入有机质如枯枝落叶使其变成具有生物活性的土壤。

人为活动和自然过程产生了城市土壤，城市化的过程创造了丰富的土壤类型，不同的土壤类型又提供了一系列重要的功能。

3.4.2　城市土壤的功能

城市土壤是城市生态系统的重要组成部分，具有多种功能。主要包括以下几个方面：①农业和林业生产的基地；②容纳、过滤、缓冲和转化能力；③生物基因库和繁殖场所；④原材料来源；⑤为基础设施建设提供地表支撑。

城市土壤功能是伴随着城市化进程而展开的。城市化进程中，人为活动使土地覆盖、土地利用方式、地表特征发生变化，同时固体、液体、气体污染物增加；在土壤功能多样化演变的同时，其中一部分功能出现消失现象，甚至土壤功能出现极限化。在土壤质量方面，由于以上两个原因的影响，也发生了一定程度的退化。所有这些都可归结为土壤的生态环境效应，如绿地生长效应、水体环境效应和大气环境效应。

城市土壤具有以下生态功能：

①气候调节　城市土壤的气候调节功能主要体现在对热量的调节。首先，城市土壤是城市植物生活的介质和场所，城市土壤和植被共同调节小气候；其次，由于城市土壤孔隙度小，其具有更大的热容量和导热率，但与建筑材料相比，热容量和导热率相对较小，其吸收的热量比建筑材料小，所以在夜间以长波辐射形式辐射的热量较少，对于减少城市热岛效应具有重要作用。

②水分调节　土壤水分调节功能是指土壤对水分的入渗、截留和储存三个方面。通过入渗、截留和储存过程，土壤可以减少雨水形成的地表径流，对城市的洪涝灾害有一定的调节作用。

③污染物净化　大部分有机和无机污染物最后都将进入城市土壤系统，"土壤—植物"系统对土壤污染的净化作用主要通过土壤的吸附、降解和根系的吸收，主要途径有三种：首先，植物根系的吸收、转化、降解和合成作用；其次，土壤中的真菌、细菌和放线菌等生物区系的降解、转化和生物固定作用；最后，土壤中动物区系的代谢作用。

3.4.3 城市土壤的独特属性

(1) 水平格局

城市土壤与自然和农业土壤相比，拥有更小尺度的空间镶嵌结构。不管是裸露的土壤还是被建筑和道路覆盖的硬化地表，通常都有一系列不同的土壤类型，每种类型都形成一个小的斑块或条带。斑块类型表现出破碎化而土壤镶嵌体则高度异质化（图 3-15）。土壤类型的边界通常是明显的和直接的，可以反映占主导地位的城市几何结构。

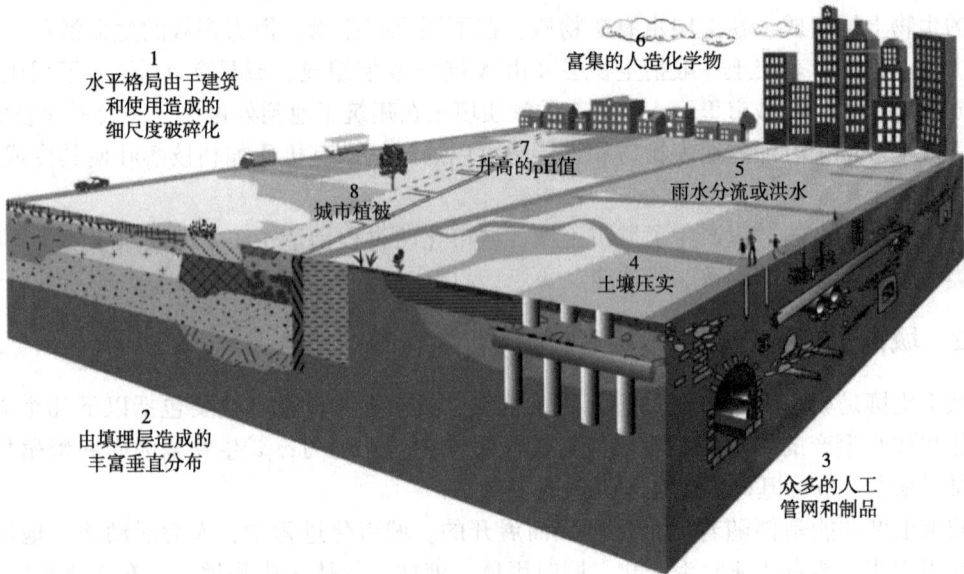

图 3-15 城市土壤的独特属性（Forman，2014）

(2) 垂直分布

土壤剖面或垂直分层在城区比在非城区变化更多，有生物活动的表土一般很薄。少量的树意味着少量的深根，在广泛分布的填埋土中很少有生物土壤形成。化学污染物能够抑制土壤动物的活动，从而阻碍土壤孔隙的形成。一般在表土下是多层的填埋物，城市越古老，填埋物的垂直分层就越多。这些填埋层主要以砂土为主，但也会包含以前的表土。土壤中物质分层的边界往往十分明显。经过各个土层向下渗透。

(3) 人工管网和制品

地下形成的复杂人工构筑物促进了水在土壤中的三维移动。回填的地基、石柱、墙、地板、横梁以及排水装置经常会彼此重叠。以前的管道中现在也许充满空气或土壤，有的管道会携带饮用水、人类污水、雨水、油、蒸汽或热水。许多渠道漏水，导致水的泄漏或渗透，水经常沿着管道的外壁流动。而地下的铁轨、高速路、走道和商店上面可能有浅层的土壤。城市土壤中，砖块、混凝土块和沥青瓦砾随处可见，玻璃、金属、塑料、木头和其他物品也很常见。填埋结构是由水、气、化学物以及土壤生物和植物根系组成的小尺度三维镶嵌体。

（4）压实土

行走、体育比赛和其他人类活动会不断挤压土壤颗粒，降低土壤孔隙度，压实土壤结构。其中粉质、黏质和有机土以及颗粒的混合体，对挤压最为敏感。压实会导致透水性、通气性减弱，有机质减少和土壤动物群落退化。

（5）雨水的渗透

在建成区，暴雨流过硬化地表进入排水系统和地下管道，导致城市土壤对水的渗透性大大降低。降雨和融化的雪水很容易渗入砂质土，但在黏土和有机土中则渗透缓慢。这些渗透水可向下流动至地下水或地表水体，而地表水和地下水通常会从一处土壤流到相邻的土壤中。

（6）富集的人造化学物质

大气气溶胶以及来自发电厂、工厂、交通和其他来源的废气会产生大量的污染物，主要包括氮氧化物、硫化物和碳氢化合物等，这些污染物通过降雨和沉降溶入城市土壤，从而改变城市土壤的组成。浅层土壤包含高浓度的人造化学物质，其中许多化学物质是有害的；土壤表面可能会形成一种疏水的表面物质，这种物质由积聚的碳氢化合物组成，可减少水的渗透。另外，来自周围建筑的热量提升了土壤温度，使土壤变干。

（7）升高的 pH 值

流经建筑、道路、人行道、混凝土表面的水，会淋溶出碳酸钙成分。进入土壤的 Ca^{2+} 提升了土壤的 pH 值（降低了氢离子浓度或酸度）。土壤颗粒上的 H^+ 被 Ca^{2+} 置换后使得土壤碱性增强。升高的 pH 值改变了养分循环和土壤中生物的数量与活性。

（8）有机质含量低

大多数城市土壤表层一般覆盖 1~2 层植被。在有限的遮阴下，热量造成土壤有机质的快速分解，而有限的根系则限制了土壤生物的深度发展。此外，落叶和枯枝一般被收集运走，也大大降低了土壤中有机质的输入。

3.4.4　城市土壤对园林植物生长的影响

（1）土壤容重对园林植物生长的影响

土壤容重的大小与土壤透气性、排水和持水能力密切相关。土壤容重大，土壤颗粒排列紧实，土壤结构差，通气孔隙减少，导致土壤透气性降低，减少了气体交换，树木生长不良，甚至使根部部分组织窒息死亡。另外，由于种植池内土壤经过挖掘回填，造成了池内土壤较松软，池外土壤很紧实，导致树木根系不容易穿透池外密实土层，致使树木根系环绕种植池壁生长而形成畸形分布（图 3-16），根系吸收养分的面积和能力下降，长期下去树木生长状况将会更加不良。同时，随着土壤不断被践踏、辗压等机械作用，土壤越来越紧实，机械阻抗加大，妨碍树木根系正常延伸，使根系数量及分布范围都在减少和缩小。同时也减少了根系有效吸收面积，降低树木稳定性，使其易受大风或其他城市机械因子的伤害（图 3-17）。

（2）土壤养分对园林植物生长的影响

由于考虑到城市卫生和环境的美化，城区内各条街道上树木的落叶、残枝都作为垃圾

图 3-16　行道树种植池内环状根系（闫淑君摄）

图 3-17　被台风吹倒的广玉兰根系（闫淑君摄）

被清除运走，这些有机物就无法再回到城市土壤中，造成城市土壤营养循环中断，土壤有机质含量降低。而土壤中 90% 以上的氮素是以有机物的形式存在，有机质是土壤氮素的主要来源，有机质的减少又直接导致氮素的减少。另外，城市土壤的理化性质差以及土壤微生物的活动减弱，会影响土壤矿质化过程，有机态氮的水解作用、氨化作用、硝化作用也会受到较大影响，导致产生的速效氮少，土壤供氮不足。在城市建设中，城市土壤混入了较多的水泥、石灰等含钙碱性物质，其土壤中的有效磷易与含钙物发生化学反应，生成难溶性的磷酸钙，有限的有效磷被固定，造成城市土壤有效磷含量低，不能满足树木正常吸收利用。由于城市土壤养分贫乏，对树木的有效供给大幅度减少，导致树木生物合成量低，生长慢，其寿命也相应缩短。

（3）土壤水分对园林植物生长的影响

水分是园林植物的重要组成部分，通常体内含水为 60%～80%。园林植物所需要的水分，主要是依靠根系吸收土壤水，而土壤水主要来自大气降水和人工补水。通常情况下，植物所需要的土壤水分，大多贮存在土壤毛细管孔隙里，随毛管力作用，水在毛细管内自由运动，其运动规律表现为从土壤水势大的位置向土壤水势小的位置运动。土壤含水量多少，与城市土壤渣砾含量、土壤容重状况、地面铺装和地下水位高低等息息相关。城市土壤容重大，加上路面和铺装的封闭，自然降水大部分排入下水道，很难渗透土壤中，最终导致自然降水量无法充分供给园林植物，无法满足其生长需要。部分街道各种地下建筑设施的修建，阻断了地下水通过毛细管上升到根区范围，从而使植物根系无法接近和吸收地下水。所以，土壤含水量低、供水不足，植物水分平衡易处于负值，如果不经常人工补水，易造成树木生长不良，早期落叶，甚至死亡。

（4）土壤空气对园林植物生长的影响

城市土壤与大气之间通过气体的扩散作用和整体流动进行交换，大气中的 O_2 进入土壤，土壤中的 CO_2 和还原性气体进入大气。城市土壤由于路面和铺装的封闭，阻碍了气体交换，致使交换速率变慢。另外，土壤紧实，作为贮存空气的非毛管孔隙少，土壤氧气绝对含量低。由于土壤氧气供应不足，植物根系生理活动受限，根呼吸作用减弱，对根系生长产生不良影响。通常，土壤通气孔隙度小于 15% 时根系生长受阻，当土壤通气孔隙度低于 9% 时，根系严重缺氧，进行无氧呼吸而产生有害物质，易引起根中毒。同时，由于土壤氧气不足，土壤中大量的好氧性微生物活动受到抑制，微生物活动减弱，影响土壤矿质化作用的进行，使土壤有效养分供给减少，而影响园林植物的生长。

（5）土壤温度对园林植物生长的影响

土壤温度主要来自太阳辐射热量。土壤温度的高低，会随气候日变化和年变化而波动。在夏季，铺装的道路在阳光直射下吸收热多，而散热差，地表温度高，易使表层根系日灼，失去活力。表层温度过高，生活在表层的土壤微生物的活性会受到很大影响，酶的活性也会大幅降低，甚至失活。另外，在城市环境里，由于建筑物的朝向不同，引起的土温差异对植物生长也会产生较大影响。

（6）土壤夹杂物对园林植物生长的影响

城市建设中，各类夹杂物如砖渣、煤灰渣、砾渣、塑料、纸张等不断进入土壤。城市土壤所含夹杂物中，部分含有少量的养分，如煤灰渣含有少量的磷、钾、镁等养分，但有效性较低。大多数夹杂物基本没有营养作用，随着夹杂物含量增加，土壤有效养分供给并没有增加。含石灰的夹杂物，可使土壤难溶性钙、镁、盐类的总量增加，但有效性不高，还会导致土壤 pH 值增高，从而使土壤中多种易溶性养分发生化学反应变成难溶性养分，造成树木无法吸收利用，并改变了土壤微生物的环境条件，抑制了土壤微生物活动及对养分的分解转化。大量夹杂物的存在，使土壤黏粒含量相对减少，土壤阳离子代换量变低，造成土壤保肥性差。

（7）土壤内构筑物对园林植物生长的影响

城市园林植物生长在人工环境中，受到城市构筑物的影响，根系向下生长和水平扩展的生存空间受到限制，从而改变了根系分布状况及数量，使得植物正常生长所需要营养面积减少。管道铺设少的街道，上部疏松的土层，有利于根系沿缝隙穿透；但在管道密集铺设的情况下，就会限制根系的垂直分布，并使毛细管上升水被切断。地下通道、地下停车场等构筑物，使园林植物生长在建筑物上，形成上下阻隔，尤其会对深根类树木根系生长有较大影响。

（8）土壤污染对园林植物生长的影响

当污染物污染土壤时，土壤有自净功能，但当污染超过土壤的环境容量时，对土壤中的植物和其他生物会产生较大的影响。城市土壤受到污染时，盐分渗透到植物根区，容易引起植物受害，主要是盐分阻碍水分从土壤中向根系渗透和破坏原生质吸附离子的能力，引起原生质脱水，造成不可逆转的伤害。如果是氯化钠的积累，还会削弱氨基酸和碳水化合物的代谢作用，阻碍根部对钙、镁、磷等基本养分的吸收，并且容易造成土壤胶体凝聚能力下降，土壤结构被破坏，土壤板结，通气和供水状况进一步恶化。由于城市土壤土层紧实，土壤通透性差，水分下渗困难，在自然降水或人工灌溉情况下，不容易将盐分淋溶到根系分布范围以下，对园林植物生长造成一定的威胁。

3.4.5 减少城市土壤对园林植物生长不良影响的措施

3.4.5.1 增加植物根系生长空间

对于城市街道行道树的种植可以采用种植带种植方式（图3-18），不仅可以增加地表径流的下渗，补给土壤水分，也可以增加植物根系的生长空间，更加有利于植物根系的生长；另外，在种植带内地被层的种植，不仅可以改善土壤理化性质，也增加了土壤微生物和动物的数量，从而改善木本植物生长的条件。

图3-18 行道树种植带种植方式（黄子宏摄）

3.4.5.2 增加土壤养分

（1）选择固氮植物

选择园林植物，应考虑选择部分具有根瘤的植物，通过根瘤菌的固氮作用，以改善土壤的供氮不足。可将固氮植物与其他植物进行合理配置，从而增加土壤含氮量。

固氮植物主要有三类：一是与根瘤菌共生的植物，包括刺槐属、合欢属、紫穗槐属、锦鸡儿属、金合欢属、胡枝子属、大豆属、豌豆属、菜豆属、苜蓿属等植物；二是与弗兰克氏菌共生的植物，包括杨梅属、沙棘属、胡颓子属、赤杨属、马桑属、木麻黄属等植物；三是与蓝藻类共生的植物，包括苏铁属等少数古老物种。

（2）施有机肥

将绿化废弃物（如修剪的枝叶、凋落叶、落花、落果等）进行粉碎经堆肥发酵形成有机肥，然后将有机肥根据种植需求施到绿地或种植池中［图3-19（a）（b）］。或将园林植物的凋落叶收集起来，堆放在种植池内［图3-19（c）（d）］，使凋落叶自然分解，一方面起到保

图 3-19　改良土壤养分的措施（闫淑君摄）

水的作用，另一方面使凋落叶的养分归还到种植池内，从而增加根系土壤的养分；还可以增加土壤的通气性。

3.4.5.3　改善土壤通气

为减少土壤紧实对城市园林植物生长的不良影响，对含粗渣砾很少的紧实土壤可混入少量粗砂或煤渣，最好是向紧实土壤中掺入碎树枝和腐叶等粗有机物，不仅可以直接改善通气状况，同时，也可以增加土壤有机质的含量。对已种树木地段的紧实土壤，逐年分期改良。在各项建设过程中，应尽量避免对绿化地段的机械辗压，对根系分布范围内的地面应减少践踏。还可以在建设的同时，不论土壤紧实与否，均往土壤里掺入大量的粗有机物，以改善土壤的理化性质，提高土壤肥力，有利于园林植物的正常生长。在新建街道绿地人行道铺装中，尽量采用透气铺装，保证城市土壤能与大气气体的正常交换。

3.4.5.4　铺设有机覆盖物

有机覆盖物是将绿化中的废弃物或林业生产过程中的剩余物进行粉碎、加工，再覆盖于城市绿地之上的有机物。有机覆盖物不仅消除了城市园林废弃物处理压力，为农业生产与城市绿地提供高效肥料，而且具有生态、美观、环保、经济等诸多优点，在园林绿化生态系统中实现了资源的循环再利用。

有机覆盖物的生产材料来源广泛，大部分植物都可以作为其原材料；有机覆盖物的原材料首先是生态的，可再生资源。常用的园林绿化有机覆盖物是利用废弃的植物材料，如树皮、落叶、松球、椰糠等，经过一系列的加工处理而成。其中，树皮是有机覆盖物的最早来源之一，具有良好的抗腐烂特征，也是目前应用普遍的有机覆盖物（图 3-20）。

城市绿地铺设有机覆盖物有以下功能作用。

①降尘防霾　有机覆盖物在裸地上有效隔绝了尘源，避免了冬季绿化边角地中泥土裸露形成的扬尘，同时也防止雨水对土壤冲刷造成的土壤流失，避免泥浆对城市环境造成的

二次污染。在有效的覆盖下抑制了冬季的扬尘，缓解雾霾的形成。

②改善土壤理化性质　有机覆盖物可以降低土壤pH值、调节土壤温度（冬季保温、夏季降温）、提高土壤含水量、降低土壤容重、提高渗透率等。有机覆盖物以植物作为其原材料，被土壤微生物分解后形成的N、P、K等植物体的营养元素渗透到土壤中，为植物生长提供丰富的营养元素。不仅改善了土壤环境，增加土壤微生物群落数量，提高微生物活性，而且能起到通过降低土壤盐分改良盐碱地的作用。

③美化景观　有机覆盖物在生产过程中可以结合产品需求而制作成不同颜色［图3-20（c）~（e）］、不同质感的覆盖材料，在增进城市美化中发挥了重要作用。通过有机覆盖物的有效覆盖与园林植物景观自然搭配，在丰富冬季绿地景观的同时满足了绿地的生态效益。

（a）　　　　　　　　　　　　　　　　（b）

（c）　　　　　　（d）　　　　　　（e）

图 3-20　有机覆盖物的应用（闫淑君摄）

思考题

1. 对于城市热岛效应这一现象，可采取哪些技术手段和措施来缓解？
2. 讨论城市热岛效应与全球气候变暖二者的相关性。
3. 全球气候变暖的影响因素有哪些？
4. 城市降水的生态功能有哪些？
5. 城市中，如何充分利用雨水？
6. 根据城市土壤特征，如何改善城市行道树的生长环境？
7. 结合城市环境特征，分析城市植物生长特征。

推荐阅读书目

海绵城市景观设计手册.2021.GVL怡境设计集团，闾邱杰.中国建筑工业出版社.

海绵城市设计：理念、技术、案例.2015.伍业钢.江苏凤凰科学技术出版社.

城市环境史.2016.伊恩·道格拉斯著，孙民乐译.江苏教育出版社.

Urban Microclimate: Designing the Spaces Between Buildings. 2011. Erell E, Pearlmutter D, Williamson T. Earthscan.

Heat Islands: Understanding and Mitigating Heat in Urban Areas. 2008. Gartland L. Earthscan.

Understanding Urban Ecology: An Interdisciplinary Systems Approach. 2019. Hall MHP, Balogh SB. Springer Nature Switzerland AG.

Environmental Problems in an Urbanizing World. 2004. Hardoy JE, Mitlin D, Satterthwaite D. Earthscan.

Ecological Restoration and Management of Longleaf Pine Forests. 2017. Kirkman LK, Jack SB. CRC Press.

Landscape Planning: Environmental Applications. 5th edition. 2010. Marsh WM. John Wiley.

Urban Ecology: An International Perspective on the Interaction Between Humans and Nature. 2008. Marzluff JM, Shulenberger E, Endlicher W. Springer Science+Business Media, LLC.

Urban Street Stormwater Guide. 2017. National Association of City Transportation Officials. Island Press.

Urban Ecology: Patterns, Processes, and Applications. 2011. Niemelä J. Oxford University Press.

4
城市生物多样性与生物同质化

生物多样性为城市生态系统提供了一系列生态服务和生态功能，如保护城市自然生态及本地物种、降低城市热岛效应、减少能量的损耗、净化城市空气、美化城市环境等；此外，城市生物多样性不仅满足了城市居民的文化娱乐需求，而且对提高城市居民的环境保护意识有着重要的社会价值，对城市环境的改善和城市的可持续发展具有重要的作用和意义。然而，城市的扩张也深刻地改变了生物多样性分布格局和作用。诸多研究表明，城市化是生物多样性降低、外来种入侵和本地种灭绝的重要原因，城市物种组成的同质性也使城市生物多样性面临着重要的挑战。

4.1 城市生物多样性概述

4.1.1 生物多样性概念及研究热点

4.1.1.1 生物多样性概念

生物多样性（biodiversity or biological diversity）是指生命有机体及其赖以生存的生态综合体的多样化（variety）和变异性（variability）。按此定义，生物多样性是指生命形式的多样化（从类病毒、病毒、细菌、真菌到动物界与植物界），各种生命形式之间及其与环境之间的多种相互作用以及各种生物群落、生态系统及其生境与生态过程的复杂性。一般来讲，生物多样性可以从四个层次上进行描述和研究，即遗传多样性、物种多样性、生态系统多样性与景观多样性。

4.1.1.2 生物多样性科学的热点

由于不断加剧的人类活动的影响，生物多样性正以前所未有的速度丧失。这已引起国际社会、各国政府和科学界的广泛关注。为了采取有效的行动保护受到严重威胁的生物多样性，国内外开展了大量的研究。相关的学科，如保护生物学（conservation biology）、保护生态学（conservation ecology）和生物多样性科学（biodiversity science）应运而生。

国际生物多样性计划在 1995 年发布的新方案中明确提出生物多样性科学，并确定了 9 个关键科学问题/重要研究方向：①生物多样性的起源、维持和丧失；②生物多样性的分类和编目及其信息化；③生物多样性的生态系统功能；④生物多样性评价与监测；⑤生物多样性保护、恢复和持续利用；⑥土壤和沉积物的生物多样性；⑦微生物多样性；⑧海洋生物多样性；⑨生物多样性的人文因素。

马克平（2016）通过文献分析，总结出生物多样性研究的热点：

①生物多样性丧失与保护，特别关注受威胁程度评估与物种红色名录和生态系统红色名录、物种灭绝速率、保护空缺分析、现状与保护进展评估指标等。

②大尺度格局及其形成机制，包括物种分布模型及其应用等。

③群落维持机制，特别关注群落构建和物种共存机制、群落谱系学、功能性状/属性的作用（功能生态学）等。

④生物多样性的生态系统功能，无论是试验和野外观察都取得了显著的进展，近年来特别重视生物多样性与生态系统多功能性的关系。

⑤生态系统服务及其价值化，代表性的项目如千年生态系统评估（millennium ecosystem assessment，MA）、生物多样性与生态系统经济学、生物多样性和生态系统服务政府间科学与政策平台等。

⑥外来种入侵和生物安全，特别关注外来种入侵的生物学/生态学效应和转基因生物释放的影响评估等。

⑦生物多样性与气候变化，重点关注生物多样性适应和减缓气候变化两个方面。

⑧生物多样性信息学，包括生物多样性编目等，代表性项目如全球生物多样性信息网络（Global Biodiversity Information Facility，GBIF）、全球生物物种名录（Catalogue of life，CoL）、全球植物名录（The plant List，TPL）、网络生命大百科（Encyclopedia of life，EOL）和生物多样性历史文献图书馆（Biodiversity Heritage Library，BHL）等。

⑨海洋生物多样性、内陆水体生物多样性、土壤生物多样性、林冠生物多样性和微生物多样性等。

⑩生物多样性变化与监测，包括样地、样带等传统方法的监测，更注重现代先进技术，如卫星跟踪技术、激光遥感和高光谱等近地面遥感技术及高通量测序等分子生物学技术等的应用。代表性项目包括全球生物多样性监测网络（GEOBON）、全球森林生物多样性监测网络（Forest GEO）、中国生物多样性监测与研究网络（Sino BON）和中国森林生物多样性监测网络（Chinese Forest Biodiversity Monitoring Network，CForBio）等。

4.1.2　城市生物多样性研究的热点问题

4.1.2.1　城市生物多样性分布格局

城市生物多样性研究中，由于研究对象、研究目标以及研究的区域不同，对城市化生物多样性格局的论证存在一定的差异。尽管如此，大量研究表明，城市化显著增加了生物多样性，且植物多样性的增加幅度远大于其他城市生物，主要原因如下。

（1）生物生态幅的差异

城市景观破碎化造成了一系列面积迥异的植被斑块，各种植被斑块相互交错并形成异质性和多样化的景观，为城市生物提供了多样化的生境。植物的生态幅范围较窄，在多样化的生境中适应并保持了较高的物种多样性；动物的生态活动范围及其所需求的生境远远大于植物，破碎化的景观不但使其失去原有的生境，而且直接阻隔了城市动物的活动，从而降低了动物的繁殖概率。Michael综合105篇城市生物多样性的研究发现，65%的研究证实了植物多样性增加，20%的研究证明无脊椎动物多样性增加，仅12%的研究证明脊椎动物多样性的增加。尽管如此，与城市植物多样性的研究相比，当前对城市动物多样性的研究较少，且主要集中在一些鸟类和脊椎动物，而对无脊椎动物的研究涉及较少，所以城市动物群落的多样性还有待进一步研究和认证（毛齐正等，2013）。

（2）城市化程度

部分学者认为，城市生物多样性与城市化发展强度密切相关。研究发现，中度发展城市的生物多样性最高，城市化强度较高的城市生物多样性较低；在同一城市的不同城市发展阶段，以城市发展强度居中的区域生物多样性达到最高，尤其在城市土地利用转变较为剧烈的近郊区或远郊区，其生物多样性不仅高于城市中心区域，而且显著大于当地的自然生态系统。城市生物多样性这一分布格局的特点与传统生态学的中度干扰理论相吻合。

在未来的城市生物多样性研究中，必须明确研究的区域、研究的尺度以及研究的对象，才能对城市生物多样性格局有着科学的认识，以便更好预测未来城市生物多样性格局。

4.1.2.2 城市外来物种／本地物种

城市外来物种增加和本地种消失是城市生物多样性分布格局变化的典型特点。外来物种主要分布在城区，而本地种主要分布在乡村。城市外来物种的主要来源有：花园和公园的引种、城市土壤的富营养化和破碎化的生境所带来的杂草物种沿城市道路的扩散、国际贸易来往中生物的无意识引入。城市化显著降低了本地物种的多样性，即使在城区中有本地物种出现，也大多被管理者清除。

城市化深刻改变了外来种、本地种的分布格局及其相互作用机制。探索城市外来种的内在入侵机制不仅可以有效管理城市生物多样性，降低外来入侵物种带来的潜在风险，而且可以更好保护本地物种，维持城市较高生物多样性，以便更好地为城市居民提供多样化的生态服务。

4.1.2.3 城市生物多样性的物种同质化

城市生物类群的同质化特征也是城市生物多样性研究的热点问题。城市化过程增加了城市植物多样性，但多样性的增加并没有导致植物类群多样性的增加，城市中出现的大多是类似的植物群落，具有相似的系统分类、类似的生活型以及生存策略，城市植物群落组成的同质性特征远比郊区高。

不同的生态系统以及不同区域物种同质化特性对城市化的响应程度均存在一定的差异性，城市物种同质性并不一定随着城市化强度的增加而增强。所以，城市生物同质性特征受城市化的影响并不存在一个固定的过程和模式，而是由自然和人为多重因素综合作用的结果。但是，城市植物多样性下降有可能降低植物应对环境变化的能力，并影响其生态功能的发挥。因此，在保护城市生物多样性的过程中，不仅要保持较高的物种丰富度，也要保护不同类群、不同来源的物种，维护生物多样性的可持续性以应对未来环境变化的能力。此外，外来物种的引进是导致城市生物同质化的主要原因。因此，保护本地物种多样性及其生境也是降低物种同质化进程的重要手段。

4.1.3 影响城市生物多样性的主要因素

城市生态系统是复杂的综合体，是由各种景观要素有序或无序组成的镶嵌体。影响城市生物多样性分布格局的因素很多，包括生物因素和非生物因素，也可称为内在因素和外在因素。生物因素主要包括生物之间的相互竞争，如本地种与外来种之间的竞争，动物捕食者与被捕食者的关系等；非生物因素主要包括气候、海拔、地形、气候、土壤特征、大气污染等。城市景观格局也是影响城市生物多样性的关键因子，城市景观破碎化对城市生物多样性产生了重要的影响。此外，区别于自然生态系统，城市生物多样性与人类社会经济活动密切相关，在城市的发展过程中，人类的决策和行为极大地改变了城市生物多样性。影响城市生物多样性的主要因素如下。

4.1.3.1 土地利用

土地利用转变是生物多样性格局改变的重要推动因子。城市化过程即土地利用类型转变的过程，从城郊区到城市中心，不同土地利用类型的生物多样性呈现出显著的差异。一般认为，城市植物多样性大于紧邻的自然用地，而动物多样性尤其是鸟类多样性在城市区域中显著降低；本地种主要分布在自然度较高的城市绿地，而外来种主要分布在人为活动较频繁的城市区域；土地利用类型较为复杂的城郊区其生物多样性可能高于城区和远郊区。可见，城市生物多样性与城市化发展紧密相关，而土地利用转变是决定多样性格局的重要推动力。

城市内部不同土地利用类型的生物多样性也存在着显著的差异。如城市行道树生物多样性最低，而城市草坪、居住区花园、大面积的城市隔离带等管理强度较低的植被类型生物多样性较高，面积较小的城市荒地以及屋顶植被绿化的多样性也较低；同时城市周围大面积的植被绿化带的灌木内本地种多样性远大于城区的商业用地和工业区植被，相反，外来种在商业区和工业区所占的比重最高；城市内部土地利用类型对生物多样性的影响可能与人为管理强度和各种小环境因子密切相关，在较小的尺度范围内，各种土地利用类型对生物多样性的影响并没有一定的规律，但在较大的空间尺度下，土地利用转变对城市生物多样性的分布格局却有着决定性的作用。

4.1.3.2 景观格局

城市是各种景观要素的镶嵌体，因其独特的环境复杂性，通常被称为"城市综合体"。高度的景观破碎化和景观异质性是城市景观格局的主要特点。与自然生境不同，城市生物栖息地大多是由各种不同面积大小、相互隔离的绿地斑块所组成，破碎化和异质性的绿地景观对城市生物多样性格局产生了重要影响。

（1）景观破碎化

城市景观的破碎化使面积较大的城市森林退化成较小面积的斑块，而较小面积的森林逐渐消失，直接或间接造成了物种多样性的降低。诸多研究表明，城市植被斑块面积对维持物种多样性具有重要的生态学意义。

城市鸟类多样性格局符合经典生态学的种—面积关系理论，鸟类多样性与绿地面积呈正相关，且面积较大的绿地斑块的破碎化对多样性降低的影响更大；城市内部森林斑块、残存荒地、公园等生境的面积均与城市鸟类和植物多样性呈显著的正相关关系。城市化导致的景观破碎化增加了森林斑块的边缘面积，增加了外来物种入侵的概率，直接影响了物种多样性的分布。城市植物资源生境的不连续性，也直接影响一些城市动物的行为，如城市植被覆盖度直接影响生物的扩散，城市大面积的植被绿化带和道路廊道效应对保护城市鸟类和其他生物多样性有着重要的作用。城市绿地斑块的破碎化不仅直接降低了植物多样性，也可能会间接改变某些植物遗传后代的选择。但是，也有研究者指出，由于城市生态系统的复杂性，城市生物多样性与植被斑块面积并没有直接的关系，而是更多地取决于异质性较高的微环境。

（2）景观异质性

景观异质性是城市景观破碎化的直接作用的结果。一些研究者认为，城市景观的异质性所产生的生境的异质性、多样化反而会维持更多的生物多样性。随着城市化密度的增加，日益增强的城市绿地的异质性会对生物多样性带来诸多影响。

城市景观格局对生物多样性产生了双重的影响。一方面，城市景观破碎化确实使大面积的生境逐渐丧失，不仅直接降低了物种多样性，而且增加了外来物种入侵的概率；另一方面，城市景观的异质性营造了多样化的生境，有利于各种来源的生物生存和定居，多样化的生境支持了较高的物种多样性。所以，在保护城市生物多样性的过程中，保护较大面积生境的同时，也应关注一些具有特殊的生境以保护其特有种的生存和繁衍。

4.1.3.3 气候变化

全球气候变暖是当前和未来气候变化的主要现状和重要趋势。诸多研究表明，气候变化是影响生物多样性格局的重要因素。首先，全球气候变暖导致了物种的灭绝及数量的降低。随着温度的逐渐升高，物种的生态位逐渐从低海拔转向高海拔，一些特有种逐渐消失；温度的升高导致一些病原菌的繁衍也是物种灭绝的重要原因。此外，全球气候变暖也是外来物种入侵的重要原因。同时，城市化过程也是全球气候变化的重要驱动力，并进一步影响城市生物多样性。

城市温湿度、风速的改变也促使生物多样性发生相应地转变。城市日益升高的温度使一些不适宜低温的植物迁移到城市区域，打破了原有的地理隔离，扩大了潜在的生态位和生态幅，并可能在新的环境下逐渐占领主导地位，在一定程度上增加了外来物种入侵的概率。城市中喜温植物占据着更高的比例，很多来源于较温暖地区的外来植物在城市环境中生长得更好。在全球变暖的环境下，一些外来种更倾向选择温度较高的城市化生境；同时一些喜湿、耐酸的植物可能正在逐渐走向灭绝。

城市气候的转变也影响了植物的物候，植物花期、发芽期提前，休眠期、落叶期推后，整个生长期延长。此外，城市中密集的建筑群体降低了风速，使一些种子较轻或依靠种子传播的风媒植物存在潜在的灭绝风险。如城市偏向选择依靠重力传播且个体较大的种子植物而不是个体较小依靠空气或风力传播的种子植物，而依靠土壤作为种子库的植物类型也容易逐渐走向灭绝。此类的研究还尚少，还需开展更广泛的研究得到进一步的考证。

4.1.3.4 局地环境

城市化过程剧烈改变了城市生态系统的生物地球化学循环，并带来了大气污染、土壤富营养化、土壤污染、水污染等一系列的环境问题，这些问题在多重尺度上影响并改变城市生物多样性。

大气沉降和人为输入使城市土壤比自然土壤具有更高的营养物质，尤其是土壤有机质和氮含量在城市土壤显著增高。但是，较高的土壤养分含量在一定程度上增加了外来物种入侵的概率，尤其是大气氮沉降使城市土壤含有丰富的氮，促进了喜氮植物在城市的定居，尤其是一些外来种的入侵；一部分适宜较低氮环境的物种逐渐消失或者转向中度含量的氮环境或低氮环境，间接影响了城市本地种和外来种的分布格局。

在小尺度上，城市建筑类型、道路结构等小环境因素也会影响城市生物多样性的分布。有研究表明，外来物种丰富度与道路的管理强度、结构特征、道路宽度以及距城市中心的距离有一定的相关性；城市道路的噪声污染、动物交通事故对生物生存造成了潜在的威胁；不同的土地利用类型（如城市草坪、森林）的鸟类结构组成也会呈现一定的差异；具备较高乔木多样性、灌木多样性的生境是城市动物主要的栖息地。

4.1.3.5　社会经济

人为引入外来物种是城市生物多样性增加的主要原因。在城市建设中，城市绿化引进的外来乔木和灌木显著增加了城市植物多样性。城市中植物园、公园以及居住区花园的物种多样性明显大于其他植被系统。这些引进的植物大多是常绿或花期较长的植物，或者是一类可以有效吸收大气污染物、净化土壤和空气的特有植物。

城市规划决策者对城市生物多样性有决定性的作用，居民的意向性选择可能远大于生境面积对植物多样性的贡献。伴随着国际化进程的加快，国际贸易和交通成为外来种传播的重要途径，是人类无意识引入入侵种的主要通道。

城市植物多样性与社会经济密切相关。植物多样性与居民的经济水平存在着显著的相关关系，随着收入的提高，居民会花费更多的时间和资金在绿地植被的构建，更容易营造多样性化的花园。经济地位较高的群体往往享有更多环境福利，大多数居住在城市公园周围或绿化较好的城市区域，或有足够的资金去绿化周围生活环境；而中低收入者一般居住在环境较差的区域，往往不能享受平等的环境收益。

城市居民的社会文化背景同样也会影响到城市生物多样性，不同城市或同一城市的不同聚居区的物种多样性都会存在一定差异。另外，区域范围内的城市结构以及建筑物的类别都可能对城市生物多样性产生影响。

在城市生态系统中，人类社会经济活动的强度是决定城市生物多样性的重要机制，在某种程度上，人为活动对城市生物多样性的影响可能远大于自然环境因子。

4.1.4　城市生物多样性保护的主要措施

城市所具有的独特环境条件会形成一些独特的生物栖息地，应在城市景观生态管理中加以特别保护。城市生物多样性保护一般可从以下几个方面开展工作：①加强生物多样性保护的管理工作。制订生物多样性保护的计划、规范和标准，逐步使生物多样性保护的管理科学化、制度化、规范化；建立生物多样性保护机构，明确职责，完善生物多样性保护的法律体系；强化监督管理，加强执法监督和检查。②加强生物多样性保护监测系统建设。全面调查城市生物多样性的现状，建立资源信息数据库；建立和完善生物多样性保护监测网络，参与建立生物多样性保护的国家信息系统；积极参与生物多样性保护的国际和区域合作。③开展多种形式的生物多样性保护与利用方面的示范工程建设，特别是在绿地系统规划和建设中体现生物多样性保护的要求。④加强生物多样性保护的教育和培训。

在城市自然保护和生态重建中已经涉及生物多样性保护的内容，而且两者常是相互联系的，多数自然保护和生态重建的活动也有利于生物多样性保护，但由于生物多样性保护在城市生态管理中的复杂性和重要性，生物多样性保护措施如下。

（1）增加绿地景观连通性

城市景观中的生境斑块往往呈相互隔离的孤岛状分布，这种格局严重影响了栖息地和绿地的生境适宜性，使相同面积的生境斑块无法发挥应有的生境功能。为了提高城市景观中生境斑块在城市生物多样性保护中的作用，保持生态系统的稳定性，必须通过生态廊道建设提高斑块之间的连接度和连通性，使之形成生境斑块网络，维护生物种群或复合种群的生物学和生态学联系，提高整体的生境质量和保护效果。

（2）恢复及建设大型绿地斑块

生物多样性保护理论特别是岛屿生物地理学理论已经证明，许多物种不仅要求一定生态类型的斑块满足其生存的需要，而且要求生境斑块有足够大的面积。斑块大小不仅影响资源数量和有效性，而且影响内部生境面积与边缘带的比例。大斑块具备较大的内部生境面积，能够满足一些内部物种生存的需要。因此，在保护生境及其合理空间格局的同时，要保证景观范围内有一定数量的大斑块。

（3）保护城市景观中的小生境斑块

城市景观中一些具有生物栖息地作用的小生境斑块，特别是对于有可能成为小型哺乳动物和鸟类栖息地的小斑块，要予以特别重视。一是要保证不被占用；二是要保护其周围环境；三是要保护这些小斑块与外界或大斑块的连通性。这些小生境斑块包括森林、灌丛、湿地、农田、公共草地、公园、校园等。通过对这些小斑块的保护，改善城市综合生态环境质量和生物栖息条件。

（4）保护城市周边的自然景观要素

相对于城市景观中心区来说，城市周边地带的自然要素斑块所受的干扰压力可能要小得多，它们往往是许多当地物种的最后栖息地，也正因如此，城市周边地带的自然景观要素斑块应受到更加严格的保护，以便建立城市建设区和周边地带完整的源-汇关系，保证它们的空间连接关系和生态连通性。在国外城市规划中，已经逐渐开始尝试突破城市景观界限的原有观念，建立城市群或城市环的大城市景观概念，将城市周边自然景观要素作为城市生态规划和管理的核心，围绕一定的绿色空间和自然要素区域进行城市空间配置和组织，从更大的尺度进行生物多样性保护的空间规划。

（5）动植物物种的迁地保护和种质保存

许多物种目前已经处于濒危状态，种群数量已经不足以保证自然状态下的持续繁衍。必须采取人工保护和抢救措施，提高种群数量，增加存活机会，才有希望将这些物种保存下来。我国的大熊猫、朱鹮、东北虎等物种的保护性人工繁殖，成绩都很突出。建立动物园、植物园、保护繁殖中心和种质基因库都是生物多样性迁地保护的最后防线，也是重要的保护途径，应将保护、研究和科普教育、观赏游憩等利用结合起来。

（6）保留或创建多孔隙生境

大自然的环境本来也存在许多多孔隙生境，如枯木、树根、树洞、乱石堆、石灰岩、土丘、岩洞等都是充满孔洞的生境。这种充满孔隙、洞穴的多孔隙生境，是低层生物栖息的最好环境，既适于野花、野草、地衣、菌类、爬藤植物生长，也适于甲虫、蜈蚣、青蛙、蜥蜴、蛇、蜘蛛、蝴蝶、蜂、鼠、兔、小鸟、蝙蝠等动物的藏身、觅食、筑巢。甲虫、天牛以枯木为食，许多鸟类喜欢在枯木内筑巢，许多藤类及兰花尤其喜欢寄生在阴湿的枯树上生长。唯有丰富的多孔隙世界，才有多样化的生物环境。

为了创造有机环境，有些生态学家甚至建议在公园、庭院、农场、校园建立丰富的供生物栖息的"浓缩自然地"。即在一块小地方，以乱石、枯木、落叶、土穴、蔓藤架、空心砖、小丘、杂草、水岸等组成最丰富的"多孔隙世界"。这"浓缩自然"有干湿变化的土壤湿度，有不同阴影覆盖的多样化环境，有分解腐烂物的多样化低等生物，有搬运土壤、挖掘地道的昆虫。多样的寄生者与被寄生者、捕食者与被食者，形成复杂多样的小生态链，使得在最小区域内得以形成最多样的生物栖息环境。

(7) 保留杂草生长的草地生境

许多人认为绿草如茵的草坪十分美丽，因而流行在公园里开辟视野宽阔的大草坪，并到处开辟高尔夫球场。从生态学角度，草坪也是城市生物多样性减少的因素之一。

城市草坪多由单一种群构成单优势种群落，物种少、结构单一［图4-1(a)(b)］，又由于对它们的管理过于集中，频繁的刈割［图4-1(c)(d)］，甚至喷施农药，使草坪通常只能容纳较少植物种类［图4-1(a)(b)］(Aronson et al., 2017)，这种同质性通常会导致其他类群（如野生蜜蜂、蝴蝶、蜘蛛和土壤动物群）的多样性较低，其提供的生态系统服务也随之减少(Garbuzov et al., 2015)。

（a）　　　　　　　　　　　（b）

（c）　　　　　　　　　　　（d）

图4-1　人工管理的草坪（闫淑君摄）

所谓草地，就是杂草、野花丛生的当地原生野草地。在野草地里，可以听见蜜蜂与蟋蟀的声音，狗尾草、蒲公英、香附子、白车轴草随风点头，有蜻蜓、蝴蝶飞舞；秋天一到，就有鸟雀来采收丰富的草籽，猫、狗也可以隐身在长草中兴奋地追逐田鼠。这种原生草地，不必施肥也不必灌溉，每年只要剪草四五次即可，蚯蚓、蟋蟀、蜈蚣、蚱蜢、螳螂、臭虫、金龟子等草原性昆虫大量栖息于此，而许多野生鸟类也会寻虫而至，生态链也因而更丰富、更稳固。在新的生态绿地规划中，尽量减少人工草坪的面积，尽量增加杂草灌木丛生的草地。我们要先习惯于"杂草丛生"的生态美学，在一些先进国家的公园里，时常可以看到为了达到生物多样性目的而保留的有许多杂草、野花丛生的野草地。

（8）营造适宜鸟类、蝶类栖息的绿色生境

生物多样化的绿地，应该能为多样化生物提供充足的觅食环境。所谓良好的觅食环境，除了生物链之间的捕食之外，也应该有多样化的植物食物源来引诱更多样的生物栖息。在城市绿地设计中，常因为清洁管理之便，排斥果树及花蜜植物，而以少数的观叶植物来充塞绿地，尤其是昆虫食物源的野花、野草植物多被清理，或被草坪所霸占，导致鸟类无果可食、昆虫无草丛产卵、蝶类无花蜜可采、幼虫无草叶可嚼，进而造成生物种类数量下降。

没有野生动物的生态系统是不完整的，也是不健康的。因此，今后为了生物多样化生境，应在城市绿地系统内，尽量广植食源植物或寄主植物、蜜源植物及诱鸟诱蝶植物（表4-1）。

表4-1　常见的诱蝶植物

诱蝶植物类型	植物名
食源植物	含羞草（Mimosa pudica）、大波斯菊（Cosmos bipinnata）、马利筋（Asclepias curassavica）、马兜铃（Aristolochia debilis）、五节芒（Miscanthus floridulus）、象草（Pennisetum purpureum）、铺地黍（Panicum repens）、狗尾草（Setaria viridis）、葶苈（Draba nemorosa）、含笑（Michelia figo）、石竹（Dianthus chinensis）、黄花酢浆草（Oxalis pes-caprae）、红花酢浆草（Oxalis corymbosa）、葎草（Humulus scandens）、火炭母草（Polygonum chinense）、马兰（Kalimeris indica）、金银花（Lonicera japonica）、蓖麻（Ricinus communis）棕竹（Rhapis excelsa）、油菜花（Brassica campestris）、野芹菜（Cicuta virosa）、柚子（Citrus maxima）、白玉兰（Michelia alba）、榉树（Zelkova serrata）、绿竹（Bambusa oldhamii）、青冈栎（Cyclobalanopsis glauca）、腊肠树（Cassia fistula）、朴树（Celtis sinensis）、龙眼（Dimocarpus longan）等
蜜源植物	葱莲（Zephyranthes candida）、韭莲（Zephyranthes grandiflora）、白车轴草（Trifolium repens）、石竹（Dianthus chinensis）、鳢肠（Eclipta prostrata）、黄鹌菜（Youngia japonica）、鬼针草（Bidens pilosa）、鼠麴草（Gnaphalium affine）、大波斯菊（Cosmos bipinnata）、万寿菊（Tagetes erecta）、百日菊（Zinnia elegans）、藿香蓟（Ageratum conyzoides）、千里光（Senecio scandens）、酢浆草（Oxalis corniculata）、朱槿（Hibiscus rosa-sinensis）、鬼针草（Bidens pilosa）、马缨丹（Lantana camara）、凤仙花（Impatiens balsamina）、鸡屎藤（Paederia scandens）、爵床（Justicia procumbens）、滨刀豆（Canavalia rosea）、龙葵（Solanum nigrum）、紫苏草（Limnophila aromatica）、紫云英（Astragalus sinicus）、紫茎藿香蓟（Ageratum houstonianum）、蛇莓（Duchesnea indica）、野茼蒿（Crassocephalum crepidioides）、毛地黄（Digitalis purpurea）、水芹菜（Oenanthe javanica）、多毛李叶绣线菊（Spiraea prunifolia var. pseudoprunifolia）、台湾悬钩子（Rubus formosensis）、西番莲（Passiflora caerulea）、长春花（Catharanthus roseus）、大苞水竹叶（Murdannia bracteata）、羽芒菊（Tridax procumbens）、红毛杜鹃（Rhododendron rubropilosum）、接骨草（Sambucus chinensis）、夏枯草（Prunella vulgaris）、假马鞭（Stachytarpheta jamaicensis）、凤仙花（Impatiens balsamina）、五星花（Pentas Lanceolata）、假连翘（Duranta erecta）等
食草蜜源植物	樟树（Cinnamomum camphora）、榕树（Ficus microcarpa）、柑橘（Citrus reticulata）、菝葜（Smilax china）、鼠曲草（Gnaphalium affine）、椿叶花椒（Zanthoxylum ailanthoides）、三尖叶猪屎豆（Crotalaria micans）、葛藤（Argyreia seguinii）、马利筋（Asclepias curassavica）、马齿苋（Portulaca oleracea）等

注：表中收集了部分诱蝶植物，在运用时应该注意其安全性（有的有毒、有的是入侵种）。

植物为鸟类提供食物、栖息地，提供安全繁衍场所。所谓诱鸟植物，是指可为鸟类提供食物（花、种子、果实、枝叶、昆虫）以及可作为隐蔽场所的植物。一些诱鸟植物种类见表4-2所列。

表4-2　城市鸟类食源植物

科　名	种　名	拉丁学名	果实类型	引鸟部位（花、果、种子）
猕猴桃科 Actinidiaceae	猕猴桃	*Actinidia chinensis*	浆果	果
五福花科 Adoxaceae	珊瑚树	*Viburnum odoratissimum*	核果	花、果
	荚蒾	*Viburnum dilatatum*	核果	果
漆树科 Anacardiaceae	火炬树	*Rhus typhina*	核果	花、果
	盐肤木	*Rhus chinensis*	肉质核果	果
冬青科 Aquifoliaceae	铁冬青	*Ilex rotunda*	肉质核果	果
	冬青	*Ilex chinensis*	肉质核果	果
	龟甲冬青	*Ilex crenata*	核果	果
	大叶冬青	*Ilex latifolia*	肉质核果	果
五加科 Araliaceae	八角金盘	*Fatsia japonica*	核果	花、果
	中华常春藤	*Hedera nepalensis* var. *sinensis*	浆果状核果	果
天门冬科 Asparagaceae	山麦冬	*Liriope spicata*	浆果	花、果
	沿阶草	*Ophiopogon bodinieri*	浆果	花、果
小檗科 Berberidaceae	南天竹	*Nandina domestica*	浆果	果
	十大功劳	*Mahonia fortunei*	浆果黑蓝色	花、果
	阔叶十大功劳	*Mahonia bealei*	浆果黑蓝色	花、果
	紫叶小檗	*Berberis thunbeigii*	浆果	果
大麻科 Cannabaceae	朴树	*Celtis sinensis*	近肉质浆果	果
忍冬科 Caprifoliaceae	金银木	*Lonicera maackii*	浆果	果
山茱萸科 Cornaceae	山茱萸	*Cornus officinalis*	核果	果
柏科 Cupressaceae	侧柏	*Platycladus orientalis*	球果	种子
	刺柏	*Juniperus formosana*	球果	种子
	珍珠柏	*Sabina chinensis*	肉质球果	种子
	水杉	*Metasequoia glyptostroboides*	球果	种子
	落羽杉	*Taxodium distichum*	球果	种子
	池杉	*Taxodium distichum*	球果	种子
莎草科 Cyperaceae	水葱	*Schoenoplectus tabernaemontani*	坚果	花、果
柿科 Ebenaceae	柿	*Diospyros kaki*	肉质浆果	果
胡颓子科 Elaeagnaceae	胡颓子	*Elaeagnus pungens*	瘦果或坚果	果
杜鹃花科 Ericaceae	杜鹃花	*Rhododendron simsii*	蒴果	花
大戟科 Euphorbiaceae	秋枫	*Bischofia javanica*	核果	果
	乌桕	*Triadica sebifera*	蒴果	种子

（续）

科　名	种　名	拉丁学名	果实类型	引鸟部位（花、果、种子）
豆科 Fabaceae	红绒球	*Calliandra haematocephala*	荚果	花
	羊蹄甲	*Bauhinia purpurea*	荚果	种子、花
	红花羊蹄甲	*Bauhinia blakeana*	荚果	花
	宫粉羊蹄甲	*Bauhinia variegata*	荚果	花
	槐	*Sophora japonica*	荚果	花、种子
	龙爪槐	*Sophora japonica* var. *pendula*	荚果	花、种子
	紫穗槐	*Amorpha fruticosa*	荚果	花、种子
	刺槐	*Robinia pesudoacacia*	荚果	花、种子
	刺桐	*Erythrina variegata*	荚果	花
	紫荆	*Cercis chinensis*	荚果	花
	凤凰木	*Delonix regia*	荚果	花
	台湾相思	*Acacia confusa*	荚果	种子、花
	鸡冠刺桐	*Erythrina cristagalli*	荚果	种子、花
银杏科 Ginkgoaceae	银杏	*Ginkgo biloba*	核果	果
金缕梅科 Hamamelidaceae	红花荷	*Rhodoleia championii*	蒴果	花
绣球科 Hydrangeaceae	八仙花	*Hydrangea macrophylla*	蒴果	花
金丝桃科 Hypericaceae	金丝桃	*Hypericum monogynum*	蒴果	花
鸢尾科 Iridaceae	鸢尾	*Iris tectorum*	蒴果	花、果
胡桃科 Juglandaceae	枫杨	*Pterocarya stenoptera*	坚果	果
樟科 Lauraceae	樟树	*Cinnamomum camphora*	核果	果
	阴香	*Cinnamomum burmanni*	核果	果
	紫楠	*Phoebe sheareri*	肉质核果	果
	红楠	*Machilus thunbergii*	肉质核果	果
	檫木	*Sassafras tzumu*	核果	果
千屈菜科 Lythraceae	大花紫薇	*Lagerstroemia speciosa*	蒴果	种子、花
	石榴	*Punica granatum*	浆果	花果
	千屈菜	*Lythrum salicaria*	蒴果	果
木兰科 Magnoliaceae	玉兰	*Magnolia denudata*	聚合蓇葖果	花、果
锦葵科 Malvaceae	朱槿	*Hibiscus rosa-sinensis*	蒴果	花
	木槿	*Hibiscus syriacus*	蒴果	花、种子
	木棉	*Bombax ceiba*	蒴果	花
桑科 Moraceae	垂叶榕	*Ficus benjamina*	聚花果	果
	高山榕	*Ficus altissima*	聚花果	果
	琴叶榕	*Ficus pandurata*	隐花果	果
	小叶榕	*Ficus microcarpa*	聚花果	果
	笔管榕	*Ficus subpisocarpa*	隐花果	果
	黄葛树	*Ficus lacor*	聚花果	果
	桑树	*Morus alba*	聚花果	花、果
	构树	*Broussonetia papyrifera*	聚花果	花、果

（续）

科　名	种　名	拉丁学名	果实类型	引鸟部位（花、果、种子）
杨梅科 Myricaceae	杨梅	*Morella rubra*	核果	果
桃金娘科 Myrtaceae	海南蒲桃	*Syzygium cumini*	浆果	果、花
	红果仔	*Eugenia uniflora*	浆果	果
	树葡萄	*Plinia cauliflora*	浆果	果
	红千层	*Callistemon rigidus*	蒴果	花
	白千层	*Melaleuca leucadendron*	蒴果	花
	乌墨	*Syzygiuom cumnini*	浆果	果
	蒲桃	*Syzygium jambos*	浆果	花、果
	洋蒲桃	*Syzygium samarangense*	浆果	花、果
睡莲科 Nymphaeaceae	芡实	*Euryale ferox*	浆果	花、果
	萍蓬	*Nuphar pumila*	浆果	果
	睡莲	*Nymphaea tetragona*	浆果	花、果
蓝果树科 Nyssaceae	喜树	*Camptotheca acuminata*	翅果	花、果
木犀科 Oleaceae	木犀	*Osmanthus fragrans*	核果	花、果
	小叶女贞	*Ligustrum quihoui*	肉质核果	果
	女贞	*Ligustrum lucidum*	肉质核果	果
	迎春	*Jasminum nudiflorum*	核果	花
酢浆草科 Oxalidaceae	阳桃	*Averrhoa carambola*	浆果	果
松科 Pinaceae	白皮松	*Pinus bungeana*	球果	种子
	华山松	*Pinus armandii*	球果	种子
	油松	*Pinus tabulaeformis*	球果	种子
	湿地松	*Pinus elliottii*	球果	种子
海桐花科 Pittosporaceae	海桐	*Pittosporum tobira*	蒴果	花、果
悬铃木科 Platanaceae	悬铃木	*Platanus occidentalis*	球果	果
禾本科 Poaceae	狗牙根	*Cynodon dactylon*	颖果	花果
	结缕草	*Zoysia japonica*	颖果	种子、花
	黑麦草	*Lolium perenne*	颖果	花、果
	芒洽草	*Koeleria litvinowii*	坚果	种子
	芦苇	*Phragmites australis*	颖果	花
	蒲苇	*Cortaderia selloana*	颖果	花
报春花科 Primulaceae	紫金牛	*Ardisia japonica*	核果	果
	东方紫金牛	*Ardisia squamulosa*	核果	果
山龙眼科 Proteaceae	红花银桦	*Greillea banksii*	菁葖果	花
鼠李科 Rhamnaceae	枣树	*Zizihus jujuba*	核果	花果
	酸枣	*Ziziphus jujuba* var. *spinosa*	核果	花果

（续）

科　名	种　名	拉丁学名	果实类型	引鸟部位 （花、果、种子）
蔷薇科 Rosaceae	山楂	*Crataegus pinnatifida*	梨果	花、果
	石楠	*Photinia serratifolia*	肉质梨果	花、果
	垂丝海棠	*Malus halliana*	梨果	花
	桃	*Prunus persica*	核果	花、果
	紫叶李	*Prunus cerasifera* f. *atropurpurea*	核果	果
	火棘	*Pyracantha fortuneana*	肉质梨果	果
	梨	*Pyrus* spp.	梨果	花、果
	枇杷	*Eriobotrya japonica*	梨果	果
	毛樱桃	*Prunus tomentosa*	核果	果
芸香科 Rutaceae	柑橘	*Citrus reticulata*	柑果	花、果
杨柳科 Salicaceae	垂柳	*Salix babylonica*	蒴果	花
	旱柳	*Salix matsudana*	蒴果	花
	小叶杨	*Populus simonii*	蒴果	果
无患子科 Sapindaceae	无患子	*Sapindus saponaria*	核果	果
红豆杉科 Taxaceae	南方红豆杉	*Taxus wallichiana* var. *mairei*	浆果	果
山茶科 Theaceae	越南抱茎茶	*Camellia amplexicaulis*	蒴果	花
	金花茶	*Camellia nitidissima*	蒴果	花
	山茶	*Camellia japonica*	蒴果	花
榆科 Ulmaceae	榔榆	*Ulmus parvifolia*	翅果	花、果
马鞭草科 Verbenaceae	烟火树	*Clerodendrum quadriloculare*	核果	花
	假连翘	*Duranta erecta*	核果	果
葡萄科 Vitaceae	葡萄	*Vitis vinifera*	肉质浆果	花、果

4.2　城市生物同质化

4.2.1　生物同质化概念

McKinney 和 Lockwood（1999）最早给出生物同质化的明确定义，认为生物同质化（bi-otic homogenization）是指生物群（biota）中非本地种对本地种的取代，常表现为广布种对特有种的取代。Rahel（2002）对此定义进行了扩展，认为生物同质化是指由于非本地种取代本地种而导致的种类组成相似性的提高。这两种定义都强调了生物同质化是外来生物入侵和本土物种消失引起的不同地区物种种类组成相似性提高的过程，而不是这个过程所形成的格局。同时，这两种定义也是目前文献中最常见的，即以物种为调查单位的种类组成同质化。Olden 和 Rooney（2006）则认为，仅仅以物种变化为基础的定义，并不能准确反映生物同质化的多维特征。他们认为，生物同质化是生物群在各个层次上，包括基因、物种组成和功能等多个方面丧失其独特性的生态过程，应该包括遗传同质化、物种组成同质化和功能同质化三个方面，是指特定时间段内两个或多个生物群在生物组成和功能上的趋同化过程。

4.2.2 生物同质化度量方法

4.2.2.1 不同层次生物同质化及变量方法

(1) 遗传同质化

遗传同质化（genetic homogenization）是指种内或同一物种不同种群间基因库相似性提高的过程，可通过对某个或者某系列特定基因位点的等位基因组成（基因型类型）或频率（基因型多度）的比较，或从以上两种参数中引申出来的方法进行度量（Olden & Rooney，2006）。对遗传同质化的评价，一般是在空间尺度进行（如对受干扰和未受干扰的种群进行比较），而很少在时间尺度进行（如对干扰前和干扰后进行比较），原因在于不能获取同质化发生以前的遗传基础数据。在度量的过程中，选取合适的遗传标记来测定同质化过程中遗传特征的微小变化。例如，Winter 等（2008）以染色体的倍性作为遗传特征的表征，利用 Morisita-Horn 指数对德国植被在不同尺度上的遗传同质化进行了度量。但遗传同质化的研究仍需要进一步加强。

(2) 物种组成同质化

物种组成同质化在目前生物同质化中研究最多。绝大多数研究采用 Jaccard 相似性指数作为物种组成相似性变化的度量，Sørensen 相似性指数在一些研究中也被采用。

Jaccard 相似性指数

$$J = c/(a+b+c) \tag{4-1}$$

式中：J 为相似性指数；a 为样地 A 特有种的物种数；b 为样地 B 特有种的物种数；c 为样地 A 和样地 B 共有种的物种数。

Sørensen 相似性指数

$$S_{ij} = \frac{2a}{(2a+b+c)} \tag{4-2}$$

式中：S_{ij} 为样地 i 和样地 j 物种相似性指数；a 为两个样地共有种的物种数；b 为样地 i 特有种的物种数；c 为样地 j 特有种的物种数。

在数据的采集和处理上，目前研究中主要采用以下三种方法（Olden & Rooney，2006）：

①两个时期的物种库比较法　这是最简单直接的方法，可以清楚地量化两个时间段内的相似性变化，结果也最有说服力。Rooney 等（2004）在美国威斯康星州山地森林的研究中就采用了这种方法，对在 1942—1956 年曾经做过调查的 62 块样地采用相同方法重新调查，发现 50 年来这些山地的植被有同质化趋势。这种方法的前提是两次调查的技术和方法具有可比性，而这一条件在很多地区的研究中并不能满足。

②当前物种库与重建历史数据比较法　在历史数据缺乏的情况下，可以对其进行重建，以现存本土物种和已知灭绝物种的总和，即重建的本土物种库，作为历史物种库，以现存本土物种和外来物种的总和作为现时物种库，对两者进行比较。Qian 和 Ricklefs（2006）、Qian 等（2008）对北美植物，Rahl（2000）对美国鱼类的同质化研究均采用了这种方法。尽管这种方法不能提供物种变化的精确时间段，但在引入和消失的物种记录准确的情况下，可以对物种变化的总体水平做出评估，仍不失为一种可行的研究方法。

③仅利用当前物种库进行分析　这种分析有很大的局限性，因为没有历史数据的对比使得无法对变化做出衡量和解释，但可以在不同区域间进行对比分析。

（3）功能同质化

生物同质化的后果最终要体现在生物群的功能同质化上。功能同质化（functional homogeneity）是指由于在生态系统中具有相同或相似功能的物种增多而导致生态功能相似性增加的过程。相比于物种组成同质化，其度量更为复杂和困难。功能同质化理论上可以通过构建样地-性状矩阵（site-by-trait matrix），利用相似性指数比较样地间性状相似性的变化进行度量。其中，样地-性状矩阵的构建，需要先构建样地-物种矩阵，并根据研究对象和研究区域，选择与生态系统结构和功能相关的物种性状，构建物种-性状矩阵，然后将样地-物种矩阵中的物种用其具有的性状替换后得到。在这个过程中，如何从物种的生活型和生活史特征中选取代表性指标来反映出生物群间功能相似性的变化是最关键的问题。而且，备选性状中可能既有离散型（如传播方式），又有连续型（如个体大小），需要分别处理和计算，整个计算过程会特别复杂，因而目前采用这种方式进行功能同质化度量的研究较为少见。

4.2.2.2　生物同质化度量中的多度问题

物种多度曾经被认为对生物同质化过程的影响不大（McKinney & Lockwood，2005）。目前大多数研究基于物种存在或缺失数据对生物同质化进行度量，考虑到物种多度的较少。McKinney 和 La Sorte（2007）从人们对同质化的视觉感知程度的角度论证了考虑物种多度的必要性。多数群落都是由少数高多度的优势种和多数低多度的偶见种组成（Boeken & Shachak，2006）。物种多度与其地理分布区域范围呈显著正相关（Gaston & Blackburn，2000），在局部地区多度高的物种趋向于占据更广的地理分布区域，能在更多的群落中出现，因而会大大提高视觉上所能感知到的同质化程度。如果不考虑多度因素，将优势种和偶见种给予相同的地位，可能会低估优势种的同质化效应，也不能准确地反映一般到访者所能感知的同质化的强烈程度。La Sorte 和 McKinney（2007）在对北美鸟类同质化的研究中，再一次证明了考虑多度的必要性：少数几种鸟类受益于人类活动，多度和分布范围均有增加，使北美鸟类的β-多样性呈现持续下降的态势；如果仅仅基于物种组成数据，就会得出鸟类组成相似性仅有小幅增长的结论，从而掩盖了基于多度基础上相似性已经大幅增加的事实。

Cassey 等（2008）通过计算机模拟，分别利用确定性模型和随机模型，在仅考虑物种组成变化（利用 Sørensen 指数）和同时考虑物种组成和多度变化（利用 Bray-Curtis 指数）的两种情况下，对生物同质化格局进行分析，发现这两种指数在两种模型中呈正相关，但仍有 25%的情况会得出不同的结论。据此，他们认为，在大多数情况下，以多度为基础的指数所衡量的生物组成变化并没有大到与仅利用物种组成变化得出的结论相反的地步；但在干扰对物种多度影响足够大的情况下，就需要对度量方式进行选择，以更好地评价生物同质化的方向及程度。因此，未来的生物同质化研究中，应考虑多度因素，以确定物种多度在评价生物群落组成变化方向和程度中的作用。

4.2.3　生物同质化的驱动因素

4.2.3.1　遗传同质化驱动因素

人类有意识地将物种引入以及物种的濒危消亡，都可能引发遗传同质化。物种在其分布范围内迁移,可增加种内交配机会,使原先隔离的种群相互融合,导致原来不同的基因库趋同。将物种引入到其分布范围之外时的奠基者效应(founder effect)和物种濒危消亡时的遗传瓶颈(genetic bottleneck),都会使其遗传变异能力降低,从而导致遗传同质化。人类活动对遗传同质化的影响可能是一个促进的过程:人类帮助下的物种长距离扩散增加了物种相互作用和产生杂交种后代的机会,同时人类干扰引发的环境变化也为这些杂交种后代提供了合适的生境。

4.2.3.2 物种组成同质化驱动因素

(1) 外来物种入侵与本土物种消亡

人类活动所导致的外来物种引入和本土特有物种灭绝是导致物种组成同质化的最根本原因(Rahel,2002)。Olden 和 Poff(2003)对生物群落可能会遇到的生物入侵和物种消失的 14 种情景做出模拟,指出群落相似性的变化与外来物种入侵和本土物种消失的数量及种类有关,并受群落历史相似性及物种丰富度影响。当不同群落受到相同外来物种入侵,并且没有导致本土物种消失或导致消失的本土物种相同时,种类组成同质化的趋势最强。尽管从理论上讲,外来物种引入和本土物种灭绝并不必然导致种类组成同质化,甚至有可能使种类组成趋异,但相对于本土物种而言,外来物种,特别是外来入侵物种,往往竞争力更强、扩散更迅速、分布范围更广,其扩散倾向于导致种类组成同质化。因此,种类组成同质化的发生并不是一个偶然的过程,而与外来物种的引入密切相关。

值得注意的是,引入外来种的情况不同,对种类组成同质化的贡献程度也不一样。首先,外来种起源地距入侵地的远近和引入时间的长短不同,对种类组成同质化的作用有所差异。McKinney(2005)对美国植物和鱼类,Leprieu 等(2008)对欧洲鱼类,以及 Spear 和 Chown(2008)对全球和南非两个尺度上的有蹄类动物的研究表明,起源地距引入地区较近的外来物种对引入地区生物区系的同质化作用更为显著,而起源地距引入地区较远的外来物种甚至常常导致物种组成相似性降低。La Sorte 等(2008)对欧洲 7 个国家 22 个不同的城市区域植被组成进行调查,发现 1500 年以前引入的植物比之后引入的植物在不同城市间的共享程度高,组成相似性随城市间距离的增加而降低的程度也更小,说明前者对欧洲植物同质化的作用更强。其次,外来物种中那些尚未定居的物种在种类组成同质化过程中的作用也值得重视。要准确评估种类组成同质化的空间动态及外来物种所起的作用,将外来物种按照起源地远近、引入时间先后和定居状态等特征进行区分研究十分必要。

(2) 环境退化与景观破碎化

环境退化、景观破碎化和干扰对生境的改变,常常会导致对生境有特殊要求的特有本土物种逐步消亡(Byes,2002)。而同样的情况,对外来物种来说则可能意味着一个全新的生境。伴随着天敌的减少、可利用资源的增多或物理环境的改变,某些外来物种在竞争中会处于有利地位。在这个过程中,广生态幅的本土物种也会受益,扩大分布范围或者增加丰度。例如,在 1950—2000 年这 50 年时间里,美国威斯康星州 62 块山地森林中有 2/3 的样地植物组成趋同,主要原因在于鹿的采食使对这种干扰敏感的稀有物种灭绝,而忍耐性强的常见本土物种则扩大了分布范围。入侵因干扰而退化或破碎化生境的物种(包括外来物种和本土物种)相同或相似,而消失的本土物种各异,导致不同生物群有种类组成同质化的倾向。

（3）城市化

近年来，城市化也被认为是生物同质化的重要驱动力之一。城市化过程常常伴随着生境破碎化与环境退化，往往有利于外来物种的扩散。由于城市在物理环境上的趋同，各城市之间的外来物种也往往相似，都属于城市环境的适应者。另外，人类因有相似的偏好，趋向于在不同的城市引入相似的外来物种，如观赏植物和宠物。然而，在不同的生物地理区域消失的本土物种却有很大差异，从而导致种类组成同质化。McKinney（2006）对美国纽约、底特律、华盛顿特区等8个城市的植物组成分析表明，城市区域植物组成的相似性明显高于干扰较少的自然区域，随着城市间距离的增大其相似性仍能维持较高水平。Schwartz 等（2006）对加利福尼亚 58 个县的植物组成的分析，也得到了相同的结论，城市化程度高的县域之间的植物组成相似性明显高于城市化程度较低的县。

（4）其他影响因素

外来生物引入和本土物种灭绝是导致物种组成同质化的根本原因，因而对这两种进程有所促进的活动和土地利用方式，都可能会对生物同质化有所影响（Rahl，2002）。其中，人类活动所导致的生境同质化（habitat homogenization）是一个重要的因素。以广泛出现的人工林为例，由于多为几种常用树种组成，与原生森林相比，其α-多样性和β-多样性均较低，不仅植被组成同质化明显，而且物种组成与环境因子之间的关系也有所弱化。再如，水库的修建造成水域环境趋同，使那些常见静水鱼类取代了河流鱼类，也引发了鱼类组成同质化（Rahl，2002）。

4.2.3.3 功能同质化驱动因素

生态系统的功能由其物种组成决定，当组成生物群落或生态系统的物种趋同，特别是当那些特化种被泛化种取代时，生物群落或生态系统的功能多样性也随之下降，并表现为同质化。因此，引发种类组成同质化的因素也常常导致功能同质化。例如，在法国，生境破碎化和干扰引起的泛化鸟类对特化鸟类的取代，也是鸟类功能同质化的主要原因。

4.2.4 尺度和地理区域对生物同质化的影响

4.2.4.1 尺度效应

在生物同质化研究中，也常常会发现生物异质化（biotic differentiation）现象，即不同生物群在生物组成和功能上趋异，这与研究尺度的大小有关。这里的尺度既包括时间尺度，也包括空间尺度。在时间尺度上，只要人类干扰（如采伐、城市化等）持续增强，特别是将那些濒危的本土物种和即将开始大幅扩散的外来物种考虑在内时，生物同质化的趋势将会更加明显（McKinney，2008）。在空间尺度上，较大尺度上（国家和大洲水平）的度量常表现为生物组成同质化，而在较小的尺度上（如州县或更小水平）则常表现为生物组成异质化。在功能同质化方面，Winter 等（2008）对德国植被的研究也得到了相同的结果。究其原因，除与某些特殊的引入活动有关外，本土物种在空间分布上的自相关是决定性因素（McKinney，2008）。因为相隔较远的地区所共有的本土物种较少，在两个地区即使只引入很少的相同物种，也会使物种组成相似性提高，从而表现为生物同质化。而相隔较近地区拥有较多相同的本土物种，即使引入物种数量相同，与共有的本土物种相比也只占很小的比例，因此外来物种的引入常常会导致两地区之间物种组成相似性下降，表现为生物异质化。特别是外来物种的分布带有偶然性，当引入物种尚未有充足的时间进行扩散时，相隔较近地区的生物异质化可能表现得更为明显。

4.2.4.2 不同地理区域的生物同质化

在不同生物地理区域，生物同质化程度不同，其主要驱动力也不同。美国明尼苏达州62个湖泊在43年的时间里鱼类种类构成趋同，主要归因于为满足垂钓需要而引入一些相同的常见鱼类，本地鱼类的消失只是次要原因。威斯康星州62块山地森林从1950—2000年有2/3的样地植物组成趋同，是稀有物种丧失和常见物种分布区扩大共同作用的结果。加利福尼亚州植被组成趋同的主要原因在于杂草的扩散，但未来现有物种的灭绝将会上升为决定因素。而佛罗里达州尽管有超过40%的县在两栖爬行类组成上趋同，但并没有明显的证据表明整个州的爬行动物区系组成趋同。

以往生物同质化研究主要集中在北半球欧美地区，并以对植物、鸟类、淡水鱼类、两栖爬行类等生物类群的研究居多。随生物同质化研究的日益进展，在其他地区的研究也越来越多。Qian等（2016）对中国昆明、成都、重庆、贵阳、长沙、武汉、南昌、合肥、南京、杭州和上海11座城市绿地中的木本植物物种组成相似性进行了研究，结果表明：尽管这些城市地域差异较大，但其物种组成却有着高度的相似性；11座城市中，共有木本植物91种，其中27%是栽培种和引进种，25%是在中国本土分布范围之外种植。

4.2.5 生物同质化的影响

4.2.5.1 生态后果

生物同质化会导致严重的生态后果。种内、种间杂交导致的遗传同质化，会危及不同生物地理区域的特有基因库，削弱种群的遗传变异能力，降低个体对环境的适应能力及扩散能力，并可能使新产生的杂交种对环境产生新的适应，增强其拓殖能力，使其在竞争上具有优势，进而导致本土物种灭绝。物种组成同质化和功能同质化会简化食物网结构，影响物种的扩散以及生物群落对生物入侵的抵抗能力，增加生态系统脆弱性，更重要的是，会使生物群落或生态系统对大尺度的生态事件反应相似，从而削弱在景观和地区尺度上的屏障作用。

4.2.5.2 对进化的影响

物种的形成与物种多样性有着错综复杂的联系。相同种群的地理隔离是异地物种形成的先决条件，也是多数新物种形成的主要方式。物种组成同质化使地理隔离的影响得以消除，势必会影响将来的异地物种形成；同时，物种组成同质化导致的β-多样性降低，使群落物种组成和多样性在空间上的变化大幅度降低，也对新物种形成产生影响。杂交和基因渗透所导致的遗传同质化，使生物进化分支在初始阶段就开始融合，也会限制未来的物种形成。同时，遗传同质化导致的遗传变异能力下降，在短期后果上，会使杂交种群对疾病的抵抗能力下降，削弱对环境的适应能力；在长期后果上，则会提升生物灭绝的风险，降低生态系统对环境变化的弹性，并影响其恢复力。另外，尽管生物同质化会增加物种间相互作用的机会，但物种组成和功能上的简单化，会降低物种间相互作用的广度和深度，可能导致生物进化轨道的改变。而且，这种生物之间相互作用的简单化，会使同质化生物群落中的选择压力减弱，甚至会对那些在目前同质化过程中受益的物种的长期生存产生影响。

生物同质化也可能会引发新的物种形成和分化。因为入侵物种会促使新环境的形成，更多的杂交机会也会产生新的物种，特别是联想到当代进化史上与入侵生物有关的例子，发生这种情况的可能性较大，但仍需要进一步研究以验证。

4.2.5.3　人文与经济后果

生物同质化对人文与经济也会产生负面影响。某地区的生物多样性及其独特性，是当地居民身份的附属特征，是他们归属感的保证。生物同质化使地区景观和文化独特性的某些要素被常见特征所取代，将会导致居民的归属感逐渐模糊，在一定意义上降低了人们的生活质量。在经济上，生物同质化会影响生态旅游。生物同质化使各地的景观逐渐趋同，降低人们的旅游欲望。

4.2.5.4　生物同质化与生物多样性保护

尽管生物同质化会导致严重的生态后果，但生物同质化，特别是物种组成同质化，并不是生物多样性受损的同义词，就像生物异质化并不表示生物多样性保护取得成功一样，关键在于生物同质化和异质化的驱动因子是什么。如果因为某些稀有濒危物种分布区扩大，导致不同地区生物组成相似度上升，恰恰说明了生物多样性保护的成功；而如果因为不同地区灭绝的物种不同，而导致生物组成相似度下降，则反映生物多样性保护的失败。生物同质化的负面效应，在于它意味着生物多样性受损可能会接踵而至，因此被认为是生物多样性危机的重要组成部分。

生物同质化研究在生物多样性保护上有重要的应用价值。利用生物同质化研究的思想，可以通过比较不同保护地的物种组成变化，检验所选定的保护区域是否依然合适，是否需要变更或者采取新的保护措施；通过研究生物同质化在何种情况下以及何种生物群落容易发生，可以评价候选保护区中哪些对生物同质化更有抵抗力，哪些更易于发生物种灭绝，并可确定哪些物种需要更多关注，以便采取种群恢复或者其他限制生物同质化的措施进行保护。例如，Devictor 等（2007）通过对法国鸟类功能同质化的研究，发现城市化会导致鸟类广布种取代特化种而引发鸟类功能同质化，由此建议在城市生物多样性保护中应对主要特化种予以考虑，而不能仅仅关注稀有濒危物种，同时指出对城市化地区非城市用地的保护将有助于缓解广布种对人为改变景观的占据。

4.3　生物多样性与生态系统服务

生物多样性是人类赖以生存和发展的基础，是社会稳定和可持续发展的根本保障。在当今不同时空和生物学尺度生物多样性持续下降的背景下，全球范围内对生物多样性保护的关注和需求日益增加。同时，针对全球生物多样性丧失削弱生态系统功能和服务的可持续性已达成共识。

生态系统功能退化、物种灭绝是当今世界面临的重大生态环境危机之一。最近有关生物多样性和生态系统功能的关系研究，包括净初级生产力、养分循环和分解的研究，表明随着生物多样性丧失的加快，生态系统属性也加速下降并最终影响生态系统服务的发挥。人类是生物多样性丧失的主要驱动力，生物多样性又通过影响生态系统的过程和功能来影响生态系统服务。加强生态系统服务供给水平的同时加强对生物多样性的保护越来越受到研究人员、土地管理者以及国际社会的关注。

一些研究证实，生物多样性丧失危及生态系统供给水平和人类福祉，从生物多样性入手对生态系统服务的形成进行探究最为合适。同样，生态系统服务的提出，为生物多样性保护提供了全新的视角和依据，人类更加直观地认识到生态系统的作用和面临的困境。通过生物多样性的相关研究，可以揭示生态系统结构、过程和服务之间的耦合机制（Cardinale et al.，2012）。

4.3.1　生态系统过程、功能、服务的概念

生态系统是生物群落和环境相互作用的综合体。这些相互作用，包括环境对生物群落的影响，以及生物群落对环境的改造作用。生态系统过程、生态系统功能与生态系统服务是既相互区别，又相互联系的概念。生态系统功能是生态系统为人类提供生态服务的过程和基础，没有生态系统功能，生态系统就不可能为人类提供各种服务。可以说，生态系统服务的每一种形式都必须有生态系统功能作为支撑。

（1）生态系统过程

这是生态系统中生物和非生物通过物质和能量驱动相互作用的结果，支持信息、能量和物质的流通（Mace et al.，2012）。这个概念是"以生物体为中心"的，所涉及的过程可能是生理（如光合作用、呼吸作用）、生物（如扩散）或进化的（如选择或突变）。由于物种之间存在复杂的相互作用，生物多样性的变化和丧失可以通过性状改变个体生理生态特性（生物途径）来直接调节生态系统过程，也可以通过改变有限资源的可获得性、微生境小气候及干扰机制等（非生物途径）来调控生态系统功能（苏宏新和马克平，2010）。由于生物与非生物的相互作用主要发生在生态系统过程的水平上，而不是在生态系统服务的传递过程中，环境变化对生态系统服务的影响通常是非线性的，难以预测或不可逆的（Carpenter et al.，2009）。

（2）生态系统功能

指的是生态系统作为一个开放系统，其内部及其与外部环境之间所发生的能量流动、物质循环和信息传递的总称（李慧蓉，2004）。这个概念是"以生态系统为中心"的，如光合作用、呼吸作用、分解作用、互利共生性、竞争性和捕食性，这些过程通过食物网传递能量和营养物质，是生态系统结构和过程之间的相互作用（Cardinale et al.，2011）。生态系统功能是生态系统本身所具备的一种基本属性，独立于人类而存在，它们未必转化为人类的利益，有时被认为是生态系统的"支持服务"。

（3）生态系统服务

其定义为人们从自然所能获得的好处（Millemnium Eeosystem Asessment，2005）。这些服务是根据它们对个人或社会的特定利益来定义的，因此，这个概念是"以人为本"的（详见第6章6.1节）。

生物多样性是生态系统功能的主要驱动力已得到广泛认可。一些生态系统服务，如水源涵养、土壤侵蚀控制或授粉，取决于生态系统中物种控制的生态系统功能。Tscharntke等（2012）认为适当的生物多样性在生态系统功能及过程中具有重要作用，适度干扰生物多样性保护能促使生态系统服务达到最大化，也有利于保证某些濒临灭绝物种的可持续性。在控制植物物种丰富度的试验中，生态系统功能随着生物多样性的减少而降低。然而，当考

虑个体功能时，物种丰富度–生态系统功能关系经常在物种丰富度低的水平饱和（即物种对生态系统过程的贡献表现出一定的冗余）。当多个物种执行相似的功能时，如果这些物种对环境扰动也有不同的反应，那么生态系统功能的抵抗力会更高（Mouillo et al.，2013）。因此，在低营养级水平，某些物种的损失对生态系统功能未必是灾难性的。然而，在高营养级水平，捕食者通常是相对稀有的，并且很少或没有冗余。肉食动物的损失会对生态系统造成严重的后果，例如，由于失去对食草动物的调节，许多食草动物会危害森林。

在全球变化的各种驱动力中，生态学家发现生物多样性丧失是对地球生态系统功能和可持续性影响最大的因素之一，并且对任何系统功能的影响都是非线性的饱和形式，意味着初期的生物多样性降低对生态系统功能的影响较小，而当物种数目低于某一阈值后，任何物种的灭绝都会对生态系统功能产生严重的影响，从而影响生态系统服务水平，如果在更大的时空尺度，影响更加明显（Reich et al.，2012）。任何营养级物种的大量损失，特别是关键种，都会造成生态系统状态的变化。在变化的环境中，物种多样性为过程的损失提供了缓冲。这就产生了生物多样性的"保险效应"，这在经验和理论上都得到了很好的支持。

如上所述，生态系统服务与生态系统功能的关键区别在于，功能既有内在价值，也有潜在的人类中心价值，而服务的定义只取决于生态系统对于人类的利益。生物多样性在各个层次上促进生态系统功能（如初级生产力、分解、养分循环和营养相互作用等）从而支持广泛的生态系统服务（如食品生产、碳固定、水源涵养、气候调节、病虫害防治等）（Cardinale et al.，2012）。

4.3.2　生物多样性与生态系统服务的多重关系

生物多样性与大多数生态系统服务之间有着积极的关系。生物多样性是许多重要生态系统服务的基础，具有多重生态系统功能和高水平生态系统服务的群落往往拥有更多的物种，而多样化的生物群落对生态系统稳定性、生产力以及养分供应具有促进作用（Timan et al.，2011）。生物多样性在生态系统服务中发挥的作用可以通过识别其在生态系统服务不同层次上的功能来体现。在不同的层次上，生物多样性的功能也不相同。

（1）生物多样性是生态系统过程的调节者

生物多样性在调节生态系统服务方面具有重要作用。生物多样性可以缓冲环境变化，在生态系统面对干扰时维持一定的生态系统服务。大多数生态系统服务的产生依赖于生态系统中的动植物，尽管其质量和数量与野生动植物的多样性之间往往没有简单关联。主流观点认为，当生物多样性构成要素丧失时，生态系统将变得不那么有弹性（Harrison et al.，2014）。

生物多样性是控制生态系统服务的生态系统过程的一个重要因素。例如，许多土壤养分循环的动态是由土壤中生物群落的组成决定的，在更多样化的生物群落中，生态系统对害虫和环境变化的抵抗力也更强。因此，作为衡量生态系统生物组成的生物多样性在生态系统服务供给中起着关键作用；陆地和水中的植物对固碳释氧、空气质量调节和水质净化等调节功能具有重要意义；植物种间的互相促进作用会导致某些混交林的生长加快，例如，在氮限制的地点，固氮树种可以促进混交林内其他树种的生长；拥有更多物种的群落增加了包含一个生长更快的物种的可能性，对一个特定的干扰会有更强的抵抗力或者其他有利的特性，与物种少的群落相比，会具有更强大的生态系统功能或者提供更多的生态系统服务。此外，还有昆虫作为传粉者的作用，农田中种类繁多的捕食者可以减少害虫暴发的作用。

（2）生物多样性本身提供供给服务

生物多样性是所有农作物和家养牲畜的起源以及品种多样性的基础。基因和物种水平上的生物多样性直接有益于某些商品和它们的价值。例如，一些包含高水平遗传多样性的物种用作食品和纤维；野生植物具有的潜在的药用价值；野生作物亲本的遗传多样性对于作物品种改良具有重要意义，对于生物燃料作物和牲畜来说也是如此；传粉动物为农业景观提供了重要的生态服务，维持传粉动物的物种多样性或功能群多样性可以提高作物授粉的成功率，直接关系作物的产量和经济价值。因此，遗传多样性和野生物种多样性是直接贡献商品和其价值的生态系统供给服务。

（3）生物多样性提供文化服务

生物多样性的许多组成部分具有文化价值，包括野生动植物和风景名胜的观赏价值以及文化、教育、宗教和娱乐价值（Blicharska et al.，2017）。保留大量野生物种是非常重要的，脊椎动物、鸟类和其他具有观赏价值的动植物，如蝴蝶和野花，对休闲观光者和业余鸟类爱好者具有观赏和娱乐价值；森林内旗舰树种或伞护种对林内动物栖息地具有保护价值。因此，生物多样性本身就是一个很好的商品，具有独特的价值。此外，生物多样性在一定程度上对文化服务来说是很重要的，例如，人们对不同的动植物群的欣赏，但在关注农产品生产时，生物多样性是被高度忽视的。

生物多样性的一个组成部分可以有助于几种生态系统服务。例如，枯死木中的甲虫幼虫可以为啄木鸟提供食物（生态系统供给服务），也可以促进分解和养分循环（生态系统调节服务）。枯死木在不同的分解阶段是许多生物的栖息地，也有助于碳储存，并将天然森林塑造为有巨大潜力的自然体验场所（生态系统文化服务）。需要说明的是，生物多样性的丧失是否损害生态系统服务，提高生物多样性是否有利于服务的改善，在科学界还没有绝对定论。一些学者认为高度多样化的生态系统具有更高的稳定性，也有学者认为高度多样化的生态系统似乎更加脆弱。目前在探索生物多样性与生态系统服务之间关系所取得的一些成果并不具备普遍性，且在大尺度范围内，无法确定小范围的生物多样性丧失就一定会对生态系统服务带来负面影响（Balvanera et al.，2014）。

思考题

1. 生物多样性如何影响生态系统服务？
2. 试分析导致城市生物同质化的因素有哪些，减少城市生物同质化的措施有哪些？
3. 举例说明生态系统的过程。
4. 举例说明生态系统的功能。
5. 举例分析生物多样性的尺度效应。

推荐阅读书目

生态单元制图在城市生物多样性规划研究中的应用 . 2019. 高天，陈存根 . 西北农林科技大学出版社 .

城市生物多样性保护案例研究 . 2012. 彭羽，张淑萍，薛达元等 . 中国环境出版社 .

Towards Green Cities：Urban Biodiversity and Ecosystem Services in China. 2018. Grunewald K，Li JX，Xie GD，et al. Springer.

Urban Ecology. 2010. Gaston KJ，et al. Cambridge University Press.

Plant Biodiversity in Urbanized Areas：Plant Functional Traits in Space and Time，Plant Rarity and Phylogenetic Diversity. 2010. Knapp S. Vieweg+Teubner，German.

Urban Biodiversity and Design. 2010. Muller N，Werner P，Kelcey JG，et al. Wiley-Blackwell.

5

城市植被

城市植被（urban vegetation）包括城市内一切自然生长的和人工栽培的植被类型，如城市的公园、校园、寺庙、广场、球场、庭院、街道、农田以及空闲地等场所拥有的森林、灌丛、绿篱、花坛、草地、树木、作物等所有植物的总和。尽管城市里或多或少残留或保护着自然植被的某些片段，但城市植被不可避免地受到城市化的各种影响而孤立存在，尤其是人类的影响，即使残存或保护下的自然植被片段，也在不同程度上受到人为干扰。人类一方面破坏或摒弃了许多原有的自然植被和土生植物；另一方面又引进了许多外来植物并建造了许多新的植被类群，尽管这些影响或干扰是有意识的或是无意识的，直接的或是间接的，但最终影响并改变了城市植被的组成、结构、类群、动态、生态等自然特性，而使得其有着完全不同于自然植被的性质和特性。

5.1 城市植被分类及特征

5.1.1 城市植被的群落分类

5.1.1.1 以群落特征为主的城市植被分类

城市植被的群落分类主要考虑植物群落本身的特征及生态关系，并兼顾群落功能。一般将城市植被分为自然植被、半自然植被和人工植被等主要类型。

(1)自然植被

城市中的自然植被多局限在保护完好的寺庙、教堂、大学校园及私人宅园中，被认为是城市自然的纪念碑，因为它代表了城市的顶极群落。城市自然植被的重要性表现在它是城市中自然的"见证人"，对城市化过程有一定的指示意义，同时也是人类审美或感知的一部分，它的存在也会对城市的未来产生影响。因此，要千方百计将这部分植被保留在城市里。

(2)半自然植被

城市中的半自然植被大部分是侵入人群所创造的城市生境的伴人植物群落，另外还有各种次生林或湿地植物群落。伴人植物分布的生境包括介于交通要道与建筑物之间的缝隙、用于绿化的林地及用于建筑的废弃地（表5-1）。在这些生境中自然生长着很多一年生或多年生草本植物，它们是城市中的先锋群落，这些植物又称自生植物（spontaneous vegetation），将在5.4节详细讲述。

表 5-1　城市半自然植物分布的三种生境(蒋高明，1993)

生　境	范围大小(m²)	干扰因素
缝　隙	0.01~0.1	经常性践踏和除草
行道树池	1~10	非经常性践踏，经常性除草
废弃地	10~100	非经常性践踏和除草

　　缝隙是第一种最典型的城市生境，它是伴人植物在城市中生存的主要空间，在乡村很难找到；行道树池是第二种常见类型，尽管这类生境不只出现在城市中；废弃地是第三种常见类型，只要有人为干扰就到处可见。这些生境的相对重要性按照城市化程度的不同而有所差异，在郊区有许多类型的生境如废弃地、行道树池以及缝隙等，但在城市化较高的地区废弃地就相对减少，而微小生境如缝隙和行道树坑相对增多。因此，出现在这些生境的伴人植物的相对数量可作为城市化程度的标志。

　　城市伴人植物可分为三种生态物种组：①常见于缝隙的种类，能在非常小的空间如缝隙中生长，高度5~30cm，大多为小草本和柔质一年生草本植物，如早熟禾、牛筋草、漆姑草等；②侵占废弃地以及行道树池的先锋植物，高度10~50cm，包括一年生植物、地面芽植物和地上芽植物等生活型，季节性很明显，如繁缕、酢浆草、蒲公英、车前、狗尾草等；③出现于裸地演替后期的种类，这些地方没有特殊的扰乱，植物生长繁茂，体态高大，高度超过50cm，如芒、魁蒿等。如果裸地被一些多年生草本植物侵占并且不受人为干扰，一些木本如桑、朴树、构树等也会侵占进入。这些植物在休眠型、生长型以及种类组成上最为复杂。相对而言，那些缝隙中出现的伴人植物大都是些矮小短柄植物，一年中有几次生活周期。

　　尽管城市生境的存在取决于人类意志，但它最终能被一种自然植物群落所覆盖，城市中的伴人植物就是这样一个类群。出现在城市的墙缝以及马路边的植物也能为单调的城市景观增加生物多样性，净化和美化城市，具有很好的生态、社会和经济效益。

(3) 人工植被

　　人工植被包括行道树、城市森林、公园和园林、街头绿地四类。

　　①行道树　是指种在道路两旁及分车带的树木。有遮阴、绿化的作用。

　　②城市森林　是指人造的绿色空间，也包括在残遗植被基础上加以改造的森林。城市森林有一定的野生性，能够自我维持，这是与天然森林相似的一面，也是区别于公园及街头绿地的地方。但它与天然森林又有所不同；其主要功能不是提供木材，而是提供优美的环境。林中可辟或曲或直的道路。开阔地还可建造娱乐设施，在这方面它与公园和街头绿地作用相同。

　　③公园和园林　是城市中一类特殊的公共绿地。因其具有较好的植被覆盖和其他诸如河流、湖泊、山川等自然要素，从而为居民提供休闲、娱乐的场所。园林包括历史遗迹所在的范围，如历史园林、名胜古迹等，私人花园是一类小型园林。如苏州艺圃仅占地0.33hm²；而皇家园林面积则较大，如承德避暑山庄占地560hm²。

　　④街头绿地　对于迅速消失的自然及城市残遗植被，有必要采取一定手段将一些绿色景观带回城市及工业区的"新生荒漠"中来，街头绿地就是其中一类。常见于马路两旁的小块绿地，城市中心广场，立交桥花园，花圃，厂矿企业内小型花园，学校、机关门口的绿地以及沿墙而设的垂直绿色空间等。

街头绿地、公园和园林等构成城市中的"绿色核"（green nuclei），对改善城市单调景观、增加城市美感、陶冶人们的情操起到了一定的作用。

5.1.1.2　以群落功能为主的城市植被分类

城市植被具有美化城市环境、改善城市生态条件的功能，但每一种类型的生态园林往往都具有一定具体的生态功能和侧重面。有学者将植物群落按功能分为六种类型，即观赏型、环保型、保健型、科普知识型、生产型和文化环境型人工植物群落，但从城市人工植物群落的基本生态功能上可分为四类，即观赏型、环保型、保健型、文化环境型人工植物群落。

(1)观赏型人工植物群落

观赏型人工植物群落的植物种类较丰富，但群落的垂直结构较简单，高大乔木种类和数量不多，往往通过灌木层和草本层的物种搭配和人工造景艺术展示出美的韵味，再加上复杂的水平分布格局，使整个园林一年四季都能给人以美的感受。如郁金香、菊花、彩叶草、羽衣甘蓝等，具有较高的观赏价值。

(2)环保型人工植物群落

环保型人工植物群落类型较丰富，有防污、防风、降尘等类型。其植物群落的组成物种一般具有较强的抗逆性，对污染物具有吸收和吸附能力，如女贞、夹竹桃、珊瑚树、石榴等，其垂直结构比较复杂，乔木种类和数量都较多，灌木层的组成也比较丰富，而水平分布格局却较简单，群落的规模大，分布面积广。

在植物配置上，应建立多层次的抗性植物群落和调节气候为主的植物群落，以改善环境。如复层结构：乔木—亚乔木—灌木—花卉—草坪；林植：成行、成带栽种，可以是单一品种，也可以是混植；片植：在面积较宽阔的地段大面积栽植。不同功能的植物其群落配置方案有所不同，如垂柳—紫丁香—梅花——串红—草坪是抗性较强的群落，杨树—山茶—香石竹是抗二氧化硫的群落，柳树—紫穗槐—紫茉莉是抗粉尘较强的群落，榆—丁香—连翘—万寿菊是抗烟较强的植物群落等。这样的群落多配置在工厂居住区附近、外环公路、学校等，以环保型植物为主发挥其生态效应，改善环境。

(3)保健型人工植物群落

保健型人工植物群落物种较丰富，并以一些具有有益分泌物和挥发物的物种为主，如丁香、桃花、蜡梅、玫瑰、柳树、银杏、臭椿、松、柏等，药用植物如杜仲、天麻、肉桂等。群落的结构也较丰富，通常结合观赏型园林的特点进行建设。在配置这种植物群落时，应选择那些挥发物杀菌力强的树种和地上部分具有芳香气味、姿态优美或花形美丽的芳香植物，运用近自然群落营建方法，搭配乔木、灌木、藤本、草本花卉，形成立体的观赏效果。同时结合配置一定比例的常绿植物(如松柏类的挥发物质具有很强的杀菌作用)，与气候、季相等条件统一考虑，实现群落四季有花、四季有景。可将这样的模式运用于小型公园绿地、居民社区的规划上，在营建该群落时，先确定基调树种和群落绿化单元骨干树种。基调树种主要选择造景优美，体现地带性特色，杀菌、吸收有毒气体较强的景观树种；群落绿化单元骨干树种主要选择能吸收二氧化硫等有毒气体、降污能力和释氧能力强的观赏树种，或能释放植物杀菌素的常绿观赏树种。

(4)文化环境型人工植物群落

通过文化环境型人工植物群落来塑造文化环境，体观地域文化风貌。在城市的古典园林区、风景名胜区、古迹遗址、寺观园林、纪念性建筑风景地等特定的文化环境中，可用特定的植物造景、用花语创造意境美，对自然景观和文化环境加以提炼。在规划布局上，可以仿照保健型群落的设计原理和单元划分，但在植物选择与配置上，要注意文化意境的表达，选择有特殊意韵的植物，如银杏、松树、枫香、石榴、竹子等和芍药、牡丹等搭配，对绿化模式进行创新点缀。

实际上，从城市植被的群落结构与功能的关系及群落分类在规划、管理上的可操作性看，按植物群落的层次和层片结构划分城市植被类型也具有其合理性和实用性（陈芳等，2006）。因为不同的乔、灌、草结构及针叶、阔叶与常绿、落叶种类配置，既能决定群落的绿量大小与生态效益、外貌季相与景观效果，也可反映园林绿地植被规划的理念与倾向。

5.1.2 城市植被主要特征

城市植被具有明显的人为活动的特色，不仅植被生境特化了，而且植被组成、结构、动态、功能等也有所改变，不同于自然植被的特征。

(1)植被生境的特化

城市化的进程改变了城市环境，也改变了城市植被的生境。较为突出的是铺装的地表，改变了其下的土壤结构和理化性质以及微生物成分；大气污染直接干扰了植物光合作用、蒸腾作用等正常的生理活动；城市热岛现象改变了大气温度、水分、风等气候条件，使城市植被处于特化的生境中。

(2)植被区系成分的特化

尽管城市植被的区系成分与原生植被具有较大的相似性，尤其是残存或受保护的原生植被片段，但其种类组成远比原生植被少，尤其是灌木、草本和藤本植物。另外，人类引进的或伴人植物的比例明显增多，外来种对原植物区系成分的比率，即归化率的比重越来越大，并已成为城市化程度的标志之一。因此，在城市绿化过程中，注意对树种的选择，尽可能地保留和选择反映地方特色的本土种是城市生态建设的重要原则。

(3)植被结构简单化

城市植被群落结构包括垂直结构和水平结构。

①垂直结构 生态学家通常将森林分为五层：林冠层（canopy）、次林冠层（subcanopy）、林下层（understory layer）、灌木层（shrub layer）和草本层（herb/herbaceous layer）。林冠层指较为连续的由乔木叶片组成的森林最顶端。在热带森林中，该层上部还会偶尔出现个别乔木。林冠层下方是次林冠层，当林冠层的树种死亡后，该层多数树种能够向上生长成主林冠层。林下层位于次林冠层下方，通常是由低矮乔木组成，当然，该层中也有可能会出现能够形成次林冠层或林冠层的树种。林下层下方是灌木层，一般由灌木物种组成，分布在距地面1~3m处，同时该层也包含很多低矮的幼树，而这些幼树以后还会长得更高。草本层是由高度低于1m的草本植物组成，其中可能会出现很多乔木幼苗或低矮灌木。

城市林地或者森林一般分2~4层，这主要取决于人类在此活动的历史。具有四层垂直结构的林地一般缺失亚林冠层，三层垂直结构林地意味着没有林下层或者灌木层，而两层结构林地只有林冠层和草本层。

两层结构的林地在城市地区很常见。由于高强度的人类使用以及出于对能见度和安全的考虑，城市林地中通常缺少灌木层。同时，不同于镶嵌在自然用地和农业用地中的林地，城市林地边缘部分的灌木层和林下层通常比林地内部稀疏。然而，对于那些仍然保留着灌木层的城市林地，其边缘部分的树叶密度比林地内部高。与多层林地相比，很多生态功能在两层结构的林地中缺失。

②水平结构　城市植物群落的水平格局和其垂直结构一样重要，尽管直接关注它的研究较少。公园拥有许多功能，因此其异质性一般也非常高。事实上，城市地区一个重要的特点就是水平方向上的微生境异质性。甚至在同一植物群落或者生境中，植物密度也分布不均。林地或森林中常见的林窗具有重要的生态功能。除了清晰的小斑块外，道路等线性地物在城市植被中也很常见。因此，水平异质性或者斑块异质性是城市植物群落的重要特征，同时也反映了人类活动的历史。

城市植物群落的边界或边缘绝大多数都是线性的，且比较陡峭。而自然用地的边缘通常呈曲线或回旋状，有时还会以小斑块或条带的形式出现。通过人为设计或受楼宇、指示牌、塔等影响，有些城市植物群落也会有轻微弯曲的边界。

(4) 城市植被演替偏途化

首先，植被演替模式很大程度上取决于立地的初始条件。立地的类型、大小、孤立度、土壤层厚度(湿度、肥力)以及立地异质性都影响演替的初期阶段。其次，物种的可获得性极大地控制着演替的初期阶段，当然，它也会影响演替的后期阶段。因此，种子库(土壤中的种子)、距母树的距离、风向风速、传播种子的动物的丰富度以及同人类活动相关的种子扩散机制都在植被演替中发挥了重要作用。最后，物种对环境的响应及作用强烈地影响演替的后期阶段，并在演替的初期阶段起着一定的作用。植物生活史特征、环境胁迫、植物生理生态反应、竞争者、化感作用和动物捕食都是影响植被演替的关键因子。

有时候，几乎所有物种都在演替开始阶段出现。因此，演替序列变化主要体现在不同物种的寿命变化，从初期的一年生植物到后期的乔木。

城市植被演替过程大致如下：①植物迁入并定居；②地表细颗粒物和矿物营养成分积累；③有机质增加，微生物建群；④根部扩张、土壤变化和营养物质循环；⑤植物竞争与互惠；⑥植物向上生长及更多植物建群；⑦食草动物和食物网的复杂性增加；⑧一些物种及其生长受限于城市的胁迫过程；⑨干扰开始零星出现。

城市植被和物种变化的另一个视角是将一个地方开发成公园、花园、草坪或者其他的植被类型。这种情况下所发生的生态演替，其顺序和速度对人类活动的依赖程度都要高于前文所提到的植物建群、竞争和土壤发育等过程。其生态演替按阶段通常会出现五个过程：①场地清理(移除不需要的东西，减少异质性)；②地下建设(挖掘、清除土壤、浇筑地基、填充沙土和表层土)；③地表建设(铺设人行道，建设围墙和其他建筑，种植草坪、花园、绿篱和树木)；④外部效应(风的模式、种子输入、杂草和动物、各种人为影响)；⑤维护(修剪，整理、去除乔木和灌木，应用化学药品)。第一个过程和第五个过程对植被的影响最大。

上述过程产生的是经过人类塑造的植被。与生态演替而来的植被相比，其成本要高得多，当然其变化的结果也有着更好的可预见性，但是物种丰富度通常要低得多。由于此类植被主要依赖于人类长期不间断的维护来维持，因此其稳定性要低许多。

植被动态或演替一般分为五个阶段：①低矮草本植被；②禾本科植被；③灌木植被；

④小乔木；⑤乔木林地或森林，后一阶段的植被通常会取代前一阶段的植被。在城市中，演替并不一定依次进行，经常会跳过某一个或者几个阶段。小乔木有时会直接侵入采石场或者矿山废弃地，或者灌木植被直接取代低矮入侵植物。

演替过程中的物种可以分为三类：耐性种、抑制种和促进种。"耐性种"能够在多种条件不好的生境中生长；"抑制种"通过影响其他物种从而降低其与自身的种间竞争，确保自身在群落中的持续存在；"促进种"通过改变生态环境降低自身在群落中的优势，并增加被其他物种替代的可能。

在很多城市生境中，种子库、动物传播种子和动物捕食所起的作用较小，然而风传播、人类传播种子、立地干扰和微生境异质性的作用通常很大。当然，不同的城市生境由不同的物种占领。

现今植被演替主要聚焦于植被的变化。事实上，生态系统发育也在演替过程中同时发生，如土壤、小气候、微生物、脊椎动物等都在发生变化。城市中的生态演替是一个非常丰富的课题。

(5)格局的园林化

城市植被在人类的规划、布局和管理下，大多是园林化格局。例如，乔、灌、草、藤等各类植物的配置，以及森林、树丛、绿篱、草坪或草地、花坛等的布局等，都是人类精心镶嵌而成，并在人类的培植和管理下所形成的园林化格局。

5.2　城市植物多样性

随着城市化进程不断加快，出现了越来越多的城市环境问题。"美丽中国"目标的提出再次强调了追求人与自然和谐共生的重要性；在城市绿化的发展进程中，构建稳定且丰富的植物群落这一概念被逐渐重视，此外，城市环境建设在生态与美学方面的要求，以及降低绿地养护成本等问题都与城市植物多样性的状况密切相关。植物多样性是生物多样性的重要组成部分。在城市生态系统中，植物多样性又具有一定的特殊性。城市植物多样性是改善城市生态环境，丰富城市景观效果，突显地域特色以及促进区域社会、经济、环境可持续发展的重要基础。保护城市植物多样性是保护一切生物的基础。下面讲述几种植物多样性的描述方法。

5.2.1　物种多样性

物种多样性(species diversity)强调物种的变异性，是指地球上动物、植物、微生物等生物种类的丰富程度和均匀程度。物种多样性代表着物种演化的空间范围和对特定环境的生态适应性，是进化机制的最主要产物，所以物种被认为是最适合研究生物多样性的生命层次，也是相对研究最多的层次。目前用得较多的是α-多样性指数和β-多样性指数。

5.2.1.1　α-多样性的测定方法

α-多样性是指在栖息地或群落中的物种多样性，由两方面的因素决定：物种丰富度和个体分布均匀度。α-多样性的测度可分为四个方面：物种丰富度指数、物种的相对多度模型、物种多样性指数和物种均匀度指数。

(1)物种丰富度指数

物种丰富度通常用物种丰富度指数(species richness index)来测算，即是对一个群落中所有实际物种数目的测量。可表示为：

$$D = S/N \tag{5-1}$$

式中：D 为丰富度指数；S 为物种数目；N 为所有物种个体数的总和。

在实际工作中不可能记录一个群落中所有植物种数及其数量，通常测定的是群落样地中的植物种数和数量。当研究的对象是样本而不是整个群落时，物种丰富度以 Margalef 丰富度指数和 Gleason 丰富度指数表示：

Margalef 丰富度指数：

$$D_M = (S-1)/\ln N \tag{5-2}$$

Gleason 丰富度指数：

$$D_G = (S-1)/\ln A \quad (A \text{ 为样地面积}) \tag{5-3}$$

物种丰富度指数的不足之处是没有考虑物种在群落中分布的均匀性，且常是少数种占优势的现实。因此，此方法统计出的物种数目不能完全反映群落中的物种多样性。同时，多样性指数随取样面积(或数目)的变化而变化。

当比较世界各地城市的物种数量时，城市物种的丰富度并不高。物种通过全球贸易和交通运输的传播，以及世界各地城市化环境的相似性，使世界各地的城市植物群趋于同质化(homogenization)，即在世界各地的许多城市都发现了类似的物种。因此，在区域上，城市物种丰富度增加了总物种丰富度，但在全球范围内，城市物种丰富度降低了总物种丰富度。

(2)物种的相对多度模型

物种的绝对多度可以用个体数量、生物量、植物盖度、频度、基面积以及生产力等为测度指标。物种的相对多度指物种对群落总多度的贡献大小。为了讨论方便，多以物种个体数量作为多度的测度指标。

$$A_r = E[P(1-P)^{r-1}] \tag{5-4}$$

式中：E 为总资源量；P 为最重要物种占有资源的比例；A_r 为第 r 个物种的多度。

(3)物种多样性指数

多样性指数是反映丰富度和均匀度的综合指标。应指出的是，应用多样性指数时，具有低丰富度和高均匀度的群落与具高丰富度和低均匀度的群落可能得到相同的多样性指数。通常用的多样性指数有 Simpson 多样性指数和 Shannon-Wiener 多样性指数。

①辛普森多样性指数(Simpson's diversity index)

$$D = 1 - \sum_{i=1}^{s} P_i^2 \tag{5-5}$$

式中：D 为优势度指数；$P_i = N_i/N$；N_i 为第 i 种的个体数；N 为样本总个体数。

辛普森指数的最低值为 0，最高值是 $(1-1/S)$。前一种情况出现在全部个体均属于一个种的时候，后一种情况则出现在每个个体属于不同种的时候。如甲群落中 A、B 两个种的个体数分别为 99 和 1，而乙群落中 A、B 两个种的个体数均为 50，按辛普森指数计算，则乙群落的多样性指数为 0.5，而甲群落的多样性指数为 0.019 8。造成这两个群落多样性差异的主要原因是种的不均匀性，从丰富度来看，两个群落是一样的，但均匀度不同。

②香农-威纳多样性指数（Shannon-Wiener diversity index）

$$H = -\sum_{i=1}^{S} P_i \log(P_i) \tag{5-6}$$

式中：H 为香农-威纳指数，表示信息量；$P_i = N_i/N$，N_i 为第 i 种的个体数；N 为样本总个体数。

公式中，对数的底可取 2、e 和 10。H 越大，未确定性也越大，因而多样性也越高。当 S 个物种每种恰好具有 1 个个体时，$P_i = 1/S$，信息量最大，即 $H_{max} = \log_2^S$；当全部个体为一个物种时，即多样性最小，$H_{min} = 0$。

（4）物种均匀度指数

物种均匀度可以定义为群落中不同物种多度（生物盖度或其他指标）分布的均匀程度。多样性指数实质上是把物种丰富度与均匀度结合起来的一个单一的统计量。

均匀度指数有以下几种测度方法：

①Pielou 均匀度指数

$$E = H/\ln S \tag{5-7}$$

式中：H 为香农-威纳指数；S 为总物种数。

②Sheldon 均匀度指数

$$E_s = \exp(H/S) \tag{5-8}$$

③Heip 均匀度指数

$$E_h = (H-1)/(S-1) \tag{5-9}$$

5.2.1.2 β-多样性的测定方法

β-多样性度量在地区尺度上物种组成沿着某个梯度方向从一个群落到另一个群落的变化率。它可以定义为沿着某一环境梯度物种替代的程度或速率、物种周转率、生物变化速率等。β-多样性还反映了不同群落间物种组成的差异。不同群落或某环境梯度上不同点之间的共有种越少，β-多样性越大。测定群落 β-多样性的重要意义在于：①它可以反映生境变化的程度或指标生境被物种分割的程度；②β-多样性的高低可以用来比较不同地点的生境多样性；③β-多样性与 α-多样性一起构成了群落或生态系统总体多样性或一定地段的生物异质性。

β-多样性的测定方法也有很多，可以分成两类：

①二元属性数据的 β-多样性测定 二元属性数据又称 0、1 数据或有、无数据，即在群落调查中只考虑某物种的存在与否，而不管其个体数目。

②数量数据的 β-多样性测定 采用二元属性数据测度 β-多样性，由于不考虑每一个物种的个体数量或相对多度，势必过高估计稀少物种的作用，从而导致不合理的结论。为此，生态学家试图利用数量测度 β-多样性。

Bray-Curtis 指数：

$$CN = 2jN/(Na+Nb) \tag{5-10}$$

式中：Na 为样地 a 的物种数；Nb 为样地 b 的物种数；jN 为样地 a(jNa) 和 b(jNb) 共有物种中个体数目较小者之和，$jN = \sum \min(jNa, jNb)$。

5.2.2 物种稀有性

除了物种丰富度之外，物种频率（或稀有性）（species rarity）是生物多样性的另一个方面。

物种丰富度的衡量标准对稀有物种和普通物种一视同仁。然而，出于保护目的，稀有物种的价值通常高于普通物种。因此，除了物种丰富度外，还必须考虑物种的稀有性，特别是在物种保护方面。尽管城市物种丰富度的很大一部分是基于常见的本地和外来物种，但也有一些城市栖息地，可以维持一些稀有物种的生存。一些城市栖息地类似于自然栖息地，如建筑物作为岩石表面，也为一些植物的生长提供生境。然而，城市化威胁着本地物种的生存，尤其是本地稀有种。

5.2.3 功能多样性

功能多样性(functional diversity)指影响生态系统功能的物种所具有的功能性状的大小、范围及分布，其表示方法随着对"功能"定义的不同而不同，最有代表性的功能多样性指数包括：①群落中的功能群数量；②功能性状形成的多维空间中，两两物种的距离之和；③功能性状树中所有枝长的总和。也有人进一步将功能多样性指数分为功能丰富度、功能均匀度、功能相异度及功能发散度。

一个由三个风媒传粉植物组成的物种组合，在功能上不如一个风媒传粉、一个昆虫传粉和一个自花授粉植物的物种组合，尽管它们的丰富度相同(图5-1)。这个例子说明，如果只有具有某些性状特征的植物能够在城市化景观中生存，那么城市物种组合在物种上可能比非城市物种组合更丰富，但功能上却更弱。

(a) 群落a   (b) 群落b

图5-1 植物功能多样性的例子(Knapp, 2010)

注：两个植物群落 a 和 b 都由三种不同的物种组成，群落 a 的三种植物授粉方式都是风媒传粉，而
群落 b 的三种植物，其授粉方式分别是风媒、虫媒和自花授粉，从功能上来看，群落 b 功能更多样。

以下两个例子说明了功能多样性的重要性：

①随着植物区系中昆虫授粉植物种类的急剧减少，许多依赖花蜜或花粉的昆虫将灭绝，昆虫的捕食者也随之减少，整个食物网将会崩溃，人类的食物将大量减少。

②如果有相当大比例的植物比叶面积(special leaf area, SLA = 植物叶面积/干重)显著减少，则植物区系的平均降解速率和矿化循环会减慢，并对养分供应和大气气体循环产生影响。

由于植物不同的性状具有不同的功能，不同的功能适应不同的环境条件，因此功能多样性的物种组合应该更稳定。功能多样性是植物群的"工具箱"，使其能够对各种环境条件和变化做出反应。

相比只包括物种有或无的物种多样性，功能多样性更能直接体现植物体在生态系统中所起的作用，因而一经提出，马上受到关注，将其用于预测和解释若干重要的生态学问题。

功能多样性是组成生物多样性众多元素中关键且重要的一员，但是它也是复杂和多面的。目前，还没有普适性的功能多样性测度方法。因此，在预测和评估生态系统不同功能时应选择最合适的功能多样性指数。

5.2.4 系统发育多样性

从进化角度来看，物种与物种是不一样的，而且它们之间存在系统发育关系，并非每个物种都具有进化上的独立性(葛学军，2015)。如果不考虑物种的进化历史，对植物区系组成、起源与演化的理解及生物多样性分布模式的认识可能是片面的，据此制定的保护策略也就不一定准确、全面。

系统发育多样性(phylogenetic diversity 或 phylodiversity，PD)是指物种之间进化关系(即谱系)的多样性：一个由同一科的三个物种组成的植物群落，其系统发育多样性要低于由三个不同科的三个物种组成的植物群落，尽管它们的丰富度是相同的(图5-2)。系统发育多样性是功能多样性的基础：许多物种的特征是可遗传和保守的，这意味着来自不同谱系的物种通常有更高的概率拥有不同的性状特征，而来自同一谱系的物种共享相同性状特征的概率更高。然而，如果一个性状的保守性较低，则来自同一谱系的物种可能在这一特性上有所不同，但来自不同谱系的物种可能在相似的环境中有相同的性状特征。

(a)　　　　　　　　　　　　　(b)

图5-2　系统发育多样性的例子(Knapp，2010)

注：两个植物群，(a)是由来自同一科的三个物种构成，(b)是三个物种分别来自不同的科。两个植物群的物种构成丰富度是一样的，但(b)的系统发育比(a)的更多样。

1992年，Faith提出了以系统发育进化树上物种之间的支长(branch length)来表征系统发育多样性，使得整合物种进化历史对生物多样性进行全面深入的评估成为可能，并逐渐形成广泛的共识。

此后，其他学者运用最原始的系统发育多样性参数 PD_{faith} 及其衍生的各种相关参数在群落、生态系统、区域或全球尺度上开展了大量的研究工作，但是关于衡量指标目前还没有形成完全统一的观点。一方面是因为该研究领域发展迅速，与系统发育多样性相关的指数众多，不断有新的计算方法和参数提出，如相对系统发育多样性(relative phylogenetic diversity)、相对系统发育特有性(relative phylogenetic endemism)等，应用于不同尺度、不同区域以及不同类群的研究中；另一方面，一些学者尝试对系统发育多样性的研究进行整合，却没有获得完整和成功的结果。Ahrendsen等(2015)利用新一代测序技术对45个物种构建了系统发育树，整合分析了17个系统发育多样性参数，包含原始的系统发育多样性参数以及经过标准化、丰富度加权等不同处理后的指标。他们认为，这些不同的参数揭示了生物多样性的不同侧面，单一标准的指数无法完成对生物多样性的评估，与Tucker等(2016)提出的观点一致，即要针对不同的研究问题确定最合适的参数，而不能仅仅根据参数提出和使用历史的长短、个人经验和学科传统来进行取舍。选择合适的指数是非常困难的，目前最好的建议是从数学角度按照丰富度（richness）、发散度（divergence）和规律性（regularity）将其分为三大类，依据研究的问题来选择（Tucker et al., 2016）。

目前，不少学者已经应用系统发育多样性测度指标在群落系统发育、系统发育区系和生物多样性保护中开展了一系列研究工作，从新的视角理解群落、生态系统和全球尺度生物多样性的动态变化，为切实有效地保护物种及其进化历史提供了科学依据。

5.3　城市化对植物多样性的影响及植物的响应

5.3.1　城市化对植物多样性的影响

（1）对物种数量的影响

城市化造成本土植物物种的丢失和外来物种的增加。美国这方面的研究较多，Bertin（2002）研究了美国伍斯特县（Worcester）13 个城镇在 50～150 年的植物种类变化，发现本土物种丰富度降低了 3%～46%；Standley（2003）的研究表明马萨诸塞州的尼德姆（Needham）城丢失了近一半的本土植物物种（330 种），增加了 200 个外来植物物种；DeCandido 等（2004）的研究表明，100 年来，纽约城丢失了 578 个本土物种（占总数的 43%），然而增加了 411 个外来物种。Chocholouskova 和 Pysek（2003）在欧洲，Tait 等（2005）在澳洲的研究也证实了这种趋势。

（2）对植物空间分布的影响

很多研究证实，随着人为干扰强度由中心城区、城市周边郊区向远郊乡村逐渐降低，植物、鸟类、昆虫以及哺乳动物的生物多样性在空间分布上呈现逐渐增加的趋势。对植物多样性的计算，主要集中在本土物种；如果将外来植物计算在内，则会产生第二种结果，城区的植物多样性比周围远郊乡村的高。马克明等（2001）对河北遵化的研究表明，植物物种总数、乔木和花卉由城市向乡村依次递减，城市植物物种为 90 种、城郊 63 种、乡村 56 种。Honnay 等（2003）对比利时弗兰德斯地区的研究也发现，植物种类丰富度由远郊、郊区到城区呈现梯度递增，这种递增主要是由于引入外来园林植物种类造成的。McKinney（2006）总结了美国 8 个城市的物种多样性，发现城区植物多样性常高于周围乡村地区。

（3）种类组成的空间变化

从城区到郊区再到乡村，植物群落结构逐渐复杂化，种类组成明显变化，优势种也发生更替。例如，纽约市城区—郊区—乡村森林植被优势种分别为黑橡（*Quercus velutina*）、白橡（*Q. alba*）和北方红橡（*Q. rubra*）。虽然城市化导致了外来物种增加，但是，群落结构中本土植物的相似性仍然很突出。McKinney（2006）在美国 8 个城市的调查中发现，随着城市化程度递减，外来植物物种的相似性系数显著下降，而本土物种相似性系数变化很小，说明本土植物对于维护城市植物群落稳定性有很重要的意义。

5.3.2　城市化对植物多样性影响机制分析

（1）人为引入

人为引入是造成外来植物增加的重要原因。城市化对外来物种有利的一个重要原因是人们有意或无意地引入外来物种，主要是园林植物种类；并且，为了维持外来物种生存和繁殖，人们创造出适合外来物种的生境，例如人造绿地，以及人为干扰如除草、施肥、病虫害防治等，而这些人为干扰打乱了自然生境上的物种演替和竞争机制，往往不利于本土物种的生存。

（2）小生境改变

小生境改变造成植物多样性和种类组成发生变化。城区的紫外线辐射、日照时间、年平均风速、相对湿度均比周围乡村低，而年均温度、年降水量、云层覆盖、雾日、人口密度、道路密度、机动车辆、土壤紧实度均比周围乡村高等特征，影响植物的生长，从而影响植物物种的组成。

（3）景观格局变化

景观格局变化是影响植物多样性分布的一个重要因素。研究发现，森林斑块大小、景观多样性、异质性与植物多样性呈正相关，与隔离度呈现负相关。张金屯和Picket（1999）对纽约市的研究表明，从城区、郊区到远郊乡村，森林景观的斑块数量减少，斑块面积增大，斑块皱褶度降低，这些变化与植物多样性有显著的相关性。城区的建立，形成了很多新的人造景观，对本土植物物种不利。植物种类丰富度与景观多样性指数呈正相关，而景观破碎化指数可能仅影响珍稀濒危植物的分布（Honnay et al.，2003）。

景观异质性也影响植物多样性，Cornelis和Hermy（2004）比较城区公园与郊区公园发现，公园生态异质性增加有利于提高生物多样性，较大面积的公园比较小面积的公园对于保护生物多样性更为有效。Murakami等（2005）对日本京都的研究也发现，蕨类植物丰富度与景观异质性、生境多样性、森林斑块面积呈现显著相关性，同时发现，蕨类多样性指数与森林斑块面积的对数有显著的正相关，而与远郊山区森林的距离对数呈现显著负相关。由此推断，城区—郊区—远郊的蕨类多样性取决于斑块大小以及与山区森林的隔离距离。

5.3.3　植物对城市化的响应

不同种类的植物对城市化的响应也不一样。适应性广的 r-对策植物，或者 K-对策的本土植物一般能够适应城市化的变化。城市里面的先锋植物多为草本类，特别是杂草和一年生草本植物，它们能够忍受较高程度的干扰。例如，道路旁边和废弃工业用地生长的杂草，常常能够耐受较严重的空气污染、践踏和碱性的、紧实的、富氮的土壤。本土植物也可能发生基因变异以适应城市化，街道两旁的高大乔木由于采取 K-对策，能够忍受较为剧烈的人为干扰。城市植物呈现出高抵抗性、高弹性的特征。高抗性植物可以忍受干扰并存活，而高弹性植物则在干扰后能迅速恢复。

5.4　城市硬质生境自生植物

城市自生植物是由未经人类有意栽培的植物组成，其可以在城市的任何类型的绿地中找到，也可以生长在坚硬的表面上（图5-3），如墙壁、铺面和屋顶。自生植物的斑块范围从大的空地或棕色地带到非常小的地方，例如，在路面裂缝或人行道上。越来越多的学者对城市自生植物感兴趣。因此，本节介绍自生植物的概念、硬质生境的类型，着重讲述墙体自生植物的特点及其生长影响因素。

图 5-3　重庆主城区典型石墙植物景观(李婷等, 2018)

5.4.1　自生植物概念

　　长期以来,城市绿地中的植物景观是被大面积的人工草坪和栽培群落所主导,这种整齐华丽的景观不仅需要消耗大量的人力、物力及不可再生资源,更造成了本土植物群落种间关系失衡、生物多样性急剧下降、各城市景观同质化严重等一系列问题,且生态服务价值不高。与此同时,那些能在城市中自发生长繁衍的植物则被冠以"杂草"之名,几乎在园林绿地中无容身之处。随着生态环境的持续恶化,人类生态意识逐渐提高,开始越来越多地关注"杂草"这一植物群体。20 世纪 70 年代,自生植物(spontaneous vegetation)最早被国外生态学者使用,泛指自然定居生长的植物群体。21 世纪初,这类城市中无须过多养护管理、可自播繁衍、野趣美感十足的自生植物逐渐引起欧美景观设计师的关注,继而在风景园林领域开展了相关的理论和实践研究,认为这类植物在构建可持续、低维护园林植物景观中具有重要地位,并且相比城市栽培群落可更好地发挥生态效益,如作为动物栖息地、吸附棕地土壤重金属等(Cavalca et al.，2015)。自生植物逐渐成为园林植物景观规划设计中一类不容忽视、十分重要的组成成分。城市自生植物(urban spontaneous vegetation，USV)，是指未经人工栽培而在城市环境中自发定居生长的植物群体(李晓鹏等，2018)。

本教材重点讲述硬质生境的自生植物。

5.4.2　硬质表面类型

城市中，硬质表面的类型，总体可以分为两大类型，即垂直硬面和水平硬面(表5-2)。垂直硬面可分为几个主要类别：独立墙(干石墙和灰泥墙)、建筑墙、河堤和挡土墙；水平硬面有各种类型，但可以分为石板铺的路面、碎石路面屋顶，将碎石分为任意数量的"荒地"栖息地类型。目前在欧洲开展了大量的墙体研究。

表5-2　城市硬质表面生境主要类型特征(Niemelä，2011)

类　型	主要特征
垂直硬面	暴露在风/热应力下，重力可防止底物积聚
独立墙 free-standing walls	易干旱
干石墙 dry stone walls	水分和基质对植物生长非常有限
灰泥墙 mortared walls	最发达的墙体植被，砂浆的分解为植物生长提供了空间和基质
建筑墙体 building walls	与独立墙相比，生根空间更小，维护更频繁，植被更少
河堤 river walls	受洪水和泥沙沉积的影响
挡土墙 retaining walls	植物进入立面后的土壤，极大提高了生产力
水平硬面	
路面裂缝/边缘 pavement cracks/edges	践踏是对植物的主要干扰，营养物质可以积聚，土壤紧实
碎石 rubble	很少有人践踏，通常会成功地发展为更有生产力的群落
屋顶 roofs	少踩踏，屋顶施工技术决定了基质的蓄积量，不透水的表面可以截留水分并支持湿地物种

5.4.2.1　墙体

墙体植被的文献一般都是关于旧石墙的：旧墙有许多物种定殖，决定墙体植物(wall plant/wall vegetation)物种组成的一个关键变量是最初建造墙的材料。石墙可分为干石墙(无连接基质的石堆)[图5-4(a)]和灰泥墙(用泥砂浆将石头黏合在一起)[图5-4(b)]。几百年来，随着泥砂浆混合料的发展，灰泥墙已经发生了变化。早期的欧洲墙使用较软的碳酸钙和黏土灰浆，为维管植物的定居提供了良好的机会。随着水泥的广泛应用，砂浆变得更硬，碱性更大。人们普遍认为，墙壁的石头和砂浆的成分反过来影响物种组成。其他类型的墙，包括用泥和砖建造的墙，其物质组成与灰泥墙有所不同。由于比较通风，水分含量低，干石墙比灰泥墙更难定殖，其上生长的植物与灰泥墙上者有明显不同。

适合定殖的基质取决于墙体坚硬表面及裂缝中是否有积累利于植物根系生长的物质(图5-4)。植物和其他光合有机体对墙体的定殖取决于几个关键的环境因子。也许最重要的因素是自建造以来的时间长短，在灰泥墙上的初始基质条件通常是高碱性的(pH 11～12)，砂浆经过长期风化变得更加中性。温度波动有助于硬质砂浆的分解，并为植物根系留出更多的空间。一旦植物建立，根系就可以机械地扩大裂缝并捕获物质，增加基质的有机含量，进一步降低碱性。许多学者指出，较旧的墙体覆盖更多的植被，在欧洲墙壁建造后100～

(a)　　　　　　　　　　　　　(b)

(c)　　　　　　　　　　　　　(d)

图 5-4　不同墙体及其生长的植物

(a)干石墙　（b)灰泥墙　（c)砖墙　（d)有植物生长的墙基

500 年，植被覆盖面达到峰值。最近的研究证实，风化程度越高的热带挡土墙，其上生长的树木就越多(Jim, 2008)。虽然砂浆的碱度可能会为植物根系生长造成不利的化学环境，但波兰的一项研究发现，在墙体上生长的桦树，底物氮和磷含量并没有限制桦树的光合作用(Trocha et al., 2007)。

有效性水分是影响墙体植物生长的重要环境因素。在区域尺度上，如西欧海洋气候，降水和湿度高，温度波动相对较低，墙体植被覆盖率最大，物种多样性高。高湿度区域外的独立墙较少被植被所占据，因为它们在阳光下很快就变热、变干；硬表面上常见的藻类组合(prasiolales)主要在凉爽潮湿的气候中发现(Rindi, 2007)；年降水量低于 300mm 的干旱地区，几乎没有任何墙体植物。在局部尺度上，墙体朝向对墙体植物覆盖率和组成有影响。南北向墙体的植被有所不同，在北半球，具有相同基质的南向墙往往具有更多的壳状地衣(crustose lichens)和裸露的表面；北向墙覆盖着更多的维管植物和侧蒴藓类(pleurocarpous mosses)，其他苔藓类可能更喜欢阳光充足的墙体。

虽然光可以限制部分墙体植被，但研究表明，更多的遮阴地点可以支持更多的生物量(Jim, 2008)。通常情况下，河堤植被不受水分限制，但也面临着其他限制，如基础设施频繁地修复或替换，从而阻碍植被长期发展。

墙的坡度会影响水和基质的保持，垂直的表面通常是干燥的，植物建立的机会较少。某些墙体有些坡度或其他特征，为植物和其他有机体提供了独特的栖息地。

5.4.2.2 人行道

人行道通常描述为水平墙，因为在过去，它们通常由与墙壁相同的材料构成。在铺砌路面影响植物生长的因素很多，其中最重要的是踩踏。踩踏较少的人行道往往具有与墙基相似的植物，但如果人行道受到较多的光照和风的影响，则二者植物可能存在很大差异。与垂直硬表面一样，铺砌路面的植物取决于生根基质的供应(图5-5)：若铺砌石或其他硬表面有较宽的缝隙，则其上的植被与路旁的植被相类似。气候对于人行道植被的物种组成也很重要，更多的耐旱物种出现在内陆，盐生植物出现在靠近海岸的地方，但是在许多北方城市，道路和人行道的盐生植物越来越普遍，并且内陆人行道的植物也具有一定的耐盐性。与墙基一样，水平路面接受更多的营养物质。

图5-5　人行道的类型(Bonthoux et al.，2019)
(a)近期的沥青路面　(b)有裂缝的旧沥青路面　(c)沙质路面
(d)近期用水泥勾缝铺转路面　(e)旧的勾缝铺转路面

踩踏导致限制铺筑路面上植被发展的生态效应。首先，踩踏会导致植物生长所需的少量基质被压实，这可能导致细菌硝化条件差，致使有机氮积聚。踩踏干扰也迁移了植物生长所需的基质，直接损害植物，从而导致该区域一小部分耐践踏物种占主导地位。一些典型的植物物种可以在人行道上定居，但通常只在靠近几乎没有被践踏的墙壁的区域。耐践踏的物种通常生长缓慢，如仰卧漆姑草(*Sagina procumbens*)、早熟禾(*Poa annua*)、大车前(*Plantago major*)等。

5.4.3 城市硬质生境植物起源

在欧洲，对硬质环境进行了大量生态调查，发现了许多典型的本地物种。植物在人工墙和人行道之前生活在哪里？大多数关于墙体植物的描述得出石墙和自然悬崖之间存在着明显的生态相似性(图5-6),许多特有的墙体植物起源于裸露岩石栖息地;岩石栖息地是自然景观比较少的组成部分(Larson et al., 2000),城市中墙体的增加代表着岩石特有物种栖息地的扩张。

许多生长在墙壁上的地衣、苔藓和维管植物被认作是岩石特有种,但也有存在于许多不同生境中的广布种,特有种与广布种的组合情况取决于所处的生境,大多数研究指出岩石特有种的比例为10%~20%。此外,其他条件的特有种也可能出现在墙体或人行道上。例如,真藓(*Bryum argenteum*)的自然栖息地是富含氮的地区,如海鸟聚居的岩壁,在路面缝隙和墙基处也提供了类似条件。

5.4.4　硬质表面植物导致的问题

生长在建筑、城墙、遗迹等表面的植物为硬质表面增添了勃勃生机,具有一定的观赏性,常常被历代的艺术家们生动描绘。但这些植物对建筑物结构的破坏远大于美学价值。植物的根、枝、叶都会造成墙体结构的损害,主要包括以下几方面:

①墙体植物的枝叶茂盛,遮盖住墙体原有的面貌,导致墙体长期处于潮湿状态,这会损害墙体的结构,甚至破坏墙基。

②墙体植物尤其是木本植物的地上部分在墙体上产生的重力可能使墙体结构遭到破坏(图5-7),有时甚至导致墙体砖块脱落,引起墙体局部坍塌。

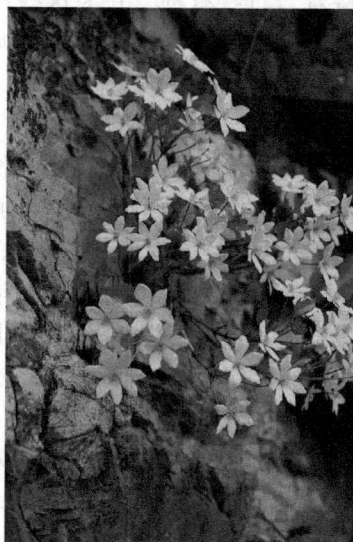

(a)

(b)　　(c)

图5-6　自然岩石表面上生长的植物　　图5-7　建筑及墙体上生长的树木(闫淑君摄)

③植物根系对墙体的伤害包括物理和化学伤害两方面。生长在墙体缝隙或裂口上的植物随着根长粗和增长产生径向上和轴向上的推力,进一步加大缝隙或裂口,并且这也会对整个墙体产生巨大挤压力。另外,根总向利于植物生存的地带生长,对墙体上的环境而言,适宜植物生长的地带,一般是石块或砖间缝隙处黏合剂的黏着层。多数情况下,植物发达的根系会导致周围墙体缝隙间的水泥或石灰浆等黏合剂松动(图5-7)。一般认为引起墙体化学损害的机制有两种:一种是由于建筑材料中的钙或其他离子被植物吸收,导致建筑材料慢慢分解;另一种是根系分泌的酸性化学物质腐蚀建筑材料,加速墙体风化。

图 5-8 行道树根系对路面的破坏
(闫淑君摄)

一般来说，不同植物对墙体的危害方式和危害程度不同，草本植物比灌木和乔木危害性要小得多，同样多年生草本植物要比一年生草本植物危害大，乔木要比灌木的危害大，根系深的植物要比根系浅的植物破坏性大(图 5-7)。然而，在所有植物中，对墙体破坏性最大的还是那些通过无性繁殖的高等植物，它们的根和匍匐茎在墙体上大规模、大面积地繁殖，产生较多的新个体，对墙体的损害十分明显。

此外，由蓝藻和其他有机体制造的生物膜可以增加大气污染物在坚硬表面上的累积，而其他微生物则定殖在岩石或砖块本身，成为石内生物。

在水平路面上，最常见问题是城市树根和铺砌表面之间的"冲突"，树根迫使铺砌面开裂(图 5-8)；对路面植物的大多数生态研究主要是针对杂草控制方法的试验(Rask & Kristoffersen，2007)。

5.4.5 硬质表面植物的生态功能

墙体和废墟支持着岩石特有种，并为这些物种提供进入城市的廊道。墙体植物群落可以增加城市绿量，一些自生植物还是濒危物种。

人们已经认识到，硬质表面上的自生植物的生态效益，并有意识地绿化硬质表面，这促进了绿色立面和绿墙技术的发展。尤其是绿色外墙，通过建造独立于墙体的植物生长支架，避免植物破坏建筑结构，植物可降低夏季温度，吸收空气中的颗粒物质。河堤可通过添加有机材料(如椰壳粗纤维)和建造更多永久性结构以固定生根基质来改善植物栖息地，从而起到保护河堤植物的作用。绿色屋顶模拟浅层裸露基岩或草地生境，并有益于城市生态系统，如保护生物多样性、减少能源消耗、调节雨水和缓解空气污染等。许多屋顶上的自生植物也经常出现在墙壁和天然岩石栖息地，此法可衍生在屋顶上重建碎石地，以支持随着城市的建设而正在消失的稀有物种。

鉴于地球城市化程度的不断提高，硬质表面是城市主要的土地覆盖之一，墙壁和人行道上的植物群研究是对城市栖息地研究的有益补充。对这些植物群进行科学研究有很大的意义，不仅因为它们能够提供显著的生态系统服务价值，而且有助于我们进一步了解控制群落组成和维持物种多样性的过程(Niemelä，2011)。

5.4.6 墙体自生植物

早在 19 世纪 80 年代，欧洲植物学家便开始对古建筑、古城墙等历史遗迹中的墙体植物进行研究，主要针对墙体植物的物种组成特征等。近年来，由于城市化等导致的生物多样性持续降低，城市中自然生长的墙体植物表现出具有增加城市生物多样性的潜力，因此除了对物种特征进行研究外，还包括墙体生境特征及其与植物多样性间的关系。我国墙体生境的植物研究相对而言比较滞后，主要集中于对荆州古城墙与南京明城墙的研究，以及近年来对城市中墙体生境逐渐增多的研究。

5.4.6.1　墙体植物的特征

　　墙体代表受干扰较大以及资源贫瘠的半自然生境，类似于垂直的荒地，能为到达其上的植物种子提供定殖的机会。尽管墙体植物受到不同的地理区域、空间尺度以及不同立地生境因子等的影响，已有研究表明其植物物种特征具有普遍性（Francis，2011）。

　　墙体植物由于其特殊的生境条件，形成了形态上和生理上的特点，以适应墙体干旱缺水、缺乏土壤的生态环境。这些特点包括：①墙体植物种子能够进入建筑材料的裂缝或者间隙当中；②植物种子在很低的湿度下便能萌发；③能够提早成熟，完成生长周期；④在有性繁殖失败时，可进行无性繁殖；⑤有较强的抗旱能力；⑥根系深扎或者根系能够在墙壁岩石的缝隙中生长。

　　墙体植物在墙上生长的位置有所不同，有些植物生长在墙体的侧面，有些则在墙体的顶面，Lisci 和 Pacini 曾针对这些植物在墙体上生长的情况做了详细的分析，指出植物在墙体上着生的位置也有一定的特点，主要有以下几种（图5-9）：

　　研究表明，通常在墙体的水平表面（E、H、I）生长的植物居多，因为这样的表面有良好的生长环境（比其他位置有更多的基质和水分），而且容易使得植物的种子停留于其上。

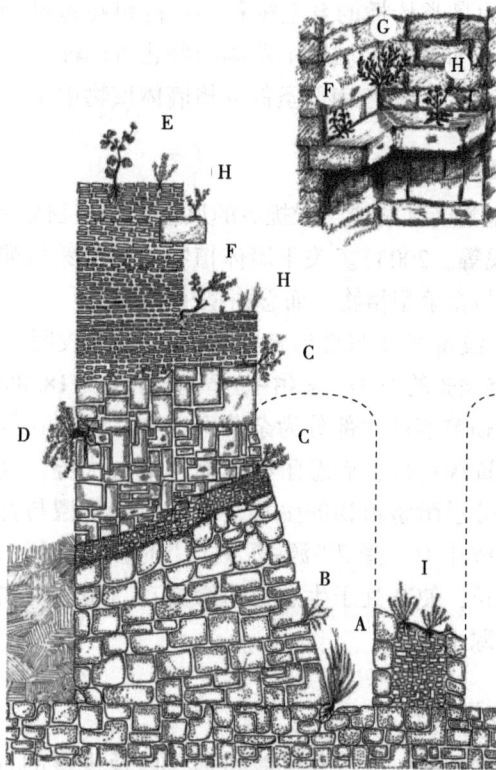

图5-9　墙体植物生长的主要生境（Lisci & Pacini，1993）

A. 地面与墙体交接的孔隙处，这种生境易于积累较多的基质，能够保持一定的水分而不易挥发，因此这里的植物丰富，所受的生存压力最小　B. 墙体倾斜表面的孔隙（缝隙），这种生境也易于获得植物的种子以及提供植物萌发的基质　C. 两种建筑材料之间的间隙处，而且两种建筑材料的化学成分差异越大，植物生长获得的养分就越多，植物越容易生长　D. 同种建筑材料的垂直面的间隙处　E. 墙体的顶部水平面上　F. 墙体水平面与垂直面交接的缝隙处　G. 两垂直面相交接的间隙处　H. 有基质形成的多孔、能够渗水的墙体水平面，这类墙体的建筑材料通常是大理石、石灰石以及砂岩　I. 有基质形成的荒废建筑物表面

5.4.6.2　墙体植物多样性

墙体植物物种丰富度高、均匀度低，大部分为低频率的偶见种，另外外来物种的比例较大。在欧洲的墙体植物研究中，其物种数量通常达 174~385 种，共包含 57 科（dos Reis，2006）。在我国古城墙植物研究中，荆州古城墙草本植物达 267 种，59 科（雷泽湘等，1996）；南京明城墙上植物达 266 种，81 科（龙双畏，2007）。但大部分物种出现的频率较低，Stewart 等（2008）指出调查的 76.5% 的墙体植物在样方中出现的频率低于 5%；龙双畏（2007）指出在南京明城墙上出现频率较高的植物只有 8 种。

由于周围城市环境中外来物种繁殖体压力的影响（Rosenzweig，2003），墙体植物中的外来物种比例较大。据国外相关研究表明，墙体植物中外来物种所占比例为 3%~25%，其中小部分为入侵种，绝大部分为无害的园林逸生种。而在我国南京明城墙、珠江三角洲城市墙及澳门城市墙体植物中，外来物种所占比例分别达 9.4%、21.3%、38.2%。

5.4.6.3　墙体植物的生活型

墙体植物主要为草本植物，且大部分为多年生草本及小部分一年生草本，也有乔木、灌木、藤本等不同生活型的植物，这充分反映了墙体生境的特殊性。其中，以菊科、桑科及禾本科等为优势科，且由鸟类传播的乡土树种——构树在古城墙中出现的频率最高，优势度明显（Li et al.，2016）。如南京明城墙上草本植物占 54.4%，乔木、灌木、藤本所占比例依次为 19.6%、18%、8%；巴西东南部圣保罗州墙体植物中草本植物占总种数的 93%。

5.4.6.4　墙体植物的 Grime 生态对策

Grime 生态对策依据植物受到胁迫与干扰后的反应，将植物分为竞争型植物、忍耐型植物以及杂草型植物（刘志民等，2003）。关于墙体植物生态对策的研究还较少，现有研究表明墙体植物大多为杂草型与竞争型植物，而忍耐型植物较少。

Duchoslav 等（2002）对波希米亚东部城市墙体植物研究表明，数量最多的是竞争型植物，占 30.4%，其次是 25.4% 的竞争-忍耐-杂草植物以及 18.8% 的竞争型杂草。Qiu 等（2016）对南京明城墙植物研究表明大部分为杂草型植物，Stewart 等（2008）也得出与此相同的结论。墙体生境的营养资源贫瘠，而忍耐型植物并未占优势，这是因为墙体生境受到强烈的干扰影响，限制了部分忍耐型植物的生长，而墙体杂草型与竞争型植物的分布源于周围生境中大量物种的繁殖体压力，受到"源-汇效应"的影响。但由于墙体的生境条件并不能满足某些物种的正常生长，使其处于生态位边缘波动，墙体植物物种丰富度高且大部分为低频率的偶见种也正是源于此。

5.4.6.5　墙体植物的传播途径

墙体植物主要依靠风力传播，其次是动物传播，以及少量的自体传播和水力传播。在不同类型的植物种子中，体积小、重量轻的种子主要依靠风力传播，肉质化及颜色鲜艳的果实主要依靠动物传播，果实能开裂并能产生弹力的主要依靠自体传播，而墙体的裂缝更易于捕获由风力传播的体积小、重量轻的种子，这也是墙体生境中植物种类丰富的重要影响因素。Francis 和 Hoggart（2009）对河堤植物研究表明，依靠风力传播、动物传播、水力传播的植物所占比例依次为 35%、30%、20%，15% 的植物传播途径不明确；吴玲等（2014）

研究表明环杭州湾区域的城市墙体植物中，依靠风力传播、动物传播、自体传播和水力传播的植物所占比例依次为55%、37%、5%和3%。

5.4.6.6　墙体植物入侵墙体的机制

一般而言，墙体的保存状况、建筑材料类型及当地的气候条件是决定墙体植物种类、墙体植物数目的多寡、成功入侵时间的关键性因素。植物成功入侵新建墙体上要花几年时间，高等植物成功入侵墙体则需要更多时间。Lisci(2003)研究证明高等植物在新建的墙体上建群需要10年以上时间，他指出对墙体损害较小的一年生或多年生的草本植物首先成功入侵，随后被一些对墙体破坏较大的灌木或乔木取代。

Lisci和Pacini研究指出高等植物入侵墙体主要有两种模式，第一种一般在墙体上水分极低的情况下进行。在各类墙体建成之初，在多种非生物因素作用下产生最初的风化，形成一些适合细菌、真菌、地衣生存的基质(图5-10)；随着这些低等生物的生长、繁殖加速了墙体的风化；在墙体缝隙、洞穴等处积累了更多有利于高等植物生长、繁殖需要的基质，一些耐贫瘠耐干旱物种的种子萌发、生长成为墙体上的先锋物种；在这个过程中，环境中的灰尘、动物的粪便(尤其是鸟粪)，以及人类的垃圾往往进一步增加墙体上的基质，这为草本植物和木本植物提供优良的生长条件(图5-11)。第二种入侵模式是从墙体的水平面开始，这里水分相对较为充足，首先入侵墙体的是一些苔藓类植物(Puente et al.，2004)，它们在墙体上生长，为草本和木本植物生长提供基质。木本植物生长于墙体，其根系破坏墙体的建筑材料，使砖块碎裂，产生更多的基质。这两种入侵模式一般在墙体上兼而有之，墙体的侧面水分稀少，植物一般通过第一种模式入侵墙体；而墙体顶部很宽，能够储存一

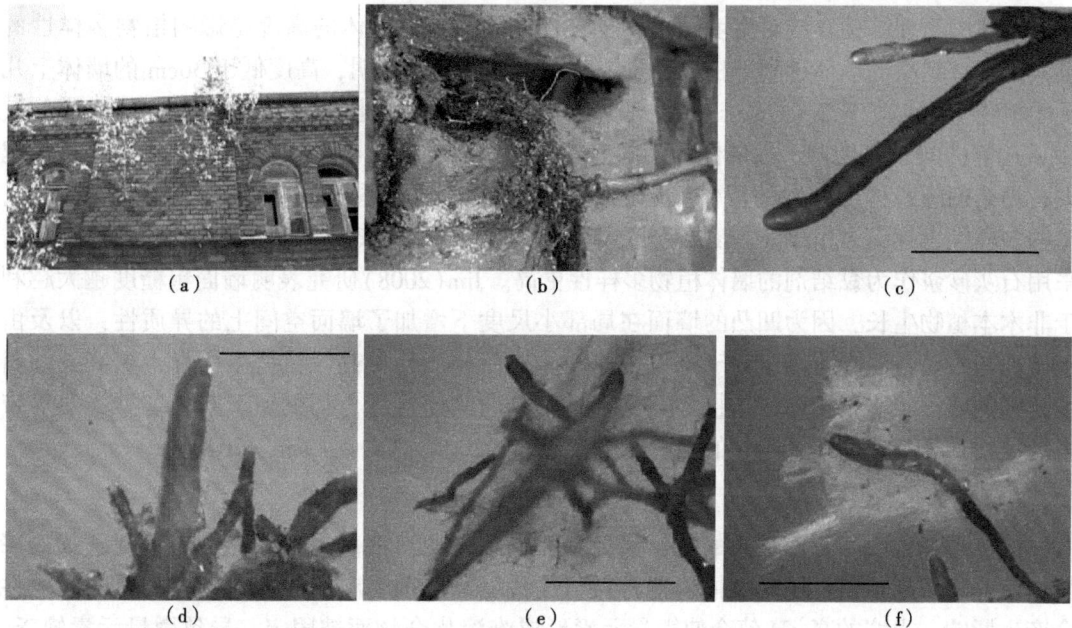

图 5-10　墙体植物垂枝桦(*Betula pendula*)及其外生菌根(ectomycorrhiza)(Trocha et al.，2007)
(a)生长在有115年历史的建筑物砖墙上的垂枝桦　(b)生长在空心砖中的根及外生菌根　(c)东墙的树根上形成的外生菌根(*Tomentella lilacinogrisea*)　(d)东墙和西墙树根上形成的外生菌根(*Lactarius pubescens*)　(e)东墙和西墙树根上形成的外生菌根(*Hebeloma mesophaeum*)　(f)西墙树根上形成的外生菌根(*Hebeloma helodes*)

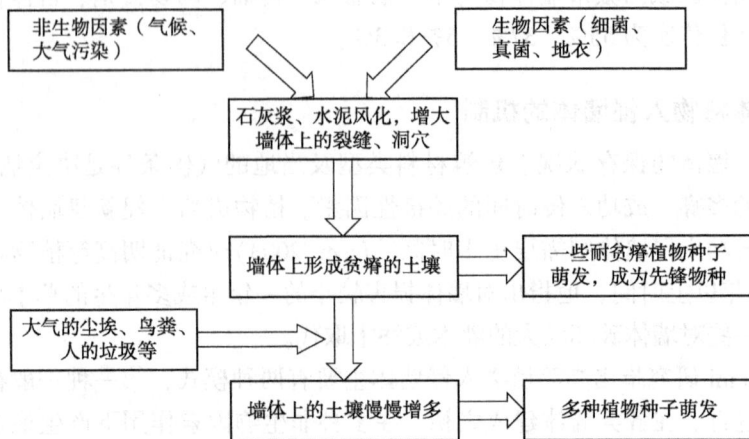

图 5-11 墙体植物的定居模式(王燕,2010)

定的水分,植物一般通过第二种模式入侵墙体。

5.4.6.7 影响墙体植物生长的因素

墙体生境是否有植物生长取决于种子能否到达墙体表面的裂缝以及是否有足够的营养物质。与此同时,墙体物理结构、墙面小气候、人类干扰强度及周围生境中的植物丰富度等都能影响植物的生长。

(1)墙体物理结构

墙体的物理结构直接对生境结构的复杂性产生影响。墙体的高度是影响植物多样性的最大因素,越高的墙体越利于植物种子的着生。调查研究表明,高度低于 30cm 的墙体上几乎无植物生长;高于 2m、宽于 5m 的墙体才能满足乔木的生长(Jim & Chen, 2010)。同时,Stewart 等(2008)表明同一面墙体的不同高度区段内分布的植物种类及多样性不同。年龄越大、黏结剂降解程度越大的墙体缝隙越大,越利于植物根系生长;墙面连接缝密度越大,植物多样性也越高。由于不同黏结剂降解的速率不同,石灰砂浆较水泥砂浆更易于降解,采用石灰砂浆作为黏结剂的墙体植物多样性更高。Jim(2008)研究表明墙面粗糙度越大越利于非木本植物生长,因为凹凸的墙面在局部小尺度下增加了墙面空间上的异质性;以及由于砖墙与石墙较混凝土墙更易于降解,使墙体表面异质性更高,植物多样性也更高。倾斜度越大的墙体及水平方向的连接缝相比于垂直方向的连接缝,都更易于获得鸟类粪便等带来的植物种子,使墙体上生长的植物也越多(Jim, 2008;Jim & Chen, 2010)。

(2)墙体基质

墙体生境中由于营养物质的积累量稀少而导致资源贫瘠。越古老、风化程度越高的墙体中营养物质越丰富,同时墙体构造材料与连接缝黏合剂材料的类型对营养物质的有效性会产生影响。土壤的高 pH 值会使微量元素形成难溶化合物而被固定,导致微量元素缺乏。研究表明,水泥砂浆及红砖等许多现代墙体构造材料较高的 pH 值限制了其上生长的植物种类(Francis, 2011),以及用水泥砂浆勾缝的砖墙上大多只分布适应性强的蜈蚣草、铁角蕨(*Asplenium trichomanes*)等植物,植物多样性显著低于石墙生境(Jim & Chen, 2010)。周玉洁等(2017)通过对重庆主城区的墙体植物调查发现,在由黄葛树发达的根系形成的网络状范围内植物多样性较高，这可能是由于树根的生长改善了小范围内基质的土壤结构，使土壤的 C、N 含量、有机质等营养物质及水分、温度等发生了改变，更利于植物生长，这还有待相关研究进行证实。同时，蜈蚣草广泛分布于墙体生境中，并占据一定的优势地位，表明其能良好地适应墙体生境，而蜈蚣草也是重金属超富集植物（蔡保松，2004），生长速度快，我国的野生资源丰富，可考虑利用其改善受污染的道路边坡等挡土墙的土壤基质。因此，应对能提供墙体植物自然生长的土壤基质进行成分测定，以研制出更适于墙体绿化的种植基质。

（3）墙体小气候

墙体生境的气候除受当地气候条件影响外，由于墙体面积相对较小且与城市环境中其他生态系统相分离，还受到多方面的立地环境因子的影响，因此与周围环境相比，其拥有更独特的气候条件（Francis，2011），从而影响其上植物的生长。对欧洲城市墙体植物研究表明，朝向南面的墙体植物多样性最低，而 Stewart 等（2008）通过对新西兰城市墙体植物研究指出向南墙体植物多样性最高，这是由于地理区域的不同，使得墙体日晒程度、昼夜温差及日蒸发量等不同，形成了不同的小气候波动；王燕（2010）与 Qiu 等（2016）的研究表明方位是对南京明城墙植物丰富度影响最显著的因子；由此可知，墙面方位通过改变墙体小气候从而对墙体植物的生长产生了显著的影响。因此，可对各个地区不同方位的墙体植物进行筛选，利用于相应方位的墙体绿化，以使植物的生长达到最佳的耐阴、水热等适应性。

湿度是墙体生境中关键的影响因子，能促进墙体微环境的形成。由于湿度等的不同，墙体顶部、垂直面以及基部形成了三个不同的微环境，不同微环境中植物种类分布不同，湿度更高的顶部与基部植物多样性也更高。对于不同构造材料的墙体，由于砖墙、石墙具有较强的保水性，能支持更多的植物生长，而保水性差的混凝土墙不利于植物生长（Li et al.，2016；Roy，2004）。同时，遮阴率也会影响墙体的湿度（Jim，2008），从而影响墙体植物的多样性。在澳门、浙江以及重庆等的城市墙体植物研究中，均根据墙体植物对水分梯度的适应性划分出了不同耐旱程度的植物种类，为墙体绿化不同湿度要求的植物种类选择提供了参考与借鉴。

风速因子与墙体生境间的关系还未有深入调查，由已有研究表明，风速与风向受到方位及建筑物的密度、路宽等周围环境的影响。未来应加强对不同风速下的墙体植物生长特点的调查研究，以使在墙体绿化中能更好地把控不同风速带来的影响。相比于城市绿地等小气候的广泛研究，墙体小气候的研究还较缺乏，为实现墙体绿化的低维护及可持续性，应加强相关的调查研究，结合人为改善生境的途径，以降低小气候波动给植物生长带来的影响。此外，墙体周围生境的粗放管理程度、基部硬化程度以及人为干扰等均能影响墙体植物多样性。研究表明，城市绿地的粗放管理程度与生物多样性呈正相关，因此，减弱城市绿地的管理强度，能为更多的自然植物生长创造机会，增强城市生物多样性。

5.5 城市外来植物入侵

生物入侵比人类引起的气候变化造成的物种灭绝更多，是继栖息地丧失导致物种灭绝的第二大原因；生物入侵也是生物多样性减少的主要原因之一。尤其是入侵植物，是导致本地物种减少和生态系统退化的主要原因。入侵植物往往分布广泛并具有较强的适应性。

它们能取代本地物种，破坏本地植物群落的结构和功能，并且会进一步影响以该地植物群落为生境的各种动物或微生物的生存条件，导致局部或区域生物多样性降低，最终使得当地生态系统失衡并丧失原有功能。入侵植物的不断扩张，降低了本地植物区系的独特性，甚至导致全球物种组成趋于均一化。越来越严峻的植物入侵问题，不仅给生态环境带来了巨大的挑战，也带来了巨大的经济损失，如何应对这个问题已经成为各个国家的环保、农业、林草等相关部门面临的新挑战。为了从根本上有效控制外来植物的入侵趋势，对外来植物入侵机制的探讨也就成了入侵生态学研究的核心之一。本节主要介绍植物入侵机制、入侵植物的繁殖策略及入侵植物的影响。

5.5.1　相关概念

①本地种(native species)　也称土著种(indigenous species)或原生种(original species)，是指分布在原生地(native range)的物种，即在其自然占领的或无须人类直接或间接引种也能占领的分布区内的物种、亚种或更低的物种分类单元。

②外来种(exotic/alien species)　是指一个地区或国家由于有意或无意而引入的其历史上未曾有分布的物种，其中被有意识引入的外来种称为引入种(introduced species)，如常用于园林绿化、经济栽培的园艺品种、经济作物等。外来种以耐受性强的泛化种为主，与本地种相比，它们对城市环境有更强的抵抗力。城市地区偶发的本地种的局地灭绝在一定程度上与外来种有关。

③入侵种(invasive species)　指本地或外来种在某地成功定殖、竞争、繁殖和传播。

④外来入侵物种(exotic/alien invasive species，EIS/AIS)　是指外来种进入一个新的地区并能存活、繁殖，形成驯化种群，而且其种群进一步扩散，已经或即将造成明显的生态或经济后果甚至成为危害人类健康的物种，这一现象称为生物入侵(biological invasion)，其中由外来植物引起的生物入侵即为植物入侵(plant invasion)。

⑤非入侵种(non-invasive species)　是指在引入地其种群可以自我维持但不扩散，即外来种居留成功，但只是停留在引入地，没有扩散到相邻的地区，不会引起当地群落的显著改变，并且不会显著改变当地生态系统原本相对稳定的功能的物种。

⑥归化种(naturalized species)　归化是指物种适应生态系统的过程，是某一个体(一代)对环境变化的调节。归化种是已经融入本地动植物区系当中、参与当地生态过程且不再产生暴发性生态灾难的外来物种。通常是由于入侵时间长，导致生态再次平衡。

5.5.2　城市外来植物入侵方式

(1)自然入侵

以非生物因子或生物因子作为媒介传播导致的植物入侵，即没有人为影响下的自然分布区的扩展，或借助气流、水流等自然因素，或鸟类、兽类等动物的力量实现自然扩散。

(2)人类运输的无意间带入

通过人类的运输工具、工作器具、包装物品、栽培物土壤、苗木等带来的植物入侵。

(3)人为有意的引入

由于引种不当，使得部分引入的物种在当地成为有害的种类。人为有意引入是植物入侵的主要途径，外来植物常常作为观赏植物、药用植物、蔬菜、绿化植物、牧草和饲料等而被引入。如原产美洲的凤眼莲(又称水葫芦 *Eichhornia crassipes*)最初是作为饲料和观赏植物被引入中国，大米草(*Spartina anglica*)作为防浪护堤、保护滩涂的植物引入。

5.5.3 外来植物入侵过程

外来植物的入侵过程一般可分为四个基本阶段：引入或传入、定殖、种群建立以及扩散，具体如图 5-12 所示。

种群的引(传)入是指某一种植物离开原生地后经过长距离的运输到达新环境，有人为引入和偶然带入两种方式，由这一部分被引入的带有亲代群体中部分等位基因的少数个体重新建立的种群称为奠基种群(founder population)。

种群的定殖(colonization)是指上述外来植物刚刚传入新的地区，奠基种群中的某些个体经过传入地的非生物因子及生物因子(如本地植物、病原物、取食动物等)的筛选后，开始适应传入地的环境而存活下来，并能依靠有性或无性繁殖形成新的种群，但是尚未建立起足够定殖的种群。

种群的建立(establishment)是指个别个体在适应了传入地的生物及非生物环境后，种群数量有了一定的扩增积累，并开始归化为当地种的阶段。因而可以看出，被引入的奠基种群一般有两种结局：①奠基种群因为数量太小而缺乏足够的遗传变异或阿利效应(Allee effects)等，导致其不能很好地适应引入地的环境，使得该奠基种群不能自我维持而最终消退灭绝；②奠基种群在引入地居留成功，并建立了可自我维持的种群。因此，不是所有的外来种都会成为入侵种而造成生态灾难，其中在引入地居留成功的极少数外来植物，往往会进入一段潜伏期(lag phase)积累种群数量而不是立即爆发。

外来植物建立可自我维持的种群后，居留成功的种群数量急剧增加，种群进入了进一步向外扩散(spread)的阶段；居留成功的外来植物向外不断蔓延扩张，将会对引入地生态系统的结构和功能造成显著的破坏，这时的外来植物就成了入侵植物。一般而言，每个阶段的完成，均只有大约10%的成功率，即生物入侵的"十数定律"(下文详述)。

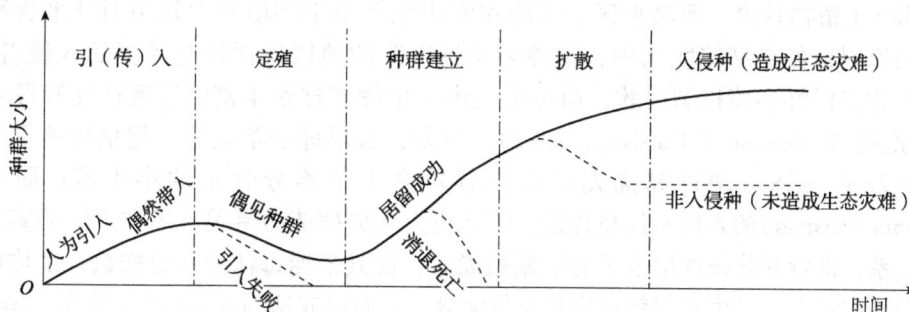

图 5-12 外来植物入侵扩散过程(王明娜等，2014)

5.5.4 植物入侵机制

向新栖息地过渡的植物必须经过一系列过滤才能建立种群，过滤机制假说包括：历史性过滤(historical filter)，即物种是否到达以及何时到达；生理性过滤(physiological filter)，即物种是否能够发芽、生长、存活和繁殖；生物性过滤(biotic filter)，即物种是否能够成功地竞争和捍卫自己种群。

　　并非每一次引(传)入都会成为入侵种,只有少数被归化的物种会有入侵性。Williamson和Fitter(1996)提出了植物和动物作为入侵者进入新的区域后能够成功的"十数定律"。这一定律表明:大约有10%的外来生物被引入新的生境后,可以在新的生境成功建立稳定的种群并成为归化生物;而在归化生物中,大约10%能够形成生物入侵并成为入侵生物。虽然植物越过边界成为入侵种的比例似乎很低,但这些少量的入侵种对本地种群、群落和生态系统的进程会产生根本性的影响。

　　自1958年以来,生态学家试图了解外来种是如何成为入侵种的,以便预测入侵的地点和时间。关于植物入侵的机制有以下几种假说和解释。

5.5.4.1　生物抵抗假说

　　生物抵抗假说(biotic resistance hypothesis)认为,新栖息地是一个有机整体,可通过本地种、物种多样性、植食动物、真菌或病原体等有机因子对入侵者产生不利影响,即对入侵植物产生抵抗力以抵制其入侵,如果外来植物一旦突破这种抵抗,就可能实现成功入侵。通常发生植物入侵的栖息地生物抵抗力较弱。

　　生物抵抗机制的意义:①在生态保护方面,可用于预测哪些群落最容易受到入侵,如果要采用天敌、病原体或真菌等生物防除因子以防止生物入侵,应尽可能在种群建立之前实施,但目前尚难以操作;②在基础理论方面,可尝试回答一些主流生态学问题,如到底是植物种群的种子,还是立地条件限制或促使群落变得更难以被入侵。

5.5.4.2　资源机遇假说

　　除生物抵抗外,温度、水分、营养物质等非生物资源的低获得性也可成为外来植物生存的压力。资源机遇假说(resource opportunity hypothesis)认为,若外来植物在新栖息地的光、热、水、营养等资源可获得性好,则易于入侵,而在高温、高盐等不利生境则可能限制其入侵。这也是通常茂密或成熟的林地、盐沼、高山、沙地及破碎栖息地,由于环境压力较大而外来植物较少,而濒水区、岛屿和农用地等由于环境压力较小而外来物种却相对较多的原因;如在某些案例中,物种多样性丰富的地区反而还有较多的入侵者个体,这并非生物多样性屏障机制失效,而可能是由于生物多样性丰富的地区往往资源可获得性好的原因(Williamson & Harrison, 2002)。例如,喜旱莲子草成为入侵植物的重要原因可能是较高的形态可塑性和优先占据具有较高土壤养分含量的小生境;而凤眼莲(Eichhornia crassipes)的入侵不仅与其强大的适应力和繁殖能力有关,还与水体的富营养化有很大关系,富营养化条件增强了它的繁殖能力,使其平均每株母株分株数、平均株高及总生物量极大增大,其生长优势导致其竞争优势,从而形成植物入侵(赵月琴等,2006;贾昕等,2008)。

5.5.4.3　空生态位假说

　　Davis等(2000)提出资源的波动导致外来物种入侵植物群落。干扰往往引起波动及资源供应和利用的不平衡。但是,如果一个相对稳定的群落恰好有未利用的资源,并且这些资源对新来的物种来说是可以利用的。因此,空生态位假说(empty niche hypothesis)表明外来植物可以通过获取当地物种未利用的资源,从而在新的群落中成功定居。

　　为了检验空生态位假说的正确性,Hierro等(2005)建议对入侵物种在其本地和引入地进行平行研究，以表明入侵物种正在利用新群落中的资源，同时也表明这些资源未被本地群落中的其他植物利用。如黄矢车菊（*Centaurea solstitialis*）以其庞大而深的根系主宰着加利福尼亚草原，这些根在其他植被的浅根之下，从而吸收深层未利用的水资源（Roche et al., 2000）。

5.5.4.4　多样性—入侵性假说

物种丰富的群落被认为利用了更多的资源，可供入侵的空生态位较少，可能不太容易被入侵。这是查尔斯·埃尔顿（Charles Elton）的多样性不可入侵假说发展的主要概念之一，该假说指出，更加多样的群落不易受到入侵。这一假说得到了 Tilman 的支持，并进行了证明。

Tilman 认为，随着群落多样性的增加，可入侵性降低。他引用群落聚集的随机理论证明了这一理论的正确性。在这个理论中，每一个进入群落的新物种都当作入侵者对待。在群落中建立个体有三个要求：①群落的形成是入侵者繁殖成功与失败的结果；②入侵者的繁殖体只有利用未利用的资源才能存活和繁殖；③入侵者种群的成功建立取决于入侵者与群落中其他物种的资源需求情况。在一个群落的形成过程中，越来越多的入侵者利用未使用的资源，当入侵者数量增加时，可利用的资源数量减少，使新入侵者难以建立自己种群。有了这些假设，一个群落中入侵者的数量将会随着其多样化而趋于平稳。这个理论模仿了逻辑斯谛理论和环境最大承载量的概念。随着物种数量的增加，接近一个系统可以支持的物种数的最大值。随着物种数量的增加，新入侵者入侵的可能性降低，并提出了几种解释不同系统抵抗入侵的机制，包括拥挤效应（crowding effect）、互补效应（complimentary effect）和抽样效应（sampling effect）。

拥挤效应是丰富多样的物种降低被入侵的一种机制。在一个拥挤的群落里，几乎没有建立入侵幼苗的空间。

互补效应是指多个物种利用不同资源或不同来源资源的能力不同，从而使它们能够在同一地区共存。植物通过占据不同的生态位互相补充（空生态位假说）。在群落中相互补充的植物有效利用各种资源，使群落能够抵抗入侵。

资源可以更有效地利用，因为可能拥有一种在捕获资源方面非常有效的物种，这称为抽样效应，它在群落对入侵的敏感性中发挥作用。一个高度多样化的群落更有可能包括一个能够与入侵者抗衡的物种。抽样效应代表了一种可能的机制，可以解释为什么多样性更高的群落不易受到入侵。

5.5.4.5　土壤生物群促进说

土壤生物群可以促进外来植物的入侵。土壤生物群可以改变土壤条件，使外来物种比本地物种更容易传播。Reinhart 和 Callaway（2006）提出了互利共生假说，承认新栖息地土壤微生物对入侵者的生长起到促进作用。这个假说所指的互利共生者是那些形成的菌根真菌和固氮菌。

豆科植物对新栖息地的入侵可能是由固氮细菌促进的。入侵的豆科植物产生根瘤需要一定的固氮细菌。有些豆科植物入侵是能够借助于本地细菌，有些则本身携带了固氮细菌。例如，固氮放线菌（*Frankia*）与火树（*Myrica faya*）（均来自同一栖息地）保持共生关系，它们入侵并改变夏威夷生态系统中的氮循环。

入侵生境中某些土壤生物群的存在可能不会促进入侵植物物种的更快生长和传播，而是比其原生生境中的生物群提供更少的限制。原生生境中土壤微生物的活动不仅可以通过限制有效养分来限制植物的生长，还可以通过提供负反馈来控制植物的生长。因此，当某物种被引入新的地方时，它可能不会受到限制其生长和扩散的约束。Callaway 等（2004）报道了斑点矢车菊在欧洲本土土壤中比在北美土壤中受到土壤微生物的更大抑制作用。他们将两种土壤中入侵物种的表现差异归因于不同的反馈机制。

5.5.4.6　入侵崩溃假说

植物入侵的便利性不仅可能是由土壤微生物和菌根真菌提供，也可能是由各种动植物提供的。入侵崩溃假说表明，越来越多的外来物种促进了额外的入侵。随着入侵物种数量的增加，原生态系统面临着崩溃的危险。植物或动物入侵都可以促进入侵生态系统的崩溃，植物改变土壤特性从而促进其他物种的入侵。

在南佛罗里达州引进传粉黄蜂，使得依赖传粉者繁殖的榕树物种成为可能。一些外来的植物入侵生态系统后，食草动物也跟随而来。外来的草食动物可以减少本地植物与外来植物之间的竞争。

5.5.4.7　天敌假说

一些植物入侵成功，因为它们逃脱了抑制其在本地扩散的天敌。天敌假说假定天敌在其本地范围内抑制植物，而正是这些天敌的缺失使得外来种群在新的栖息地暴发。这些天敌不仅限于食草动物，真菌病原体和破坏性土壤生物群也可被视为天敌。天敌假说基于三点：①植物种群受天敌的控制；②本地种群受到天敌的影响比外来物种更大；③减少天敌对外来种的控制将会导致外来植物种群增长。

为了证明天敌假说，学者开展了相关试验研究。毛野牡丹藤（*Clidemia hirta*）是一种原产于哥斯达黎加的热带灌木，入侵夏威夷，利用杀虫剂和杀菌剂来测试天敌假设。据观察，在哥斯达黎加使用的试验后，毛野牡丹藤的存活率增加了 41%（图 5-13）（DeWalt et al.，2004），而夏威夷的毛野牡丹藤生长不受杀菌剂的影响，这表明真菌病原体只限制毛野牡丹藤在其本土的生长。在夏威夷，毛野牡丹藤逃脱了真菌病原体的抑制，从而在夏威夷成功入侵。

天敌假说为使用生物防控提供了依据。如果一种植物被某种特殊的食草动物或病原体抑制，那么这种特殊的天敌就可以用来调节被引入栖息地的植物种群。对入侵美国河岸地区的亚洲树种多枝柽柳（*Tamarix ramosissima*），用柽柳条叶甲虫（*Diorhabda elongata desertico-la*）对其进行生物防治开展了田间试验。在这项研究中，多枝柽柳和甲虫放置在一起。结果发现，多枝柽柳 60%~99% 的落叶被甲虫啃食，并观察到在随后的生长季节，多枝柽柳大量顶梢枯死、幼树死亡和再生有限（Lewis et al.，2003）。多枝柽柳物种在美国的成功入侵是天敌假说的一个例子，因为它逃脱了原产地的专一性天敌。

在天敌机制研究中，可立足自然天敌、入侵物种以及本地种之间的相互作用，加强如下研究：①区分广谱性和专食性植食动物对外来植物的影响；②开展入侵种在原生区域与新栖息地的自然天敌的对比研究；③同一地区本土种和外来种的比较，尤其是生态学方面具有相似性的竞争者物种之间的比较；④具有入侵性的引入种和非入侵性的引入种之间的比较；⑤一定区域范围内不同群落之间的种群生长率和自然天敌丰度之间的比较研究。

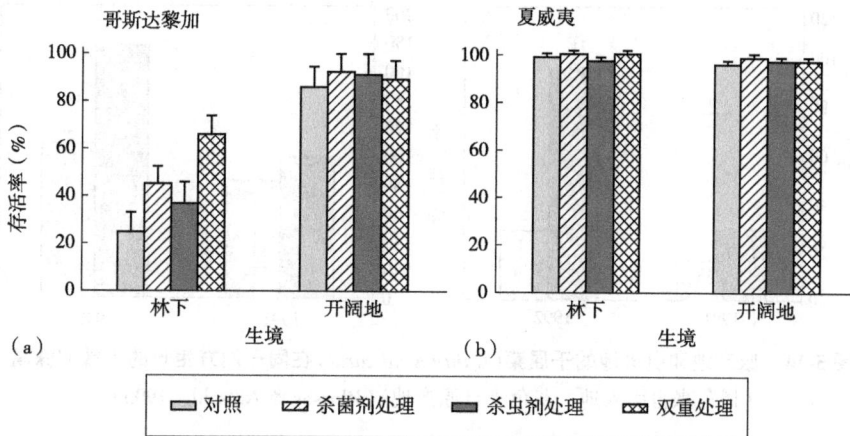

图 5-13　毛野牡丹藤在原产地哥斯达黎加（Costa Rica）和引入地夏威夷（Hawaii）四种天敌处理下的存活率（DeWalt et al.，2004）

5.5.4.8　增强竞争能力的进化假说

　　植物的原产地，在寄生虫、病原体或动物等自然天敌存在下，植物为了生存和繁殖，形成了对这些天敌的防御和容忍策略；随着时间的推移，植物与专有天敌的关系往往是协同进化的，植物种类已经进化到用于防御天敌的防御资源。当这些植物被引入新的栖息地时，它们可将资源投向生长和繁殖，这可能是引入植物具有入侵性的原因。增强竞争能力的进化（evolution of increased competitive ability，EICA）假说比天敌假说更进一步，假说指出：只有当植物摆脱了协同进化的专一性天敌时，它们在被引入的群落中利用以前用于防御的资源进行生长和繁殖。

　　一种有效的检验 EICA 的方法是，将入侵种的原产地和引进地区的种子种植在相同条件下，同时排除害虫。例如，来自两个地方的千屈菜（*Lythrum salicaria*）生长在相同的条件下，一个有草食者（Leselle，Switzerland，当地种），另一个没有草食者（Ithaca，New York，引入地）；据观察，引入地的千屈菜具有更大的营养生长量（图 5-14）（Blossey & Nötzold，1995）。这一结果可以解释为，引入千屈菜已经摆脱了草食植物的压力，能够为生长分配更多的资源。

5.5.4.9　繁殖特性

　　一些植物入侵的成功可以解释为植物将资源从防御到繁殖的重新分配；或者一些具有快速大量繁殖能力的物种，可能成为入侵者。一些研究者指出，入侵植物往往是 *r*-选择者，它们往往入侵受干扰的栖息地。这似乎是几种松属（*Pinus*）植物超出其自然范围入侵世界各地采用的策略。如蒙达利松（*Pinus radiata*）、扭叶松（*P. contorta*）、叙利亚松（*P. halepensis*）、展枝柏（*P. patula*）、海岸松（*P. pinaster*）等。

5.5.4.10　新武器假说、新防卫假说

　　新武器假说（novel weapon hypothesis），是外来入侵植物与本地物种之间往往存在着相互制约的作用。这类影响通常是由于入侵植物根部分泌的物质可以抑制其他植物的种子萌

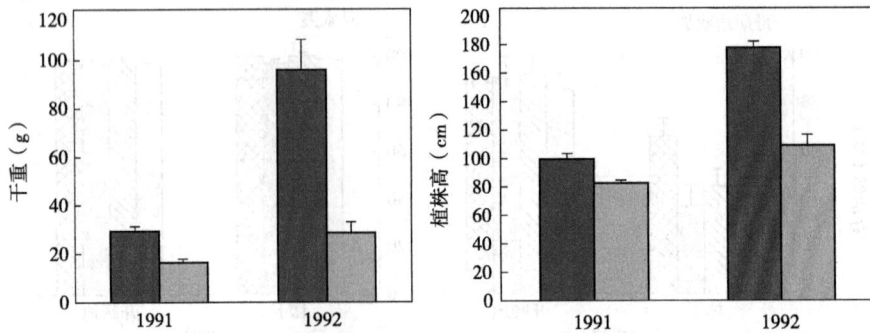

图 5-14　原产地和引进地的千屈菜(*Lythrum salicaria*)**在同一地方生长的干重和株高**
（黑色来自引入地，灰色来自原产地）（Blossey & Nötzold，1995）

芽和植株发育，即化感作用。有研究发现，互花米草分泌化感物质能够抑制本地植物海三棱藨草(*Scirpus mariqueter*)种子的萌发，从而实现入侵。

外来入侵植物的化感作用既可以排斥本地物种，还可以通过延后发育、拒食和毒性等作用降低其他捕食者对其的摄食，进而获得竞争优势，顺利入侵。于是，专家学者们又提出"新防卫假说"（new defense hypothesis）。

5.5.4.11　综合机制

尽管学者已经提出了几种入侵机制，并通过实例加以证明，但很明显，许多物种使用一种以上的机制来获得其新栖息地的竞争优势。生物入侵本身是个复杂的过程，因而影响外来植物成功入侵的因素往往也是多种多样的。某些假说在一定程度上确实解释了外来种的入侵规律，但每一种理论假说都有其应用的局限性。很难判断一个生态系统受到外来种的入侵具体是由哪一个因子或哪几个因子起主导作用，也难以单独用某一种假说来解释所有的生物入侵现象，这往往需要联合多种相互关联的假说才能较好地解释入侵机理。

生物入侵已成为全球广泛关注的重大问题，然而目前对于外来植物入侵机制的研究仍处于探索阶段。一方面，大多数研究是从物种的生物学和生态学规律出发，或者经过一定的逻辑推理而形成一些假设和模型，只在部分入侵杂草类群中得到验证，不少假说也存在一定的重叠问题，有待业内学者们进一步统一规范；另一方面，对于植物入侵机理了解得还不够系统全面，尚存在许多悬而未决的问题，因此有必要从不同方面对植物入侵机制进行详细研究。例如，可以对植物的遗传学、基因组学进行全面的研究；也可以从入侵植物内生菌的作用进行探索等。总之，入侵机制是入侵生态学研究的核心问题，掌握外来种成功入侵的原因对入侵生物学的研究是极为重要的。同时，深入研究生物入侵机制，预测生物入侵并采取适当的防御措施，对防治或降低入侵物种所造成的危害均具有重要的意义。

5.5.5　入侵植物的特征

很多研究案例表明，一些外来种之所以能成功入侵与其生活史特征、表型可塑性、适应性进化等密切相关，下述情况较大程度上决定了外来种的入侵能力及入侵的时空变化过程。

5.5.5.1　入侵植物的形态、生长发育特征

通过对成功定殖和未成功定殖的外来种、入侵性物种和非入侵性物种诸多性状的系统比较，人们归纳出了许多与植物入侵性关系较为密切的生活史特征。

在植物的形态、生长、生理、繁殖及与环境适应相关的诸多性状中，有一些与入侵性的关系比较密切，如生长较快、生殖力强、利用资源能力强、比叶面积大、光合效率高等。针对某一性状，其与入侵性的具体关系因物种、入侵阶段而异，此外还受到生物地理学特征（如气候条件）、环境状况（如资源水平、被干扰程度）等因素的影响。

(1)形态特征

①植株高度　一般而言，植株高大（相对于同属的其他植物或入侵地的本地种而言）有利于入侵。这是因为植株较高时，有利于提高与其他植物的竞争力，抵御或耐受天敌和非生物环境因子胁迫的能力相对较强，而且这样的植物产生的后代也较多。

②种子大小和形态　种子小是多数入侵植物的共同特征，尤其在生境存在物理干扰的情况下，小种子对入侵十分有利。有研究人员对澳大利亚东部 150 多种外来植物分析发现，当地许多植物的成功入侵与种子小有较大关系。禾本科、菊科、苋科中许多入侵性很强的植物千粒重均很小。在松属(Pinus)植物中，种子大小是衡量入侵性强弱的重要指标，小种子的入侵性相对较强。

但是，也有许多植物其入侵性与种子大小无明显关系，或者呈现与上述相反的关系。例如，禾本科、菊科中有些入侵种的种子要大于伴生的同属本地种。因此种子大小与入侵性的具体关系因植物种类、环境条件等因素而异。实际上，种子小和种子大的植物各自有入侵方面的优势：种子小者，种子产出数量通常较多，易被风传播，在土壤中存留的时间较长，故进行大范围快速扩散的潜力较大，同时成功定殖的概率也较高（种子数量大，表明有较多的个体有定殖机会）；而种子大者，虽然种子产出数量通常较少，也不利于传播，但由于种子生物量大，易在资源短缺（如高度荫蔽、土壤湿度低等）、存在植食性天敌和竞争者的环境中定殖。

许多入侵植物的种子具有适合传播的形态。例如，加拿大一枝黄花、薇甘菊、紫茎泽兰、飞机草这些入侵性很强的植物种子不仅轻小还带有冠毛，十分适合风力传播。又如，豚草和三裂叶豚草的种子具有钩刺，易被人类或动物携带四处传播。

(2)生长发育特征

入侵性强的外来植物常具有种子萌发速度快、存活力强、比叶面积大、生长快等特征，这些优势有利于提高光合效率，增强对水、营养、空间等资源的利用能力，从而促进入侵。

①种子萌发和休眠特性　入侵植物的种子成熟期一般较短，而且不少种类（尤其是入侵性杂草）种子无休眠期，新鲜种子可直接萌发，或者休眠期短，十分容易解除休眠。例如，在北美洲的外来入侵植物中，有 51% 种类的种子无须休眠可直接萌发，相比之下，本地植物中具此特性的种类只占 30%。又如，夏威夷的入侵植物羽绒狼尾草(Pennisetum setaceum)新鲜种子萌发率达 45%，而当地的一种竞争植物扭黄茅(Heteropogon contortus)新鲜种子萌发率只有 13%。总体而言，多数本地植物的种子需经历一个较长的时期之后才能解除休眠，由此其种群增长受到制约，在与入侵植物的竞争中处于劣势。

另外，许多入侵植物的种子休眠期间具很强的存活能力，在土壤中即使历经多年仍能

正常萌发。此类植物经多年积累之后可形成一个较大的种子库，其中的种子可分期萌发，由此避免同时萌发可能带来的灭绝风险，表现出很强的环境适应能力。

②比叶面积　比叶面积（specific leaf area，SLA）是指叶片单位质量的叶面积。比叶面积大的外来植物定殖潜力较大。此类植物的特点是新叶产生快，叶片生长迅速，对光、水分和养分等资源的利用能力较强。

③生长速度和空间占有能力　入侵植物一般生长速度较快，传入后能迅速建立种群。例如，在地中海气候区很多入侵植物在苗期就生长较快，同时比叶面积较大，在夏季干旱到来之前就能形成发达根系，表现出很强的利用土壤资源、耐受不良环境的能力。而且，很多入侵植物一旦定殖，植株地上或地下部分即迅速向旁侧生长，根系迅速增大，枝条增多，表现出很强的空间占有能力。该特性有利于植物快速利用资源，在短期内建起庞大种群。

④发育成熟期　发育成熟期是指植物从开始生长至发育成熟所需要的时间。与非入侵植物相比，入侵植物的发育成熟期通常较短，因而短时间内能产生较多后代，迅速扩大种群数量。在北美洲，入侵性木本植物的发育成熟期平均只有 4 年，而本地植物则为 6.9 年。在松属植物中，入侵种幼树期的历时通常短于非入侵种，能较早产生种子。

5.5.5.2　入侵植物的繁殖特征

（1）开花时间

开花早有利于入侵。一个很好的印证是，在欧洲中部的外来植物中开花早者传入的年份往往较早，而开花迟者传入时间相对较迟。但是开花早不一定是入侵植物的共性。例如，千屈菜在原产地开花较早，而在入侵地由于开花前的营养生长期明显延长，开花时间反而推迟（Chun et al.，2007）。

入侵植物尤其是木本类的花期通常较长，这对入侵和扩张十分有利。在花期较长情况下，花粉产生量较大，可吸引较多传粉昆虫而产生较多种子，由此增加种子被传播的机会。例如，在加拿大，从欧洲传入的许多入侵植物开花期要长于非入侵的同属植物。在地中海岛屿、加拿大安大略等地，花期长的外来植物种群密度一般要高一些，也反映出花期与入侵的重要关系（Lloret et al.，2005；Cadotte et al.，2006）。

（2）繁殖能力

植物繁殖能力与入侵能力通常呈正相关，即繁殖力越高入侵能力往往越强。入侵性植物的种子生产能力通常强于同属的非入侵性植物或入侵地本土植物，这种差异不仅体现在产生种子的数量上，还体现在种子总生物量上。

很多入侵植物具有很强的繁殖能力。例如，薇甘菊花的生物量约占植株地上总生物量的 40%，在 0.25 m² 的范围内可产生 2 万~5 万个花序，8 万~20 万朵小花，产生的种子在 10 万粒以上。许多能进行营养繁殖的入侵植物具惊人的繁殖速度。例如，凤眼莲（*Eichhornia crassipes*）萌蘖速度相当快，适宜条件下每 5d 就能繁殖出一株新植株，植株数量呈几何级增长。

（3）繁殖策略

繁殖策略作为植物生活史中的一个重要环节，在植物种群增长和扩散、群落结构和生态系统功能等生态过程中均具有重要作用。已有研究表明，植物繁殖策略影响着外来植物入侵进程及其生态学效应，但目前有关研究相对较少（张大勇，2004；Li et al.，2012）。明确外来植物的繁殖策略以及对本土植物繁殖的影响，将有利于进一步剖析外来植物的入侵机制，为预测和防控入侵生物提供指导。

①入侵植物的自交与 Baker 定律　了解入侵植物的繁殖特性与入侵能力间的相关性有利于人们预测入侵植物的风险。自交亲和（self-compatibility），尤其是自花授粉（self-pollination），是植物应对交配限制和传粉者不足等环境压力，实现短期内种群快速增长、扩散和传播的重要繁殖策略。Baker（1955）首次提出：能自交亲和的外来植物，特别是能进行自花授粉的物种，更可能定殖而成为入侵种。因为植物被人类有意或无意地长距离移送到一个新环境之后，最初只有极少量的个体，存在着严重的交配限制和传粉者不足的情况；只有自交亲和的、能进行自花授粉的植物通过自我繁育，才能快速克服繁殖的障碍；这称为Baker 定律（Baker's Law 或 Baker's Rule）。随着 Baker 定律的发现，有大量的实验数据表明自交亲和的植物比自交不亲和的植物更容易成为入侵种。例如，菊科大部分种是自交不亲和的，但广泛分布于我国的 12 种入侵菊科植物中有 8 种自交亲和，而全球 36.8% 的菊科入侵植物自交亲和（Hao et al.，2011）。分布于南非的 17 种入侵植物中有 13 种木本植物均能自花授粉（Rambuda & Johnson，2004）。

②入侵植物的无性（克隆）繁殖与无融合生殖　植物的无性（克隆）繁殖与无融合生殖方式可以说是 Baker 定律的极端情况，两种繁殖方式在理论上保证了植物仅有一个繁殖体便可在新生境中定殖和建群。大量研究表明，无性繁殖和无融合生殖也是入侵植物的重要繁殖模式（董鸣，2011）。如在我国的 515 种入侵植物中克隆植物有 196 种，占总数的 38.1%（王宁等，2016）。无融合生殖的西洋蒲公英（*Taraxacum officinale*）原来分布于欧亚大陆，现在已是美洲、非洲南部、澳洲和新西兰等地的杂草（Kandori et al.，2009）。

研究表明无性繁殖和无融合生殖能提高植物在异质环境下获取资源的能力，而提高植物应对环境胁迫的能力是一些外来植物入侵的重要机制。例如，原产巴西已成为全球危害最为严重的物种之一凤眼莲（*Eichhornia crassipes*）为三型花柱植物，在入侵地北美和中国每个种群基本上只有一种交配型，几乎完全依赖无性繁殖来定殖和扩散（Barrett et al.，2008）。在我国危害最为严重的喜旱莲子草（*Alternanthera philoxeroides*），在原产地南美为雌花两性花异株植物，可以有性繁殖，但在入侵地仅通过匍匐茎、根状茎和宿根等方式进行无性繁殖。

③入侵植物繁育系统的改变　外来植物的繁育系统在入侵后发生改变，主要是从异交（或有性繁殖）为主转变成自交（或无性）繁殖，即在入侵过程中由于遗传漂变和奠基者效应，仅有一种交配型被保留下来从而被迫进行自交（无性）繁殖（Barrett et al.，2008）。例如，Ward 等（2012）发现入侵到澳大利亚的 3 种萝藦属（*Asclepias*）植物均具有自交亲和的繁育系统，这在普遍自交不亲和的萝藦属中非常罕见，虽然研究涉及的 2 种在原产地自交亲和，但还有 1 种在原产地为自交不亲和。

生物入侵主要包括引入、定殖、建群和扩散四个阶段。繁育系统的改变不仅表现在建群阶段，也表现在扩散阶段。可塑的繁育系统可赋予入侵植物更强的适应和入侵能力：入侵早期从异交到自交的繁殖策略促进了入侵植物在新生境的快速定殖和建群，入侵后从自交到异交的繁殖策略提高了外来植物对更广阔领地的拓殖能力。

④入侵植物的性系统与生活型　72% 的有花植物具两性花，而雌雄同（异）株、雌花两性花同（异）株和雄花两性花同（异）株等性系统共占 28%（Huang & Guo，2000）。两性花比其他性分离的系统更容易实现自交，增加其在新生境中缺少交配对象时的自我繁殖机会，

极有可能在入侵植物中广泛分布。van Etten 等(2017)系统分析了美国分布的 1077 种植物的性系统，发现入侵植物具有更高比例的两性花性系统，而本土植物则多为雌雄同株。

入侵植物和本土植物在生活型和性系统上也存在差异。Razanajatovo 等(2016)利用系统发育广义线性模型和路径分析的方法，分析了全球 1752 种植物的繁育系统、生活史特征及其与原产地和入侵地分布范围的关系，认为自交繁育系统更多地出现在一年生和二年生草本植物中，这些植物具有更广的分布范围；而异交更多地出现在多年生木本植物中。

⑤入侵植物的资源配置策略　天敌假说和增强竞争能力的进化假说推测：外来植物在入侵地由于逃脱了原产地天敌的束缚和制约，可将在原产地部分用于抵抗天敌的资源重新分配到营养和繁殖器官，从而提高入侵植物对新环境的适应和拓殖能力。例如，入侵植物在入侵地往往比在原产地产生更多的花朵和种子(Gonzalez-Teuber et al., 2017)。在原产地有天敌攻击繁殖器官的类群中这种效应更加明显。如雌雄异株的叉枝蝇子草(*Silene latifolia*)在欧洲原产地有较厚的果皮保护种子免遭啃食，但在缺乏天敌的美洲入侵地果皮变薄并产生较大较多的种子(Blair & Wolfe, 2004)。未来的比较研究若能考虑个体内营养生长与生殖生长间以及物理防御与化学防御间可能存在的权衡关系(trade-off)，有望为天敌逃逸或增强竞争能力的进化假说提供有力的证据。

(4) 入侵植物对本土植物繁殖和演化的影响

对依赖传粉者授粉结实的外来植物来讲，能否成功整合到本地的传粉网络中并借助本地的传粉者为其授粉，是决定外来植物能否成功入侵的关键(McKinney & Goodell, 2011)。由于在繁殖策略、繁殖系统和性系统等方面与本土植物存在差异，外来植物一旦整合到当地传粉系统中，将可能改变原有植物与传粉者互作的网络结构，影响本土植物的繁殖性状及其演化。研究表明，入侵植物可从下述三个层次和水平影响本土植物的繁殖和演化(孙士国等，2018)。

①入侵植物与本土植物间的传粉者竞争(促进)作用　入侵植物可通过传粉者竞争或促进间接影响本土植物的繁殖能力。传粉者竞争(Pollination competition)是指入侵植物与本土植物竞争有限的传粉者、降低本土植物的传粉者访问频率等，进而抑制本土植物的有性繁殖过程。在美国东部，千屈菜的入侵导致 36 种同域分布的本土植物的传粉者访问频率平均降低 20% 以上(Goodell & Parker, 2017)。

传粉者促进(pollinator facilitation)是指入侵植物常通过较大的花和较多的开花数量来增强对传粉者的吸引力，导致其种群拥有更高的传粉者访问频率和种子产量。如具腺凤仙花和金银忍冬(*Lonicera maackii*，原产中国)，两物种分别在入侵地英国布里斯托和美国俄亥俄州吸引了大量传粉者，也提高了本土植物的访花频率和结实率(McKinney & Goodell, 2011)。具腺凤仙花与不同地域的本土植物相遇时，表现出传粉者竞争和促进两种不同的效应(Lopezaraiz-Mikel et al., 2007)。

原产北美洲的加拿大一枝黄花(*Solidago canadensis*)在入侵地中国的中东部虽然与同科的苦苣菜(*Sonchus oleraceus*)和中华苦荬菜(*Ixeris chinensis*)具有相似的花部形态，但它与苦苣菜之间有强烈的传粉者促进效应，而与中华苦荬菜存在显著的传粉者竞争关系(Sun et al., 2013)。这种一正一反的生态效应导致了不同的后果。传粉者竞争会加剧零星分布的本土植物种群消亡，这对稀有、濒危物种来说尤为不利；而传粉者促进却能促使某些本土植物繁盛。因此，了解入侵物种和本土物种与共享传粉者间的相互作用，对制订入侵种管理对策以及本土植物保护策略有借鉴意义。但入侵种对本土种的两种不同效应是如何发生的，是否与物种间的亲缘关系、花部性状的相似性、生长环境以及同域共存物种有关系，至今没有发现具有普遍意义的规律。其中，物种间的空间距离或者物种的排列方式被认为有一定的影响（Charlebois & Sargent，2017）。

②入侵植物对本土传粉网络的影响 入侵植物可通过改变传粉网络的结构来影响本土植物的繁殖与种群动态。植物—传粉者互作网络结构的研究是近年来在国际上兴起的研究群落内物种关系的新方向。通过考察群落内所有开花植物与传粉者间的网状结构关系，借助网络拓扑学的方法来定性或定量分析某类植物（动物）的变化（演替、迁移、灭亡和入侵等）对本土传粉系统结构的影响。已有研究表明，群落中不同物种所处的角色和地位不同，少数物种的连接伙伴（相互作用的物种）数目很多，而大量物种的连接伙伴很少，于是在传粉网络上就表现出连接强度的不一致。那些吸引多个昆虫访问的物种以及能访问多个物种的超级传粉者对群落的稳定性和功能起着关键作用（Vázquez et al.，2007）。

通过传粉网络来研究入侵植物对本土群落的影响目前还鲜有报道。Lopezaraiza-Mikel 等（2007）和 Albrecht 等（2014）观察到入侵植物可与本土的泛化传粉者构建稳定的连接，融入当地的传粉网络结构当中，进而主导传粉网络，导致许多本土植物的繁殖受到强烈的花粉干扰。而 Padrón 等（2009）认为一些入侵植物虽然与泛化传粉者构建了稳定连接，也融入了本土传粉网络，但始终不能成为群落的核心物种，这就不会显著影响传粉网络的结构和群落构成。Kaiser-Bunbury 等（2017）分析了塞舌尔群岛 8 个岛（4 个岛移除了外来植物并已恢复植被）上 64 个群落的植物-传粉者互作网络，认为没有外来植物的干扰，传粉者物种数量、访问次数和互作多样性显著提升，具有更高的功能性生态冗余。因此，在群落水平上量化入侵植物在传粉网络结构上的功能和地位，有助于了解生物入侵的机制，并为本地植物群落恢复和生物多样性保护提供理论依据。

已有的植物与传粉者互作研究多关注传粉者访花的种类和频率，却很少定量分析传粉的后果，即花粉传递的数量和质量。近年来，传粉网络的研究开始从基于访花观察的植物-传粉者互作网络，逐渐深入到传粉者在不同物种间的混访和异种花粉传递网络，即植物与植物之间的关系（Fang & Huang，2016）。如 Fang 和 Huang（2013，2016）在中国西南山区高山草甸开展的传粉网络研究表明，虽然传粉者在不同物种间有高的混访次数，但混访传递的异种花粉数量却不多。这一结果揭示了在自然群落中，避免种间花粉干扰是不同植物共存的机制之一；仅观察传粉者的访花行为不能反映真实的花粉传递情况。Emer 等（2015）调查了 10 个被喜马拉雅凤仙花（Impatiens glandulifera）入侵的群落和 10 个本土群落的异种花粉传递网络，结果表明尽管传粉者携带了大量入侵植物的花粉，但是其花粉只落置在少数本土植物的柱头上，入侵植物并没有改变原有的异种花粉传递网络结构。未来的研究如果细化到传粉者混访行为和异种花粉传递，量化其对雄性和雌性适合度的影响，将能更精确地反映入侵物种对群落中本土植物由传粉者所介导的生殖成功的多样化作用。

③入侵植物促进本土植物繁殖性状的分化 入侵生物的进化生物学研究已成为入侵生物学中一个活跃的分支（李博等，2010）。植物入侵可促进本土植物的形态分化，加快物种的演化过程。对很多本土植物来讲，外来植物的出现可看作是一个新的选择动力，促进它们快速表型分化和物种演化。如入侵北美的斑点矢车菊能通过化感作用抑制本土植物的生长，与未经历入侵的种群相比，受入侵"历练"20~30 年后的本土植物留存种群（remnant population）拥有更强的挥发物耐受性，因而有更好的生长表现（Callaway et al.，2005）。在北美洲具腺凤仙花的入侵地，一种本土凤仙花（Impatiens capensis）则通过降低植株高度、增加

侧向分枝数和提高花枝数的方法来提高资源竞争能力。

如果入侵植物和某种(些)本土植物为同属的近缘种或在花形或颜色上非常类似的物种，那么外来植物和本土植物则极有可能共享传粉者，导致物种间的花粉传递。异种花粉的传递往往会对本土植物的生殖成功造成干扰，这可能会驱使本土植物的花部特征包括花期物候等产生歧化，从而增强对入侵种的传粉竞争能力(类延宝等，2010)。由于入侵植物的竞争，一些本土植物在一段时间内可能因传粉者服务减少而无法产生足以维持种群更新的种子数量，从而向自交的繁育系统演化，或通过增加同时开花数(即花展示大小)来提高对传粉者的吸引力，或通过改变花期以避免或减少与入侵植物的花期重叠，抑或通过花部特征的替代减小种间竞争来获取繁殖与生存的空间。迄今，植物入侵导致本土植物花部性状分化的实验研究只有一例，即具腺凤仙花的入侵促使一种本土凤仙花的花冠变得更长。可见，比较有入侵种的种群和无入侵种的本土留存物种的种群，为性状演化和特征替代的研究提供了很好的试验系统。

思考题

1. 试分析城市化对植物多样性的影响。
2. 谈谈你对植物功能多样性的理解。
3. 城市化驱动植物多样性变化的生态过程体现在哪些方面？
4. 城市化对植物生理产生哪些影响？
5. 如何构建多样性丰富的本土植物群落？
6. 墙体自生植物生长的内在机制是什么？
7. 研究城市自生植物的意义是什么？
8. 外来入侵植物对本地生态系统有何影响。
9. 试述城市外来入侵植物的研究现状。

推荐阅读书目

入侵生物学. 2015. 万方浩，谢丙炎，杨国庆. 科学出版社.

重庆缙云山国家自然保护区植物多样性研究. 2017. 邓洪平等. 科学出版社.

中国自然环境入侵生物. 2012. 环境保护部自然生态保护司. 中国环境科学出版社.

北京森林植物多样性分布与保护管理. 2012. 李景文，姜英淑，张志翔等. 科学出版社.

生物入侵的数学模型. 2012. 李百炼，靳祯，孙桂全等. 高等教育出版社.

外来种与进化：外来植物、动物、微生物及与其相互作用土著物种的进化生态学. 2010. 李博，张晓林，耿宇鹏等. 复旦大学出版社.

中国外来入侵植物名录. 2018. 马金双，李惠茹. 高等教育出版社.

基于功能性状探讨生物多样性与生态系统功能关系. 见：马克平主编. 中国生物多样性保护与研究进展 X. 2014. 卜文圣，马克平. 气象出版社.

数量生态学. 2004. 张金屯. 科学出版社.

Understanding Urban Ecosystems: A New Frontier for Science and Education. 2003. Berkowitz AR, Nilon CH, Holweg KS. Springer-Verlag.

Plant strategies, Vegetation processes, and Ecosysterm Properties. 2001. Grime J P. John Willey & Sons.

Sowing Beauty: Designing Flowering Meadows from Seed. 2017. Hitchmough J. Timber Press.

Plant Biodiversity in Urbanized Areas: Plant Functional Traits in Space and Time, Plant Rarity and Phylogenetic Diversity. 2010. Knapp S. Vieweg + Teubner, German.

Invasive Plants and Forest Ecosystems. 2009. Kohli R K, Jose S B, Singh H P, et al. CRSC Press.

Cliff Ecology. 2000. Larson D W, Matthes U, Kelly P E. Cambridge University Press.

Measuring Biological Diversity. 2004. Magurran A E. Blackwell Publishing.

Urban ecology: Patterns, processes and applications. 2001. Oxford University Press, Tilman D.

Functional Diversity. 2011. Niemelä J, Breuste J, Elmqvist T, et al. (Eds.). Academic Press.

6
城市绿地生态系统服务

城市绿地生态系统是城市的有机组成部分，反映了城市的自然属性，既包括人工的植被，也包括半自然的以及自然的植被。城市绿地生态系统能够提供重要的生态系统服务，包括调节气候、净化空气、调节径流、涵养水源、保护生物多样性、维持景观完整性和为市民提供娱乐文化场所；城市绿地生态系统提供的调节服务和文化服务，对提高城市居民福祉有重要作用，也是实现城市可持续发展的基础。

6.1 生态系统服务的概念及内容

6.1.1 生态系统服务概念

生态系统服务(ecosystem service，ES)是指生态系统通过其生态过程，提供给人类维持生命和社会经济发展所需的产品与服务。产品是指作为商品提供给市场，被人们使用和消费，并能满足人们某种需求的任何东西，如生态系统产出的食物、木材、纤维等，构成人类生存发展所需的基本生存和生活资料。生态系统服务只有一小部分能够进入市场被买卖，而大多数生态系统服务是公益服务，不进入市场，但为人们提供了至关重要的生命支持服务，如净化环境、保持水土、保持野生生物、减轻灾害等。显然，生态系统是生命支持系统，是人类经济社会赖以生存发展的基础，生态系统服务以长期服务流的形式出现，能够带来这些服务流的生态系统是自然资本。生态系统服务是通过生态过程体现出来的，在时间上从不间断，随着时间推移，自然生态系统的服务价值会不断提高。

对生态系统综合效益评价的研究始于20世纪50年代，Holdren 和 Ehrlich 于1974年提出生态系统服务的概念，随后对生态系统服务经济价值的评估逐渐开展。1997年，Costanza 在《Nature》上发表《世界生态系统服务和自然资本的价值》一文，并出版《生态系统服务：人类社会对自然生态系统的依赖性》一书，生态系统服务概念被普遍接受，迅速成为全球研究热点，并开始走向应用，而这与人类社会发展到当代所面临的生态危机与环境危机日益加剧密切相关。

6.1.2 生态系统服务内容

生态系统服务是人类从生态系统获得的惠益，这些惠益包括可以直接影响人类生活的供给服务、调节服务和文化服务，以及维持其他服务所必需的支持服务，不同服务之间具有密切的相互联系。在联合国发布的《千年生态系统评估》对生态系统服务内容进行了详细划分。

(1)供给服务

供给服务(provisioning services)是指从生态系统获得的各种产品。这些产品包括：①食物，包括从植物、动物、微生物获得的各种食物产品。②纤维，包括木材、黄麻、棉花、大麻、蚕丝及羊毛等。③燃料，指用作能源的木材、家畜粪便及其他生物原料。④基因资源，指用于动植物繁育和生物技术的基因和基因信息、生物化学物质、天然药材以及医药品、生物杀虫剂、食品添加剂和生物物质等，都是从生态系统中获得的。⑤装饰资源，如皮毛、贝壳和花朵这些动植物产品都可用作装饰品，整株植物也可用于美化景观和装饰环境。⑥淡水，人们从生态系统中获得淡水资源，因而淡水可以被认为是一项供给服务。河流中的淡水也是一种能源，但由于淡水又是其他生命所必需的，因此也可以认为淡水是一项支持服务。

(2)调节服务

调节服务(regulating services)是指从生态系统过程的调节作用中获得的惠益。调节服务包括：①调节空气质量，生态系统既可以向大气中释放化学物质，也可以从大气中吸收化学物质，从而起到调节空气质量的作用。②调节气候，生态系统既可以影响一个地方的小气候，也可以影响全球的大气候。例如，在局地尺度上，土地覆被变化可以影响地方的气温和降水；在全球尺度上，通过储备和吸收温室气候，生态系统在全球气候变化中起着非常重要的作用。③调节水资源，土地覆被变化可以在时间和数量规模方面强烈地影响地表径流、洪水，以及蓄水层的蓄水等过程。此外，湿地的改变、森林向农田的转化和农田向城市的转化等土地覆被变化还会改变生态系统的蓄水潜力。④调节侵蚀，植物覆盖在保持土壤和防止塌方方面具有重要作用。⑤净化水质和处理废弃物，生态系统既是混浊的源(如淡水中的杂质)，生态系统也能够帮助过滤和分解进入内陆水源、海滨水域和海洋生态系统的有机废弃物，可以通过土壤层和亚土壤层中的生态过程吸收和降解一些化合废弃物。⑥调节疾病，生态系统变化可以直接改变如霍乱等人类病原体，以及如蚊子等带病毒媒介的多度。⑦调节病虫害，生态系统变化可以影响田地害虫和牲畜疾病的流行。⑧授粉，生态系统的变化可以影响授粉媒介的分布、多度和效力。⑨调节自然灾害，如红树林和珊瑚礁等海滨生态系统的存在可以有效地减少飓风和巨浪造成的损害。

(3)文化服务

文化服务(cultural services)是指通过精神满足、发展认知、思考、消遣和体验美感而使人类从生态系统获得的非物质惠益。文化服务具有以下特征：①文化多元性，生态系统多样性是影响文化多元性的因素之一。②精神与宗教价值，许多宗教将宗教理念寄存于生态系统或者生态系统的组分之中。③知识系统(传统的和正规的)，生态系统可以影响产生于不同文化渊源的知识系统。④教育价值，在许多社区，生态系统及其组分过程为正式和非正式的教育提供了知识。⑤灵感来源，生态系统为艺术、民间传说、民族标志、建筑风格和广告创意提供了丰富的灵感源泉。⑥美学价值，许多人从生态系统的不同方面获得了美的感受。⑦社会关系，生态系统可以影响建立于特定文化氛围之中的各种社会关系类型。例如，渔业社会的社会关系在许多方面都不同于游牧社区或者农业社区。⑧地方感，十分珍视地方感的存在价值，这种情结是与人们对生活环境的特征认知以及对生态系统不同方面的感受密切相关的。⑨文化遗产价值，许多社区对于维持历史上的重要景观(人文景观)或者对具有重要文化价值的物种赋予了很高的价值。⑩消遣与生态旅游，人类对空闲时间去处的选择常部分取决于特定地区的自然或者人工景观的特征。

（4）支持服务

支持服务（support services）是指对于其他生态系统服务的生产所必需的那些服务。支持服务与供给服务、调节服务及文化服务的区别在于：支持服务对人类的影响常具有间接性，持续时间较长；而其他服务常是直接的，持续时间较短（某些服务如侵蚀调节、宜居时间尺度的长短对人类具有直接性影响特征，既可以认为是支持服务，也可以认为是调节服务）。

支持服务主要包括：①土壤形成，因为土壤肥力决定了许多供给服务的生产，所以土壤的形成速度可以从许多方面对人类福祉产生影响。②光合作用，可以产生氧气，这对大多数活的有机体的生存都是必需的。③初级生产，指有机体对能量和养分的吸收和积累。④养分循环，如 P、N 等生命的必需元素都是通过生态系统进行循环的，并且在生态系统的不同组分维持着不同浓度。⑤水循环，水通过生态系统进行循环，这一循环过程对于维持有机体的生存是必不可少的。

不同生态系统提供的主要服务内容存在差异，如城市生态系统以调节服务与文化服务为主，农田生态系统以供给服务为主，湿地生态系统与森林生态系统兼有支持服务、供给服务、调节服务和文化服务。

6.2　城市绿地生态系统服务的概念及内容

城市绿地生态系统服务是指绿地生态系统为维持城市人类活动和居民身心健康所提供的物态和心态产品、环境资源和生态公益。它在一定时空范围内为人类社会提供的产品构成生态服务功能，主要包括：①净化环境，具有净化空气、水体、土壤以及吸收 CO_2 与释放 O_2 等作用；②调节气候，主要包括调节太阳辐射、温度及湿度，降低热岛效应，改变风速、风向等；③涵养水源，通过绿地保持水土，增加雨水渗透等；④活化土壤和养分循环，增加土壤生物，改善土壤理化性质；⑤保护生物多样性；⑥景观游憩功能；⑦休闲、文化和教育功能；⑧服务社会，促进人们的身心健康，加强人们的沟通，稳定人际关系；⑨防护和减灾，抵御大风、火灾、地震等灾害。城市绿地生态系统服务功能的发挥效果取决于绿地的数量、组成结构、镶嵌格局、分布特征、与周边人工景观的联系以及管理水平等。

6.3　城市绿地生态系统服务

6.3.1　调节服务

6.3.1.1　调节微气候

城市绿地有助于降低温度、提高湿度和改善空气流通，从而对保护居民健康和提升居民福祉具有积极的影响。

城市绿地通过遮阳或蒸散方式对城市热环境产生降温作用。城市绿地的降温效果在很大程度上取决于绿地的类型、面积大小、结构以及周边地区的景观格局（Li et al., 2012; Cheng et al., 2015）。据 Bowler 等（2010）测算，城市公园的平均降温效果白天为 0.94℃，夜间为 1.15℃，变化范围从 1~7℃。

公园的降温效果能达到多大程度，公园的降温效果能覆盖多大面积，是规划城市绿地的关键问题。

植被覆盖率越高，绿化量越大，降温效果也越明显。研究结果表明，大量植被可以降低夏季的气温（花利忠等，2020）。不同类型的城市绿地在一天中的调节作用也各不相同（Grunewald et al.，2018）。

除了植被覆盖率外，单一城市绿地的大小对于其降低小气候的潜力也具有重要意义。通常，大面积绿地比小面积绿地能够提供更高的降温效果（表6-1）。绿地面积增加1倍，温度降低1℃，增加更大面积则温度可以降低1.5~3℃。整个城市的植被覆盖率越高，对城市气候的影响就越广泛。通常，单个绿地面积越大，冷岛效应的距离就越远（表6-2）。根据单个大型公园空气温度测量的研究报告，瑞典歌德堡（Göteborg）的最大降温距离可达1100m，在新墨西哥城可以达到2000m。大多数城市绿地的气候作用范围不受地形影响，通常作用距离在200~400m。上海市公园最大降温距离随公园面积的增加呈增加趋势，二者之间呈幂函数关系（$R^2 = 0.734$，$P < 0.001$）（Cheng et al.，2015）。

表6-1　城市公园的大小及其冷岛效应（park's cool island effect，PCI）（Grunewald et al.，2018）

公园面积（德国）（hm²）	冷岛效应（℃）	公园面积（上海）（hm²）	夜间冷岛效应（℃）
≤5	2.9~4	1~5	0.7~2.7
≤20	≤2.5	5~10	0.2~3.1
≤100	2~2.5	10~30	0.2~2.0
>100	1.7~6	30~150	0.2~1.0

注：公园冷岛效应是指公园内部与周围环境之间的气温差，用来衡量城市绿地的降温效果。

表6-2　主要城市公园冷岛效应的研究案例结果（花利忠等，2020）

城市名称	公园面积阈值	公园冷岛效应（PCI）强度与冷岛影响距离（L_{max}）	公园冷岛效应的影响因子
广州	最佳绿地面积0.42~54hm²之间	PCI：1.9~4.3℃；L_{max}：14~432m	水体面积比例高的公园和长宽比较大（比值$I > 2$）的公园其降温效果都比较好
日本名古屋	公园面积至少需要大于2hm²，PCI明显；	夏季平均PCI为1.30℃；春季1.16℃；秋季0.43℃	PCI强度受季节影响；PCI强度由公园内乔灌木的面积和公园形态指数决定
北京	公园水体面积50hm²左右	PCI：1.23~7.17℃；L_{max}：300~2400m	PCI强度受水体面积、三维绿量和建筑面积比例等因子影响；冷岛影响距离（L_{max}）与公园林地和水体的面积正相关，且水体面积影响更显著
上海		平均PCI 1.55℃；L_{max}：50~200m	公园面积、形状、建筑用地面积和比例、水体面积和比例等是PCI强度的重要影响因子
西安	公园水体面积比例≥30%；	PCI：0.5~2.5℃；L_{max}：79~500m	PCI强度与公园绿地面积、水体面积呈显著正相关关系
西安	公园面积130~150hm²；水体面积20hm²	PCI：0.04~1.3℃；L_{max}：120~600m	PCI强度与绿地平均邻近度存在极强的正相关性
重庆	14hm²	PCI：0.5~3.8℃	空气相对湿度与PCI强度线性正相关
厦门	公园面积55hm²左右	PCI：2.49~5.63℃；L_{max}：100~1000m	PCI强度由公园绿地面积、建筑面积和面积—周长形状指数因子决定；冷岛影响距离（L_{max}）与公园面积和水体面积比例显著正相关，水体面积比例增加有利于增大（L_{max}）

城市绿地的气候效应受城市土地覆被/土地利用变化以及城市景观格局的影响。最近的研究表明，城市绿地景观格局可以影响公园气温或地表温度（land surface temperature, LST）。北京的一个研究案例表明，绿地覆盖率是地表温度的预测因子；绿地增加10%，地表温度约降低0.86℃；地表温度也受绿地结构的影响，尤其是其斑块密度。

6.3.1.2 调水和防洪

绿地为城市水循环提供多种调节服务。绿地为自然蒸散和土壤下渗提供了可能性，从而确保了雨水的调节和循环。为应对气候变化的影响，我们面临的挑战越来越大，无论是降水减少，还是强降水事件，绿地对雨水的调节服务变得更加重要。

城市水循环包括蒸发（或蒸腾）、降水、下渗、地表径流和地下径流等过程。这些过程受到许多因素的影响，特别是集水区的土地利用方式。土地覆盖/地表不透水性对直接径流和间接径流（蒸散速率）有影响，决定着土壤持水量、下渗能力和地下水补给量。

城市中，建筑的增加，减少了植被面积，增加了地表不透水面积，从而降低集水区对降水的渗透性，水平衡受到干扰，降低了地下水补给率。由于下渗和蒸散量的减少，地表径流增加（表6-3），这导致对径流技术处理的需求不断增加，洪水造成损害的可能性也越来越大（Weller et al.，2012）。

表6-3 土壤不透水表面与径流量增加的关系（Grunewald et al.，2018）

每个集水区增加的不透水表面	径流量增加（与森林地区相比）
10%~20%	2倍
35%~50%	3倍
75%~100%	>5倍

城市绿地，对降水提供了如下调节服务。

①林冠截留 植被能够通过其叶、枝和干等截留部分降水，林冠截留不仅使降落到地表的降水量减少，还使其水质发生变化；通过林冠叶、枝和树干的降水，将积累在这些部位和幼嫩枝叶释放出来的养分淋溶下来，因此林内降水含有较多养分。

②地被物层吸水 林下地被物层一方面减少了暴雨期间的地表径流；另一方面所涵养的水分在重力的作用下缓慢下渗形成地下潜流，逐渐进入河流，在枯水期保障河流的流量。一般地被物层越厚，蓄积量越大，持水量越大，有利于雨水缓慢下渗，从而起到涵养水源的作用。

③土壤下渗 一般绿地土壤入渗量比裸露地高，这是因为绿地土壤结构好，孔隙度大。由于植物的存在，植物根系和土壤间形成管状粗大孔隙，土壤动物的活动也形成粗大孔隙，加上植物为土壤提供了大量的有机物质，改善了土壤结构，增加了粗、细孔隙，因此绿地土壤孔隙度比裸露地高得多，也就更利于下渗，从而减少地表径流量。

④对融雪的调节 绿地内由于园林植物的覆盖，温度变化比绿地外小，冬春季融雪比林外晚，融雪速度慢，融雪时间长，同时绿地内的土壤冻结比绿地外浅，有利于融雪水的渗透和被土壤吸收，减弱地表径流的产生。

这些自然过程减少了地表径流，从而降低了城市洪水的风险，缓解了城市排污系统的压力。蒸散过程直接关系到植被对小气候产生影响的能力。因此，与水有关的调节服务是提供与气候有关的调节服务的先决条件。

此外，绿地具有一定蓄水能力，在城市河流和城市污水系统引发洪水的情况下，将地表径流和洪水引流至绿地区域，使洪水对建筑、地下停车场或地下交通基础设施等人类财产和生命安全的潜在破坏性降低。

6.3.1.3 减少大气污染物

(1) 城市绿地减少大气污染物的机制

植物以多种方式去除污染物。植物通过气孔吸收气态污染物，用叶片截留颗粒物，并能分解植物组织或土壤中的某些有机化合物，如多环芳烃。此外，它们还通过蒸腾降低表面温度，提供阴凉，进而减少在大气中形成臭氧等污染物的光化学反应，从而间接减少空气污染物。Akbari 等（2001）研究，当洛杉矶的最高日气温达到 35℃ 以上时，因光化学反应几乎整天都是烟雾弥漫。北京城市绿地的降温效果减少了对空调的需求，而能耗的降低也使发电厂的排放降低（Zhang et al.，2014）。

树木主要通过叶片气孔吸收空气中的气态污染物，尽管有些气体会被植物表面吸附。气态污染物一旦进入叶片，扩散到细胞间隙，并可能被水膜吸收，形成酸或与叶内表面反应。树木还通过拦截空气中的颗粒物来消除污染：一方面，当含有污染物的空气流经过树冠时，风速减慢，颗粒物因重力作用而下降；另一方面，植物叶片表面不平，多茸毛，有的还能够分泌黏性油脂及汁液，能更好地吸附空气中的颗粒物。一些颗粒可以被吸滞到树上，但大多数截留颗粒都保留在植物表面。被截留的颗粒物有的重新悬浮到大气中，有的被雨水冲走，有的随着树叶和树枝掉落在地上。树木对大气污染物的截留作用对降低总悬浮颗粒物（total suspended particles，TSP）和 PM_{10} 含量非常有效，但对 $PM_{2.5}$ 影响不大。因此，树叶只吸收细小和超细的颗粒物，植被只是使许多大气颗粒物暂时滞留。

(2) 城市绿地减少大气污染物的潜力

在美国，城市树木对大气污染物（O_3、PM_{10}、NO_2、SO_2 和 CO）的总去除量达 $71.1×10^3 t$（Nowak，2006）。用树木叶面积指数来估算，美国洛杉矶树木对 PM_{10} 的平均去除量约为 $8.0 g/m^2$。Kremer 等（2016）估算纽约市树木、灌木和草地每年清除大气污染物 280 万 kg。德国和荷兰的研究表明，树木的过滤能力为 5%~15%。因此，城市绿地可以有效地补充其他改善空气质量的措施，如减少工业排放或交通管制。

2002 年，北京市中心的 240 万株树木，每年从大气中吸收的污染物约为 130 万 kg，林冠去除污染物率为 $27.5 g/m^2$；Derkzen（2015）提供了三种绿地类型的减少大气污染物能力：林地为 $2.7 g/(m^2·a)$，灌木为 $2.1 g/(m^2·a)$，草本为 $0.9 g/(m^2·a)$。

绿色屋顶和绿色外墙也可以作为空气中颗粒物的过滤器。Yang 等（2008）研究发现，$19.8 hm^2$ 的绿化屋顶，一年去除大气污染物（NO_2、SO_2 和 PM_{10}）1675kg；在多伦多的一项研究发现，如果城市的所有屋顶都改成绿色屋顶，可以清除 58t 的大气污染物，密集型的绿色屋顶比大面积的绿色屋顶的效果更好（Currie & Bass，2008）；Speak 等（2012）研究表明，曼彻斯特曼城绿色屋顶每年去除 0.21t PM_{10}，相当于该区域 PM_{10} 输入量的 2.3%。

(3) 城市绿地减少大气污染物的影响因素

城市绿地减少大气污染物的能力与树木覆盖率、污染物浓度、叶片生长期、叶片形态结构、叶量、叶面粗糙度、叶片着生角度以及树冠大小、疏密度，降水量和其他气象变量等因素相关。所有这些因素，都会影响污染物的总去除量和单位面积的去除量。

叶片特性会影响大气污染物在叶片表面的吸滞量。叶面有深槽或密毛的树种，具有较强的除尘效果，而叶表面光滑的树种的除尘效果较弱（柴一新等，2002）。常绿乔木由于其叶片保留时间较长，通常具有较高的去除空气污染物的能力。树木的生长速率影响树冠大小，从而影响去除大气污染物的能力。

风速会影响污染物的去除能力。树木具有降低风速的作用，随着风速的减慢，空气中携带的大粒灰尘也随之下降，从而降低大气中颗粒污染物的浓度；若风速过大，滞留在树木上的部分颗粒物会重新悬浮到大气中。王蕾等（2006）发现：风速为 10.4m/s 的风不能吹走侧柏（*Platycladus orientalis*）、珍珠柏（*Sabina Chinensis*）、油松（*Pinus tabulaeformis*）和红皮云杉（*Picea koraiensis*）叶片上残留的颗粒物。

因为不同种类的植物具有不同的去除空气污染物和减少排放的能力，所以可以根据实际情况选择它们来最大限度地改善空气质量。例如，常绿针叶树对颗粒物、O_3、NO_x 和 SO_x 方面与落叶树相比有更大的功能，其功能发挥主要表现在植物生长期和叶片上。不同植物在吸收污染物的能力上也表现出很大的差异性，城市林冠异质性的小斑块，会增加污染物的沉降。美国环境保护署（US Environmental Protection Agency）已将城市树木覆盖作为一项潜在的帮助改善空气质量的新兴措施。

总之，在政策制定时，为了使城市森林最大限度地提高空气质量和城市居民的福祉，应全面考虑城市森林的时空异质性、规模、物种选择、养护、用水、挥发性有机化合物排放率、过敏效应、数量等。

6.3.2　供给服务

当前以城市为中心的研究中，其供给服务主要体现在水和食物的供给。供给服务通过城市农业、城市花园、城市森林、湖泊和溪流提供。然而，特别是在供应链方面，城市与其腹地和较远地区的联系差距明显。但在供给链上，城市与周边地区甚至是更远的地区存在着相关性。大多数城市需要从遥远的地方输水来满足需求，因此，城市可以看作是水的接收系统，但也可以看作是食物的接收系统（Yang et al., 2016）。

为了实现城市的可持续发展，城市应该在食物方面朝着提高自给自足能力的方向发展，这具有社会、生态和经济效益。城市粮食供应，可以通过城市农业和城市园艺获得健康食品，通过地方生产减少对环境的影响，并促进地方经济的发展和社会凝聚力的提高。但是，由于城市扩张，有利用价值的土壤和农业区正逐渐消失。

通过种植食用植物来保护、发展和(重新)振兴城市绿地，城市可以为当地的城市食品供应做出贡献。据估计，气候温和的城市可以满足 30% 的水果和蔬菜需求（Whitfield，2009）。城市食物主要是在有管理的农业生态系统中生产的，然而森林、屋顶花园、社区花园以及海洋和淡水系统也有助于人类的食物供应。在城市中，由于生产空间的限制，可以通过屋顶或公共空间等来发展食物生产。

"食用城市"（edible city）的概念正越来越受到世界各国城市规划者的关注，其目的是利用公共绿地进行食物生产。将这一理念付诸实践的是德国安德纳赫市（Andernach）。安德纳赫市的例子表明，增加公共空间的本地食物供应与其他生态系统服务和社会经济的利益具有协同作用，可以增加绿地的娱乐价值，改善区域材料的循环使用，支持参与性城市规划，以及减少绿地维护成本等。为了保障中国的粮食供应，特别需要限制由城市化和工业化而造成的耕地损失和退化。

6.3.3　保护生物多样性

城市生物多样性是城市生态系统服务的重要基础，对改善城市环境，维持城市可持续发展具有积极的意义和作用。城市生态系统较自然生态系统更为脆弱，城市化过程导致的栖息地减少不断威胁城市生物多样性，而绿地便成了城市生物多样性的宝贵栖息地。城市化背景下，城市绿地的环境因子和人为管理活动与生物多样性关系密切。

城市绿地为保护城市生物多样性提供了重要场地，生物多样性与生态系统服务又具有多重关系(详见4.3.2节)，二者是相辅相成的关系。

6.3.4　碳固存

6.3.4.1　城市植被碳固存研究方法

地面调查法和遥感估算法是研究城市植被碳固存的主要方法。城市植被碳固存的地面调查法延续了野外森林生态调查的方法体系，尽管需要消耗大量人力物力，但依然是目前该研究领域最常采用的基本方法。该方法基于收获法构建估测模型来计算碳储存，即收获少部分植物，建立生物量与该植物生长特征参数的回归方程，通过方程对其余样方样本进行预测。目前，地面调查法存在的主要问题是对于城市树木异速生长的回归方程研究十分缺乏。关于野外树木异速生长回归方程已有大量研究，然而城市与野外树木生长上的差异，导致野外树木的异速生长方程并不适用于城市树木。

利用遥感影像是评估城市植被碳固存的另一主要方法(Imhoff et al.，2000)。该方法通过结合地面植被生长调查，开展植被的时间序列和空间分布分析，研究生态系统碳固存的状况及其动态，侧重土地利用变化引起的区域碳循环的变化，在空间化研究方面具有显著优势(Raciti et al.，2014)。目前，遥感估算法存在的主要问题是城市建成区植被遥感影像的空间分辨率不足，导致估测结果的不确定性较大。即使可以获得高精度的遥感影像如通过整合激光雷达技术(light detection and ranging，LIDAR)以及航拍图片来达到提高精度的目的，但所花费成本较高。

6.3.4.2　城市植被碳固存功能

城市植被可以直接或间接地减少大气中的碳含量。直接方式为植被生长的碳固存，间接方式为城市植被抵消或者替代化石燃料的使用。

(1)城市植被直接碳固存能力

城市植被直接碳固存能力的研究开始于20世纪90年代初期，主要集中在地域性评估(Nowak et al.，2013)。目前，开展城市植被直接碳固存能力评估的国家有中国、韩国、美国、英国、德国以及意大利等。其中 Nowak 研究组对美国城市植被碳固存的系列研究最具代表性。1993年，该研究组根据奥克兰市树木生长等相关数据，对全美城市树木的碳固存进行了估算。此后利用前期研究方法和数据积累，获取美国10个城市的植被覆盖数据(生物量、生长率、死亡率、枯落物比例等)，进一步完善了全美城市植被固碳能力的估算(Nowak et al.，2013)。

目前，中国已进行城市植被碳固存调查和评估的城市有广州、杭州、台州、哈尔滨、沈阳、西安和唐山等。基于地面调查方法对分布在中国各主要气候区的43个城市建成区植被的碳固存研究结果表明，各城市建成区植被碳密度为 4.95 ~ 46.30tC/hm²，平均值为 18.19±9.23tC/hm²；净初级生产力为 0.21 ~ 4.30tC/(hm² · a)，平均值为 2.13 ±0.91tC/ (hm² · a)(史琰，2013)。与国外研究相比，我国城市植被平均净初级生产力低于美国城市植被的净初级生产力 2.77±0.45tC/(hm² · a)(Nowak et al.，2013)。

(2)城市植被间接碳固存能力

城市植被间接的碳固存途径主要包括减少建筑能耗、降低城市热岛效应、引导绿色交通等。城市植被间接产生的减排作用很可能比自身所产生的碳汇作用还要大，1 株乔木每年节约能耗带来的碳减排是其本身碳吸收的 1 ~ 3 倍(Akbaei，2002)。建筑物周边的植被可以有效降低建筑物中的能耗，研究预测美国洛杉矶百万株树木可减少耗能，并实现减排 103618t CO_2(McPherson et al.，2014)。根据城市建筑室内外的温差比较研究证实，利用树木的遮阴可构成建筑被动冷却系统从而达到节约能源的目的。独栋建筑在树木遮阴下每月可节约 218 美元的能源成本(Balogun et al.，2014)。城市植被通过蒸腾作用和遮阴可以降低地面和空气温度形成冷岛，可以减少与城市热岛相关的碳排放。北京城市植被减少热岛效应的降温作用相当于每年减少电厂能源排放 24.3 万 t CO_2(Zhang et al.，2014)。机动车尾气排放是温室气体最大的来源，通过绿色廊道引导非机动车出行可有效减少交通碳排放。

城市植被通过上述间接方式为减少城市碳排放做出贡献。在美国亚热带城市迈阿密与盖恩斯维尔开展的研究表明，城市植被对抵消城市碳排放起到了一定程度的作用。韩国城市植被能够抵消城市区域 CO_2 释放的 0.5% ~ 2.2%(Jo，2000)。杭州城市植被可以抵消城市工业能源使用碳排放的 18.6%(Zhao et al.，2010)。对中国 35 个城市的研究表明，城市植被平均能够抵消城市碳排放的 0.3%，范围从呼和浩特市的 0.01%到海口的 22.5%不等(Chen，2015)。

6.3.4.3　城市植被碳固存影响因素

(1)植物生长

植物生长是影响城市植被碳固存的主要因素。研究表明，木本植物的碳储量会在树木成熟前随树龄升高而增加，而其固碳速率在幼年时较高，之后随树龄升高而逐渐降低(Nowak et al.，2002；Lawrencea et al.，2012)，但植物的死亡将导致碳释放。植物的寿命长短也对城市植被碳固存具有影响，乔木寿命长，其固碳期就相对较长；灌木生长虽然速度快，但碳固定的周期相对较短；草坪虽然固碳效率高、速度快，但在很短时间内又会由于修剪或更替将碳释放(Tomnsend & Czimczik，2010；包志毅等，2011)。

由于城市的复杂环境，对植物生长产生了两种相反作用，从而影响城市植被碳固存能力。一方面，城市环境中光照增加、热岛效应、大气氮沉降、CO_2 施肥效应等因素促进了植物生长；另一方面，城市中内涝、空气污染、土壤重金属、盐含量高及土壤通透性差等因素又抑制了植物生长。这两个相反的驱动力使得城市植被碳固存能力存在不确定性。

(2)土地利用类型及其变化

不同的土地利用类型以及其变化也会对植被碳固存产生影响。对浙江杭州常见乔木香樟(*Cinnamomum camphora*)和二球悬铃木(*Platanus acerifolia*)的研究表明，香樟的生长速率受城市土地利用类型影响极小，较能适应城市内环境，而二球悬铃木受土地利用类型影响较大。城市化带来土地利用类型的转变，进而导致植被碳储存能力的变化(Zhang et al.，2012)。城市扩张将降低区域植被的碳储存，相关研究表明，城市中心、郊区、野外植被碳储存占区域植被碳储存的比例分别为 5%、23% 和 72%(Ren et al.，2011)。城市化对区域植被碳固存的影响也存在气候区的差异。在湿润地区，城市化可能会减少区域的生产力，通过对美国东南部区、中国江阴市、深圳市碳吸收变化的遥感影像分析均发现，城市化带来区域生产力下降。但在干旱地区，城市化却会提高区域的生产力。

(3) 人类设计

城市植被的功能实现也取决于人类的设计，设计影响城市植被碳固存的要素包括物种选择、植物规格、种植密度、种植区域、覆盖面积、群落结构和设计形式等。具有寿命长、生长速度中等且成熟时体量大等特点的乔木具有更高的碳固存能力。Morani 等(2011)研究表明，结合人口密度、空气污染和植被覆盖等因素，增加城市植被可显著减少纽约市的碳排放。根据季节和纬度等特征，设计树木与建筑物的距离和方位、树木的大小及种植的种类，可有效降低建筑物能耗。虽然通过设计可以提高城市植被碳固存能力，但是城市植被还需具有多样化的功能，因而进行低碳设计需进行科学严谨的权衡。

(4) 养护管理

城市植被养护管理措施主要包括灌溉、施肥、病虫害防治、修剪及废弃物处理等，这些措施都会对城市植被固碳能力产生影响。这些管理措施会改善生物生存环境和减轻不利生境条件对植物的胁迫，从而促进植物生长，进而增加城市植被的碳固存。

修剪与城市植被碳固存之间的关系比较复杂。虽然修剪会造成植被生物量减少，但合理修剪又能促进植物生长。对浙江台州市的研究表明，老枝残叶修剪的比例越高，对乔木生物量年增长的负面影响越小。此外，养护管理中化石燃料的使用，降低了城市植被的净碳汇能力。在城市植被养护管理中，碳释放的主要来源是草坪维护，由于草坪的高固碳率被修剪草坪时使用化石燃料所释放的 CO_2 所抵消。

城市植被废弃物(包括修剪物、凋落物以及死亡的植株等)的处置方式也影响其碳固存能力。城市植被废弃物被收集后运到垃圾场填埋，其中约 40% 的碳会被长期固存，而自然生态系统中植被废弃物中的碳一般会在 3 年以内基本被释放。因此，城市中的凋落物和修剪物比自然生态系统中的凋落物对碳汇的贡献更大。城市林木废弃物可以作为木制品的原料，成为长期有效的碳储存库。此外，城市植被废弃物可以用作发电和供热的生物质燃料，从而减少化石燃料的消耗，降低废弃物的处置成本，缓和对野外森林的压力。城市植被废弃物生产生物能源潜力的研究，为抵消养护管理带来的碳排放及相关不利影响提供了可能性。

6.3.4.4　研究展望

开展城市植被碳固存的研究，有助于准确评估城市生态系统的碳循环和碳影响，为城市林业低碳建设提供理论支持，有助于提高对城市植被的科学管理水平。目前人们对城市植被碳固存的认识远远落后于天然植被。另外，与天然植被相比，城市植被受到更为强烈的人为活动影响，这也决定了其研究的复杂性。今后城市植被碳固存的研究应在以下方面进一步加强(史琰等，2016)：

① 发展更有效的研究手段和估算方法。已有的数据因为调查和计算方法的差异难以进行整合利用，成为该研究方向进一步深入的瓶颈。唯有制定统一标准，才能避免人力物力的极大浪费，并增加研究工作的可比性。

②随着城市幼龄植被的成熟，这些植被将成为城市中一个不容忽视的碳汇。未来可考虑将当前森林清查的规程引入城市植被调查，加强对城市植被碳库的长期动态监测。

③系统研究城市植被对区域碳固存的贡献，揭示城市植被在各种气候下的碳固存潜力，及其与时空尺度、城市化程度及土地利用方式等因素的联系。

④进一步研究城市植被废弃物所产生的生物能源替代化石燃料减排的可行性和潜力，为提升城市植被生态功能，丰富城市减排的研究理论提供参考。

⑤生命周期评估法考虑了苗木生产、运输、种植、养护直至死亡的全过程，为城市植被碳固存研究提供了新的研究思路和视角。未来可通过建立详细和完整的城市植被碳固存生命周期数据库，来探究不同的设计和养护管理方式对城市植被碳固存的影响。研究和解决这一问题将提升人类对调控生态系统影响的认知，为营造可持续发展的低碳城市植物景观提供理论支持。

6.3.5 促进居民健康

城市绿地(尤其是公共绿地)作为城市环境的重要组成部分，具有改善社会经济条件，减少心血管及呼吸道疾病的发病率及死亡率，促进体力活动、缓解压力、降低患肥胖症风险、提高总体健康、增强社会关系等促进身体、心理和社会健康的效益，并具有引导居民形成积极健康的生活方式的效益。此外，接触自然能够对人类产生长期健康效益，倘若儿童时期与自然有亲密接触或者经常使用公园等绿色空间，成年后则更倾向于产生"亲环境行为"。因此，关注与重视接触自然产生的健康促进效益，对于保持与改善公共健康(public health)具有重要意义。在健康城市发展背景下，城市绿地如何规划和管理，成为间接改善公共健康的关键问题。

6.3.5.1 城市绿地生态系统的健康促进效益

研究表明，居民不管是长期还是短期暴露于自然、半自然环境中，均能产生一定健康促进效益。根据理论与实践研究中所采用的健康结果衡量指标所示，绿地的健康促进效益主要包括促进心理健康、生理健康、社会健康和总体健康四个方面(表6-4)。其中，降低全因死亡率、延长寿命、提高总体健康感知(perceived general health)、幸福感、生活满意度、福祉等归为总体健康效益。

表6-4 城市绿地的健康促进效益(董玉萍等，2020)

健康类别	健康结果
心理健康	促进总体精神健康(general mental health)、改善注意力缺陷障碍症状(attention deficit disorder symptoms)、减轻痛苦感、缓解压力、调节情绪、改善焦虑及抑郁症状、提高认知能力
生理健康	改善婴儿出生体重、降低超重或肥胖概率、降低患心血管疾病及糖尿病风险、减少呼吸系统疾病发病率、促进生理健康感知、降低患癌症风险
社会健康	提高社区满意度、增强社会安全感、促进社会总体健康、提高社会凝聚力、降低犯罪率
总体健康	减少与健康相关的抱怨次数(number of health-related complaints)、改善总体健康状态(general health)、提高幸福感及生活满意度、减少全因死亡率

注：①表中梳理出的健康结果并不包含绿地的所有健康促进效益，仅梳理了目前城市绿地与居民健康研究得出的主要健康结果；②对于表中列举的健康结果，并不是所有研究都得出一致性结论，虽出现少数不相关或相反的结论，但多数研究结论支持了绿地的这些健康促进效益。

　　一直以来，绿地被认为是缓解压力、恢复注意力的理想场所，因此心理健康也成为绿地与健康领域的主要研究方向（Fong et al.，2018）。其中，大部分学者通过压力感知量表（perceived stress scale，PSS）、自我评估（self-rated/reported）等方法对心理健康结果进行测量，但这些方法的主观性可能会引起数据偏差问题。为更好地衡量健康促进效益，部分试验通过唾液皮质醇、皮肤电导率等生物指标进行客观测量研究（Jiang et al.，2014）。分析方法上，除少数学者通过采用自然剂量效应模型量化绿地促进心理健康的因果关系外，大部分则属于相关性研究，但都基本证实了两者之间存在正相关的关系（Fong et al.，2018）。

　　相较于心理健康效益，绿地的生理健康促进的功能在结论上呈现多样化（Fong et al.，2018），但这并不影响绿地促进生理健康的事实。因为产生不一致的研究结论，可能与研究对象的人口统计、社会经济及周围建成环境等特征有关（Twohig-Bennett & Jones，2018）。虽然绿地具有产生多种生理健康促进效益的潜力，但目前的研究主要集中在绿地与超重和肥胖之间的关系上，而超重和肥胖既是目前主导的慢性疾病之一，又是引发心血管疾病、糖尿病等慢性疾病的重要病因。

　　对于绿地的社会健康效益，值得一提的是，建筑周围的绿地并不总是能降低犯罪率的发生。Kuo 和 Sullivan（2001）针对芝加哥市公寓大楼附近的犯罪率研究时，发现植被密度高的建筑周围犯罪率低，而特洛伊（Troy）等对巴尔的摩的研究中发现在犯罪率高于某一阈值的街区，靠近绿地的地方反而具有较高的犯罪率，这表明在某些情况下，绿地又可被认为因视线阻碍，进而提高了犯罪率（Troy & Grove，2008），因此绿化程度应该在一定阈值范围内产生积极影响。

　　涉及总体健康效益的研究，目前大部分采用自我报告或自我评估的方式获取相关总体健康效益指标。Mavaddat 等（2011）通过群组研究（cohort study）证明了这种方法能够一定程度上衡量人的三维健康。这类研究虽表现出一定主观性，但研究结论具有相对一致性，即绿地能对居民的总体健康产生积极影响。

6.3.5.2　影响城市绿地健康效益发挥的因素

　　绿地作为供给侧，其自身特征，如植被类型、尺度大小等对健康具有不同影响，但是，由于健康效果表现在利用绿地的人群身上，因此绿地与人群之间的关系，尤其是空间关系，也构成了影响城市绿地健康效益的重要因素。总体来说这种关系可以概括为两个方面，即可获得性与可达性。此外，即使在具有相同的绿地特征、绿地可获得性和绿地可达性的条件下，处于不同社会经济条件和人居环境中的不同人群所能获得的健康效益也会有所差异。因此，这种与人群自身条件和总体环境相关的因素统称为潜在调节因素，而将绿地自身特征、绿地可获得性和绿地可达性等影响居民绿地使用的因素统称为直接影响因素（Bosch & Sang，2017）。

（1）绿地自身特征

　　绿地自身特征是针对单个绿地而言，主要指影响健康促进效益发挥的内部特征及属性，包括尺寸、构成要素、质量等多个方面。研究表明绿地的这些自身特征通过影响绿地使用达到促进或抑制健康效益的发挥的效果。如 Schipperijn 等（2013）通过横向研究发现居民室外体力活动与最近城市绿地的距离、步行/骑行路径、水体特征、照明、怡人的景色等之间有积极联系；而更有说服力的是采用准试验（quasi-experiment）与随机对照试验（randomized controlled trial)的方法,证明绿化土地、定期维护、增加步行道/绿道等干预措施能够明显提高绿地使用频率和使用者体力活动水平。这可能因为绿地内的元素与设施对游客的偏好、活动和使用量产生了影响,同时高质量的城市绿地能够引起居民的审美体验,促进其进行户外社交活动和体力活动(Fong et al., 2018)。

目前大多数基于绿地自身特征对城市居民健康效益发挥的研究,主要从绿地的构成要素、绿地的基本属性、绿地的质量以及绿地的管理/监督四个维度展开(表6-5)。其中,城市绿地的维护与干净度被认为是影响居民使用频率的最重要的两个方面,因为不良的维护、脏乱差等问题,会降低绿地的安全感,从而减少或阻止绿地使用。

提高现有绿地质量,被视为促进绿地效益发挥的一项重要措施。在不能提供更多公共绿地的情况下,提高绿地质量能够提高其吸引力,促进居民使用。但是相较于量化指标(主要指可达性、可获得性指标),目前对绿地自身特征这一维度的健康促进效益研究较少,这可能是因为绿地质量等自身特征并未在一些重要的政策文件中得到应有的关注。

表6-5　健康导向下的绿地自身特征衡量指标(董玉萍等, 2020)

直接影响因素类别	指标类别说明	直接影响因素指标	直接影响因素详细测量方法
绿地自身特征	针对单个绿地而言,影响其健康促进效益发挥的内部特征及属性	(1)绿地的构成要素	自然元素(如水体、植物、野生动物等;绿地内的设施类型(如步行/骑行道、运动场地等)
		(2)绿地的基本属性	绿地的尺寸;绿地类型(如口袋公园、森林公园等);绿地/植被结构(如乔灌比例)
		(3)绿地的质量	绿地内设施的数量/设施类型数量;绿地的吸引力/审美价值/休闲娱乐价值(如干净整洁、无涂鸦、无破坏、有自然声音、有芳香气味等);绿地的物种丰富度/生物多样性;绿地的自然度(degree of naturalness);绿地质量感知/总体印象(general impression)
		(4)绿地的管理/监督	组织/计划活动;公园董事/公园咨询委员会;绿地具有安全感;绿地维修/改造

(2)绿地可获得性

绿地可获得性是基于绿地供给与人群需求之间的关系提出的一个概念,如目前国内绿地系统规划中常用的人均绿地面积,即表征绿地可获得性的一个重要指标。虽然可获得性并不等于居民的实际绿地使用,但大量的研究已证实其与居民健康之间具有一定关联性,毕竟它是满足居民绿地使用需求的重要前提,同时也是绿地发挥生态调节功能的重要保证(毛齐正等, 2012)。通过缓解热岛效应、改善空气质量等途径可达到促进居民健康的效果。绿地的这种健康作用机制无需居民与绿地接触,即可发挥健康促进效益。目前大多数学者在进行绿地可获得性与健康促进作用关系的研究时,采用的指标及具体测量方法见表6-6所列,主要包括一定区域内(研究单元)的绿化水平及特定绿地的密度和数量两大指标,每类指标可由不同方法进行衡量。

表 6-6　健康导向下的绿地可获得性衡量指标（董玉萍等，2020）

直接影响因素类别	指标类别说明	直接影响因素指标	直接影响因素详细测量方法
绿地的可获得性[主要聚焦在一定区域内，如城市、社区、街道、邮政编码区、低/中等超级输出区（lower-layer/middle-layer super output areas）、普查区、生活圈等]	基于对群体的绿地供给与分配视角，未考虑个体对绿地的实际可获得与可达性，强调研究单元的绿化量/绿度（greenness）与绿地暴露（green space exposure）机会	（1）一定区域内的绿化水平/绿量	绿地占总用地面积的比例；归一化植被指数（normalized difference vegetation index，NDVI）；调查对象对一定区域内的绿化感知、自我报告的绿化水平或评分员（trained raters）对一定区域内评估的绿量；绿地总面积
		（2）一定区域内特定绿地的密度/数量	特定类型绿地的人均面积（如人均公园绿地面积）；特定类型绿地的数量；林木覆盖密度

　　提高居住区绿化水平一直被认为是相对直接且低成本的促进公共健康的干预政策，并且其能够产生缓解气候和控制雨水径流等协同效益（co-benefits）。但在紧凑的城市环境中，存在城市（尤其是密集区）绿地的供给不足或缺乏，以及在高密度发展中城市绿地不断遭受侵蚀的问题，如何保证城市绿地的可获得性，成为目前建设健康城市所面临的一个重要挑战（Haaland & van den Bosch，2015）。

（3）绿地可达性

　　由于绿地可获得性未考虑个体对绿地的实际可获得的机会与邻近度的具体情况，因此，单纯考虑绿量指标而不考虑可达性问题，可能会造成在大尺度范围内（如城市尺度），平均每位居民的绿地供应量很高，但实际在小尺度范围内（如社区尺度）部分地区出现绿地供应不足的现象等问题。绿地的可达性，主要基于个体的绿地获得机会与使用可能性视角，将公平性问题纳入考虑范围。如深圳市绿地系统规划中的"公园500m范围居住用地覆盖率"这一绿地可达性衡量指标，一定程度上减少了因绿地及人口分布不均导致的绿地供给不公平性问题。但这仅从空间上（距离上）保证了居民有到达或接触绿地的机会，而公园的500m服务范围内人均绿地使用面积是否合理，同样是影响绿地的实际使用的重要考虑因素之一。

　　目前在研究城市绿地与居民健康时，流行疾病学领域将城市绿地可达性作为研究两者之间关系的核心要素，并认为其是衡量城市绿地效益发挥的重要指标。由表6-7可知，绿地可达性指标测量方法多样，既包括客观可达性测量也包括主观可达性感知，但所有测量方法都基于使用者视角。此外，可达性作为城市绿地的一个重要特征，因能提高居民室外体力活动水平，许多国家或地区已将提高城市绿地可达性纳入公共健康干预策略，如哥本哈根公共健康办公室早在2006年时，就已提出保证90%以上的居民的城市绿地可达距离在400m范围内（Schipperijn et al.，2013）。

　　然而，城市绿地的分布及其可达性，一方面与其所处的地理位置有关，如城市中心部分的绿地往往比靠近城市外围地区的绿地少；另一方面与居民的社会经济地位有关，如低收入水平或社会地位较低的居民，通常居住在绿地覆盖率低的城市地区，导致其居住区绿地的可达性较差（Kabisch & Haase，2014）。但如果通过提高贫困地区绿化水平的方式，平衡绿地分布的非均衡性，可能存在另一个挑战，即绿地面积的增加可能会导致房屋价格上涨的风险上升，使其又转向更高收入水平的居民。因此，在紧凑型城市中，由于居民渴望更加公平的绿地可达性，提供高可达性的城市绿地成为健康干预面临的主要问题（Jim，2013）。

表6-7　健康导向下的绿地可达性衡量指标(董玉萍等，2020)

直接影响因素类别	指标类别说明	直接影响因素指标	直接影响因素详细测量方法
绿地的可达性[主要关注基于家/住宅一定缓冲范围内的绿地，常用的缓冲距离有250m、500m、1000m、0.5英里(约800m)以及1英里(约1600m)]	基于个体对绿地的实际获得与使用视角，考虑到绿地分配公平性，用以衡量个体到达绿地的容易度。一方面强调从起点到绿地的距离(包括物质空间距离和心理感知距离)或时间；另一方面强调个体获得绿地的能力及便利度	(1)基于家/住宅一定缓冲距离内的绿化水平	调查对象绿化感知/自我报告的绿化水平、评分员评估的绿量；归一化植被指数(NDVI)；总绿地面积；绿地百分比
		(2)特定绿地类型(如最近绿地等)与家/住宅的邻近度	从家/住宅到特定绿地的距离；从家/住宅到特定绿地的时间；基于家/住宅特定距离内存在某种类型绿地；居住在特定绿地一定缓冲距离内的人口百分比
		(3)总体可达性	(特定)绿地可达性感知/评估/评价
		(4)基于家/住宅建筑内的视线可达性	基于家/建筑内窗户看到的绿化水平(包括绿化感知与绿化量)
		(5)家/住宅与特定绿地的连接度	可接受/不可接受的到达公园的路线直达性(directness)
		(6)基于家/住宅一定缓冲距离内的(特定)绿地密度/数量	能够使用的绿地类型数；(特定)绿地数量；特定绿地百分比；住宅周围树木覆盖率/树冠覆盖率

(4)潜在调节因素

绿地使用者作为需求侧，其年龄、性别、家庭收入、居住区周围交通量等特征能够对绿地与健康效益之间的相关性产生潜在影响，这类因素统一称为潜在调节因素。需要说明的是，某些调节因素，如工业用地布局、道路密度等特征本身就能影响居民的健康状态(王兰等，2018)，而这里主要强调的是这些因素对绿地与健康关系的调节作用。这些调节因素可概括为人口统计特征、社会经济特征及建成环境特征。

大多数研究中涉及的人口统计特征主要包括年龄、性别、受教育程度、婚姻状况、民族/种族、就业情况等；社会经济特征包括个体层面与地区层面两个维度；建成环境特征主要考虑了用地混合、社区安全、城镇化水平、交通流量、住房特征、居住密度等。个体和地区层面的社会经济特征、城市绿地周围的建成环境特征等因素都有可能改变个体使用绿地的方式(Fong et al.，2018)，它们结合个体的性别、年龄、文化背景等人口统计特征以及偏好、价值导向，共同决定了城市绿地供给与所需服务的匹配度。换句话说，人口统计特征、社会经济特征及建成环境特征通过影响个人偏好(preference)、需求及价值导向等方面影响其对绿地的使用情况。年龄、性别、职业和爱好等个体特征决定了其对环境的偏好，人们往往选择符合其生理与社会需求的环境。根据这一论点，不同人群因自身的特征及所处环境特征的差异性，导致对绿地的需求不同，继而影响到绿地的使用及绿地健康效益的发挥，这也一定程度解释了为什么不同学者在研究绿地的同一特征与健康的同一维度之间关系时会得出不同的结论。

6.3.5.3　城市绿地促进居民健康的作用机制

越来越多的证据表明，绿地的生态服务在绿地与人类健康之间的关联性中起着重要的中介作用（Bosch & Sang，2017）。将绿地的健康作用机制归入到文化服务、调节服务及支持服务这三种服务类型。其中，根据居民受益的方式又将绿地使用分为主动参与（直接使用绿地，如通过在绿地中运动而获益）与被动接受（间接使用绿地，如无需接触绿地就能享受绿地净化后的空气）（图6-1）。

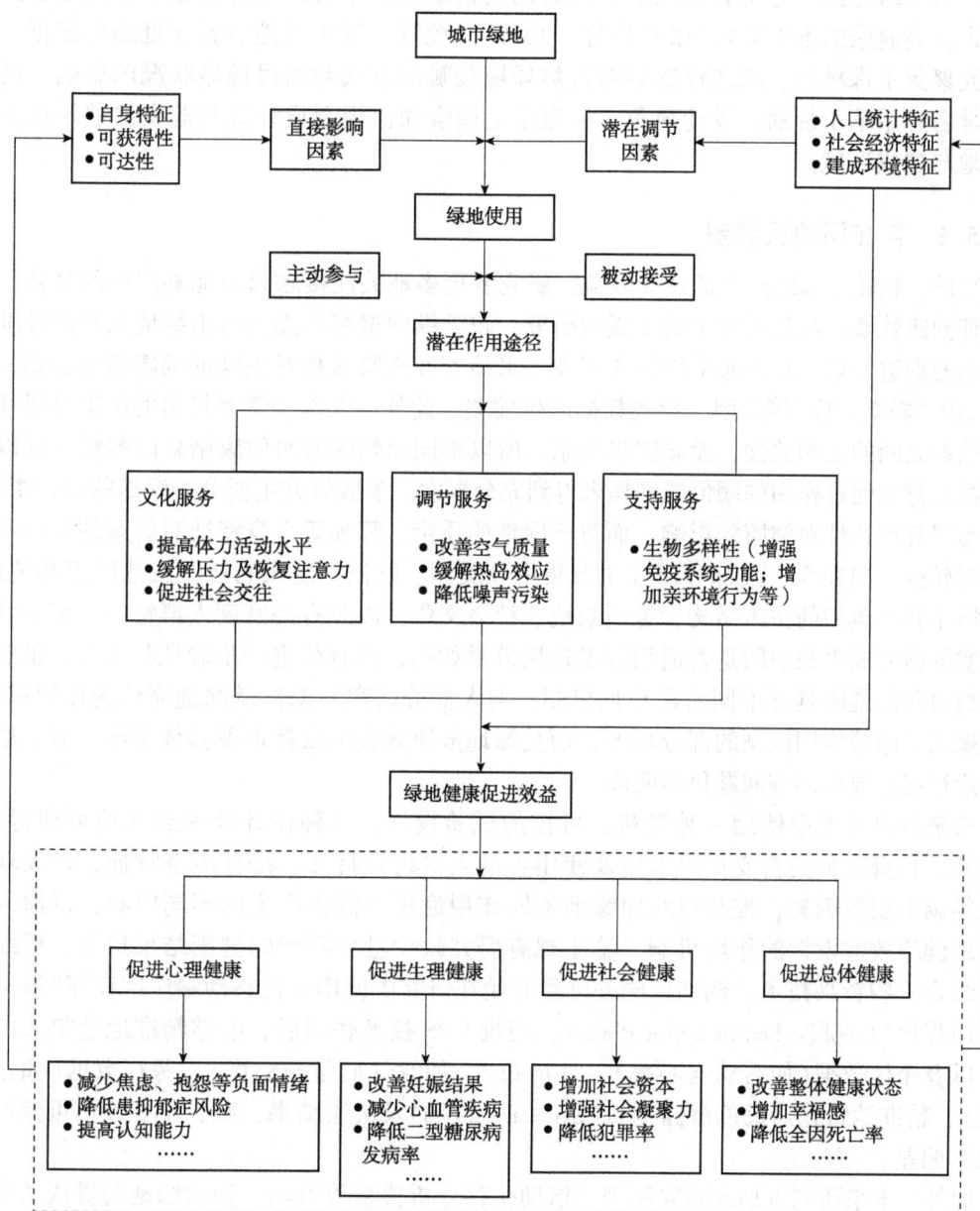

图6-1　城市绿地对居民健康的作用机制（董玉萍等，2020）

此外，部分学者还基于其他相关视角展开研究。如开始有学者探索虚拟现实自然对健康产生的影响，以期通过模拟自然环境缓解绿地分布不公平引起的环境正义问题。从研究场所来看，除了基于不同尺度与层次的居住区环境外，还有部分研究基于学校、工作单位等场所，发现学校操场的自然度较高，能够减少学生请病假的情况，改善学生运动功能与注意力集中问题；工作场所周围绿地的实际可达性与视线可达性有助于提高员工的幸福感(well-being)和满意度，降低压力水平。"投入产出"的经济学理论借鉴也引发了部分学者对绿地的经济投入及其产生的健康效益、相关经济价值等问题的思考。研究发现，虽然绿化投入与所有收入水平的居民健康结果正相关，但提高绿化投入也会进一步扩大社会健康的不平等性(张丹婷等，2019)。此外，基于绿地有益于健康的证据，一些研究聚焦于森林浴、园艺疗法等与自然环境接触的方式对居民健康状况的影响；同时也有学者开始基于规划、设计视角，从理论上探索如何规划设计具有健康促进作用的城市绿地与建成环境。

6.3.5.4　存在问题及展望

目前，相较于绿地产生的社会效益，研究者更多地关注接触绿地能够产生的身体健康及心理健康效益。相关研究多属于横向研究，缺乏纵向追踪，无法得出绿地在时间维度上对健康的促进效果，且普遍采用调查问卷、采访等方式获取相对主观的健康指标数据，这可能会因"霍桑效应"等原因，导致数据产生偏差。此外，大部分学者得出的结论是绿地与健康效益之间的正相关性，而非因果关系，所以不同影响因素对健康结果的解释力度以及各指标对健康促进作用的阈值范围均未得到充分探索。多数研究主要分析绿地的量化指标，尤其是绿地可达性对健康的影响，而对于绿地的质量、管理等自身特征对健康的影响则关注相对较少。现如今，大部分研究主要集中在美国、欧洲、澳大利亚等发达国家和地区。中国城市具有典型的城市结构、绿地系统、社会文化，以及有高密度人群特征，那些国外已证实的研究成果在中国是否适用以及适用效果如何，还有待进一步验证与探索。虽然城市绿地对居民健康具有不同潜在作用机制，但大部分研究并未涉及绿地完整的作用机制，即仅聚焦于绿地作用机制的部分环节，而且绿地健康效益的发挥涉及具体哪些机制，以及哪条途径起主要作用等问题仍不明确。

未来研究可考虑使用一种随机、可控的试验设计，这种设计考虑到绿地可获得性、可达性、自身特征的自变量因素以及使用者的人口统计特征、社会经济特征、建成环境特征等调节变量因素，控制与对照绿地不同作用途径对健康产生的不同影响，以深入探索绿地健康效益发挥的作用机制。鉴于现有研究缺少量化测量的健康结果指标，后续研究可结合一些新兴技术，例如，国外已经开始在研究中使用手机移动端应用程序"移动健康应用程序"(mobile health applications)，通过 GPS 技术联网后，能够精准地获得人的行踪，以及个体数据(如活动与心率)、环境数据(如空气质量与温度)、医疗数据(如过敏症状)，精准地量化居民的暴露剂量(exposure-doses)及健康结果，减少主观评估可能产生的数据偏差。

此外，未来研究可加入时间序列，借助生存分析模型等方法，探索绿地与健康关系随时间变化的规律，追踪长期使用绿地产生的健康效益。还可采用剂量效应模型、结构方程模型等方法，进一步探索绿地发挥健康效益的阈值范围，量化绿地能在多大程度上影响绿地使用者健康状态的变化，提高研究结论的精准度。同时，研究需要考虑健康偏好对绿地健康效益发挥的影响。这种潜在偏差（bias）属于日常选择性活动偏差（daily selective mobility bias），也是相关领域在未来研究中值得关注的一个话题。从研究区域来看，在北美和欧洲以外的地区，特别是在欠发达国家，需要进行更多的城市绿地与居民健康领域的研究，以提高研究结果的普适性。

从指导我国规划实践的角度来看，相较于绿地的可获得性或绿量的供给，城市绿地的可达性及绿地质量、维护管理状况等自身特征指标，尤其是绿地的质量等定性指标，目前更多强调的是绿地的生态调节服务。根据研究可知，城市规划中过度地强调量化标准可能很难产生最优的社会效果以及健康结果。此外，城市绿地的安全感、社区的凝聚力、个体的收入与年龄等特征，同样对居民健康产生影响。因此，规划应跳出传统的强调物质标准重要性的范围，同时关注居民的社会—个人维度的影响因素，综合考虑绿地特征与相关调节因素，注重绿地的健康促进效益的多途径发挥，以减少社会的健康不平等性。

综上所述，从城市规划的角度出发，尤其是要基于中国的城市现实、"健康中国"的战略导向和新型城镇化的发展需要，应对以下几个方面的问题进行更加深入、详细的研究：①分析绿地自身特征（如类型、尺寸、质量、生物多样性、安全感）对绿地使用（如活动类型、频率、时长）及居民健康的影响；②验证国外已发现的具有健康促进效益的绿地特征（尤其是可获得性和可达性指标）在中国的适用情况（即研究结论是否一致）；③探索绿地可获得性指标（如研究单元内绿地占地比例、NDVI）和可达性指标（如绿地缓冲距离/时间、特定缓冲距离内的绿量）发挥健康促进作用的拐点及阈值范围；④分析不同绿地特征对社会健康（如降低犯罪率、增强社区归属感、提高幸福感、促进社交活动）的影响；⑤探索建成环境特征（如城镇化水平、人口密度、周围用地性质）对绿地的健康促进效益的调节作用；⑥探索绿地对居民健康的完整作用路径（如绿地通过提高体力活动水平改善心血管疾病、绿地通过减少空气污染降低患呼吸系统疾病概率、绿地通过促进社会交往缓解精神压力）；⑦比较相同维度的不同测量方法对分析结果的影响（如比较定性评估的绿地可达性与定量测量的绿地可达性分别与绿地使用的关系）。

思考题

1. 城市绿地生态系统服务功能有哪些？
2. 试分析城市绿地与居民健康之间的关系。
3. 提高城市绿地可达性的意义有哪些？
4. 如何提高城市绿地的可达性？

推荐阅读书目

城市绿地生态系统服务功能研究. 2021. 韩依纹. 中国建筑工业出版社.

城市森林生态系统服务价值评估研究：以上海（2013 年度）为例. 2021. 郝瑞军，张桂莲. 中国林业出版社.

区域生态系统服务功能及生态资源资产价值评估：以秦皇岛市为例. 2020. 赵忠宝，李克国等. 中国环境出版集团.

Urban Sprawl and Public Health: Designing, Planning, and Buildings for Healthy Communities. 2004. Frumkin H, Frank L, Jackson R. Island Press.

Towards Green Cities: Urban Biodiversity and Ecosystem Services in China and Germany. 2018. Grunewald K, Li JX, Xie GD, et al. Springer International Publishing AG.

Planting in a Post-Wild World: Designing Plant Communities for Resilient Landscapes. 2015. West C. Timber Press.

7

绿色廊道及绿色网络

城市中绿色空间对社会、经济、文化和环境等维度的可持续发展而言，是极为重要的，这一点已在全球形成共识。城市中绿色空间通过各种功能来提高人们的生活质量和福祉。城市绿色空间不仅可以保护和维持生物多样性、净化空气、保持水土、涵养水源、调节地表径流等，还可以提高城市居民的身心健康和幸福指数；在经济上，激活经济并提高资产价值；绿色廊道和绿色网络，根本目标是实现和维护绿色空间在景观结构上的完整性，从而更有效地发挥绿色空间的服务功能。

7.1 绿色廊道

7.1.1 绿色廊道概念

绿色廊道（green corridor），简称绿廊，是为实现多重功能而进行设计和管理的、由陆地或水域所构成的条带状廊道（以及由这些廊道所构成的网络）。功能包括：自然保育、休闲游憩、雨洪管理、社区融合、社会公平、风景资源保护等。

绿色廊道是景观上的带状地带，以其自然或娱乐资源或其他特殊性质而命名的。绿色廊道有不同名称（表 7-1）：它们可以横跨水道，横穿山脊线，有时横穿景观，独立于地形特征。它们的范围从狭窄的城市小径廊道到蜿蜒的河漫滩，再到非常宽阔的、类似荒野的景观连接。虽然它们存在于不同的景观中，从城市到农田到森林，最常见的是在郊区。所有的绿色廊道都有共同的条带状区域的景观特征（Hellmund & Smith，2006）。

表 7-1　绿色廊道及类似绿色廊道的名称（Hellmund & Smith，2006）

名 称	目标或应用	实 例
生物廊道 biological corridor /biocorridor	野生动物保护和其他自然保育的功能	横跨美国中部的中美洲生物廊道；墨西哥莫雷洛斯州生物廊道
植被排水浅沟 bioswale	过滤降雨径流中的污染物（通常是应用在场地尺度的排水设施）	美国西雅图西北部开展的街道排水改造项目中的应用
保护廊道 conservation corridor	保护生物资源、保护水质、防洪排涝等	美国威斯康星州东南部的环境廊道
扩散廊道 dispersal corridor	促进野生动物的迁徙和运动；也指可能间接促使杂草沿途扩散的道路	美国俄勒冈州胡德山国家森林 Juncrook 地区的猫头鹰扩散廊道；Chesapeake 海湾蓝蟹（blue crab）的海洋扩散廊道

（续）

名　称	目标或应用	实　例
生态廊道 ecological corridors/eco-corridors	保护和促进动植物活动、扩散的发生，或维护生态过程的连接性与完整性	阿根廷北安第斯-巴塔哥尼亚区域生态廊道项目；中国的"三北"防护林带
生态网络 ecological networks	保护和促进生物活动的发生，或者维护生态过程的进行	中欧和东欧地区的"泛欧生态网络"
环境廊道 environmental corridor	环境资源的保护与持续利用	美国威斯康星州东南部的环境廊道
绿带 greenbelts	限制或引导城市的用地扩张和发展方向，从而保护自然或农田	美国科罗拉多州博尔德市的城市绿带；英国伦敦的环城绿带
绿地的社区延伸网络 green extensions	将居住区的公共绿地、林荫步道、滨水林带等相互连接来构建绿地系统，使居民在日常生活中便可以接触和亲近自然	中国南京市
绿地网络 green frame	在大都市或更大区域范围内构建的绿地网络系统	美国加利福尼亚州圣马特奥县的"面向2010年县域未来发展的绿地网络"；埃塞俄比亚首都的斯亚贝巴市的绿地网络
中心绿核 green heart	被保护的、大面积的绿地空间，其周围被城市建设用地所环绕。最初指的是荷兰的一个特定地区，但现在使用更广泛	荷兰兰斯台德城市群(包括：阿姆斯特丹、海牙、鹿特丹和乌得勒支等城市)所围绕的、大面积的中心农业用地
绿色基础设施 green infrastructure	出于多重保护目标而建立的绿地空间，通常与市政灰色基础设施(即道路、市政管线等)用地同等重要	美国马里兰州的"马里兰绿图计划"；位于美国科罗拉多州丹佛大都市区的"查特菲尔德流域自然保育"
绿色溪流网络 green fingers	通过保护或恢复冲沟、溪流的自然植被，或通过构建相应的植被浅沟来净化降雨径流	美国得克萨斯州休斯顿的"面向21世纪的布法罗河保护规划"
绿链 green links	连接分散的绿地空间	连接加拿大不列颠哥伦比亚省平原地区分散栖息地斑块的"绿链保护规划"
绿地 greenspace or green space	城镇开发与建设过程中，保留的自然区域或建设的游憩用地	通常称为"开放空间"
绿色框架 green structure orgreenstructure	将离散的绿地连接在一起，作为引导城市空间发展总体框架。这一概念的使用多见于欧洲	丹麦大哥本哈根地区的"绿色框架规划"
绿色脉络 green veins	由小面积线状的景观要素所构成的网络系统；主要用来保护农业景观中的生物多样性	这一概念主要是荷兰、法国和其他欧洲国家在使用
楔形绿带 green wedges	通过将绿地引入建成区内部，使其分割成不同的组团片区；这同上面"绿带"的理念恰好相反	澳大利亚墨尔本
栖息地连接廊道 landscape linkages	连接大型生物栖息地的、宽阔的带状廊道，包括未受干扰的河流廊道	美国亚利桑那州皮马县的关键栖息地间的连接廊道
自然保护骨干网络 natural backbone	维护和促进各种自然生态过程	欧洲中东部

（续）

名　称	目标或应用	实　例
自然过程维护网络 nature frames	提供游憩空间，保护水质，引导城市设计，减轻环境影响	立陶宛的自然过程维护网络
开敞空间 open space	城镇开发建设过程中保留的自然区域或用地空间	存在很多城市
游憩廊道 recreational corridors	提供休闲、游憩功能	福建福州的福道
河流或其他带状公园 river or other linear parks	具有保护功能，或至少沿河流或其他廊道建设的带状公园，有时建设有风景公路或游道	美国华盛顿罗克溪公园
风景体验廊道 scenic corridors	保护自然风景	亚利桑那州斯科茨代尔的风景体验廊道；不列颠哥伦比亚省克莱奥奎特海湾的风景体验廊道
游道/游步道 trail corridors	提供休闲与游憩体验功能	美国东部的阿巴拉契亚游步道
市政管线的防护廊道 utilitarian corridors	提供某种市政服务功能，如航道、输电，同时也具有自然保护或游憩功能	美国亚利桑那州凤凰城的大运河；中国京杭大运河
植物或滨水缓冲带 vegetative or riparian buffers	河流或水体周边设立的缓冲带，通过种植或保护原有植被来保持水质	许多地方都有具体的实例，尤其是美国中西部和加拿大的农业地区
生物迁徙廊道 wildlife corridors	保护和促进野生动物在不同栖息地之间的迁徙	美国和加拿大的"黄石—育空自然保护计划"；澳大利亚东南部的"山地—红树林生物迁徙廊道"（位于昆士兰州亚布里斯班市）

7.1.2　绿色廊道类型

　　绿色廊道不仅内涵广泛，而且形式多样：有以娱乐为主的绿色廊道，有以生物保护为主的绿色廊道，也有缓冲城市发展，为城市提供绿地的绿色廊道；有沿道路、河流和山脊建设的绿色廊道；也有沿天然气管道或煤气管道、自来水管道和电力线路等建设的绿色廊道及农田中的树篱。其规模也是大小不等，既有1m宽的绿色廊道，也有几万米宽，数万米长的绿色廊道。

　　查尔斯·利特尔（Charles Little）根据绿色廊道形成条件及其功能的不同，将绿色廊道划分为五种基本类型：

　　①城市河边绿色廊道（包括其他水体）　这种绿色廊道极为常见，在美国通常作为城市衰败滨水区复兴开发项目中的一部分。在国内正在兴起的沿河绿地保护项目，也属于该类型的绿色廊道。

　　②以道路为特征的娱乐绿色廊道　该绿色廊道是以道路为特征的，通常建立在各类特色游步道、自行车道之上，强调游人的进入及活动的开展。主要以自然廊道为主，但也包括河渠、废弃铁路沿线及景观道等人工廊道。

　　③重要的生态绿色廊道　该绿色廊道指那些在生态上具有重要意义的廊道，通常都是沿着河流、小溪及山脊线建立的廊道。这类廊道为野生动物的迁移和物种的交流、自然科考及野外徒步旅行提供了良好的条件。

　　④风景或历史线路绿色廊道　一般沿着道路、水路等路径而建，往往对各大风景名胜区起纽带作用。它最重要的作用就是使步行者沿着通道方便进入风景名胜地，或是为车游

者提供一个便于下车进入风景名胜区的地方。其中，遗产廊道(heritage corridor)是一种较特殊的绿色廊道，是"拥有特殊文化资源集合的线形景观。它最重要的特点是将同一地理区域内的多个文化旅游吸引物和旅游设施串联在一起；它不仅强调一系列遗产保护的文化意义，而且强调其生态价值和经济价值，其目标包括遗产保护、休闲、教育和生态功能等方面。

⑤综合的绿色廊道系统或网络　通常是建立在诸如河谷、山脊类的自然地形中，很多时候是以上各类绿色廊道和开放空间的随机组合。它为都市创造了一种有选择性的绿色框架，其功能具有综合性。

7.1.3 绿色廊道功能

总的来说，绿色廊道既具有生态、社会文化及经济三大功能，同时又有线性、连续性、可及性的特点。在跨省、市的区域层面上，它在连接破碎的自然空间、重组自然生态系统上具有重要战略意义；在市域层面上，它可以结合道路、铁路、河流及市政设施等载体的建设来弥补城市绿地的不足；在小区场所层面上，它又为人们的户外活动提供了公共性的空间。因此，生态功能和社会功能是绿道最主要的功能，其他还有经济产业功能。

7.1.3.1 生态功能

进行适度规划设计的绿色廊道可发挥廊道的基本功能(图7-1)。

①栖息地功能　为植物、野生动物提供栖息地。此功能在滨水廊道显得尤其突出，它们可以在一个相对较小的区域内容纳水生、滨水及陆地各类野生物种。绿篱以及植被覆盖的栅栏和墙体具有一定的生物多样性，并且可为动物提供迁移的路径。在绿色廊道内以及沿着绿色廊道的生境异质性往往在功能上具有重大意义。

②通道功能　绿色廊道是具有通道功能的景观要素，是联系斑块的重要纽带，通过绿

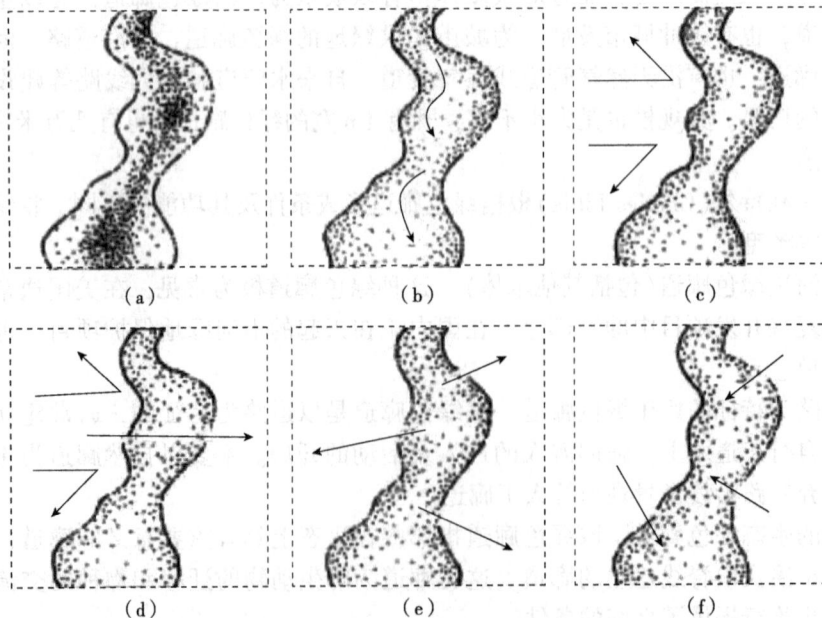

图7-1　绿色廊道的基本生态功能(Hellmund & Smith, 2006)

(a)栖息地功能　(b)通道功能　(c)阻隔功能　(d)过滤功能　(e)资源功能　(f)导入功能

色廊道可把孤立的生境斑块连接在一起，从而使之成为一个整体，提高了生境的连接性。通常斑块是很重要的生境，而绿色廊道是很重要的迁移通道，所以，对于破碎化的生境而言，通过绿色廊道把各生境岛屿连接在一起，尤其是与较大的自然斑块相连接，能够减少甚至抵消由于景观破碎化对生物多样性的影响，因而对提高野生生物多样性具有重要意义。

因此，绿色廊道的实质是连接性，不只简单地把娱乐区域连接在一起，而且把野生动物的生境连接在一起，把人类社区连接起来，把城市和乡村连接起来，把人与自然连接起来。

连接城市和农村的主要放射状廊道，如沿着铁路、河流的廊道，对空气流动尤其重要，因其可以冷却及清洁城市空气。类似地，在炎热的北非城市，一些街道朝向盛行风的方向，从而将附近的空气引入到城市。实际上绿色廊道内的植物蒸腾作用可以冷却进入到城市的空气。在丘陵城市区域，晚上冷风可以流入山谷与河流廊道。

③阻隔功能　若绿色廊道的生境状况或尺度大小对某类物种不适宜，就会对该物种起到阻隔作用，且这种作用受绿色廊道边缘区域的影响较大，如河流、道路、刺灌林等往往会对物种起较大的阻隔作用。防风林可以降低风速，改变湍流和漩涡气流。

④过滤功能　在河流生境中，滨河绿色廊道对河流过量的营养物及沉淀物进行吸收与过滤。特定的绿色廊道对人与野生动物起到过滤作用。

⑤资源功能　绿色廊道成为邻近地区的物种来源及水源，并为原生物种重建栖息地提供所需的重要资源。

⑥导入功能　吸引人及动物进入及提高安全性等。

此外，绿色廊道减少了雨水的地表径流和洪水发生的潜在危险，促使水渗入土壤。

7.1.3.2　社会功能

(1)绿色廊道将自然融入人们的日常生活中

绿色廊道可以将具有不同功能和价值的景观要素连接在一起，而且它们线状的几何特征也比其他类型的绿地具有更高的空间可达性。绿色廊道将自然融入人们的日常活动方面正发挥着积极的作用，它为人们提供了休闲游憩的场所，而且也正在将人们所理解的"自然"从遥远而荒野的自然保留地转向了他们日常生活的环境之中。

(2)绿色廊道增强了人们之间的社会联系和社会互动

在空间上，绿色廊道将不同的社区连接在一起，而通过精心的设计和管理，绿色廊道还可以积极地促进社会互动。从社会学的角度来看，绿色廊道反映了公众社会参与的诉求，绿色廊道也具有通过规划参与和日常管理活动将公众聚集起来和增强社区凝聚力的巨大潜力。这反过来会使管理变得更加有效与敏锐，会进一步加强社会联系与合作，以及培养人们公共参与和民主决策的意识。

(3)绿色廊道具有实现社会公正和促进社会平等的潜力

由于绿色廊道线性的几何特征，绿色廊道具有较高的空间可达性。它们通常连接或穿越了不同的社区，从而进一步方便了公众对绿色廊道的使用，使更多的公众享受到绿色廊道的功能。

(4)游憩功能与价值

在绿色廊道的所有功能中，游憩功能是最为人所熟知的。随着城市人口数量的增长、居民闲暇时间的增加、对自身健康问题的更加重视，人们对户外活动的需求也大幅增加，包括长跑、漫步、自行车骑行等。许多绿色廊道都非常适合那些相对剧烈的、活动距离较长的体育活动。此外，绿色廊道往往沿溪流或河流分布，这也进一步增加了它们在美学和游憩体验方面的吸引力。

(5) 美学功能与价值

同其他类型的公园和自然保护地一样，绿色廊道能带来更优美的景观环境。绿色廊道通常会沿着那些具有重要文化或历史意义的、地形连续的自然廊道(溪流、河流或山脊等)而建。这一特点增加了人们在使用绿色廊道时，对场地原有历史与文化的感知，同时也提升了绿色廊道整体的景观效果。另外，绿色廊道还常将不同的社区和公园、历史遗迹、商业区等场所相连，这种连接可以让人们在没有噪声与机动车干扰的情况下实现不同场所间的穿行与领略。

(6) 遗产保护功能与价值

人类所建造的公路、铁路、山路、运河以及其他的线状景观和廊道，随着时间的推移可能会呈现出重要的历史价值。将这些廊道规划为绿色廊道可能是保留其线状几何特征和历史价值的一种有效措施。同样，在过去使用的过程中或废弃之后，这些廊道可能也获得了一些重要的自然资源或其他的重要特征。例如，欧洲的"铁幕"廊道、美国的"废弃铁路"廊道等。

(7) 自然教育功能

绿色廊道常沿着地形连续的自然廊道(溪流、河流或山脊等)而建，因此，有丰富的自然资源，为开展自然教育提供了空间和资源。体验自然，不管是主动积极的、剧烈的游憩活动，还是被动的观赏与思考，或是更高级的观察和研究，都会有助于人们获得理解与尊重自然的意识。从中所学的知识可能比书上所学的更有价值，同时还可以加深对人与自然关系的理解。

7.1.3.3 经济产业功能

欧美的绿道建设历程告诉我们，实施绿色廊道建设战略，不仅能体现社会、生态效益，而且也能产生巨大的经济效益，成为后工业时代的重大经济产业。那些重视生态过程的绿色廊道建设强调自然生境的恢复，提供生物多样性的线形绿地空间一般能恢复到无需人为管理的自然状态，因此节约了大量后期养护经费。另外，不同类型的绿色廊道在推动旅游产业的发展以及防污、治污、防洪等方面作用显著。美国从 20 世纪 80 年代开始，把绿色廊道事业当作重大的经济产业进行建设，制定了许多政府措施及项目法规，如 GAP 分析(保护生物多样性的地理学方法)项目、千禧道项目、国家步道系统、1991 年的地区多元交通运输效率法案(intermodel surface transportation efficiency act of 1991)即 ISTEA 等，从而推动了经济产业的蓬勃发展。

7.2 绿色网络

7.2.1 绿色网络的概念

绿色网络(green network)，是除了建设密集区或用于集约农业、工业或其他人类高频度活动以外，自然的或植被稳定的以及依照自然规律而连接的空间，主要以植被带、河流和农地为主(包括人造自然景观)，强调自然的过程和特点。它通过绿色廊道、楔形绿地和结点等，将城市的公园、街头绿地、庭园、苗圃、自然保护地、农地、河流、滨水绿带和山地等纳入，构成一个自然、多样、高效、有一定自我维持能力的动态绿色景观结构体系，促进城市与自然的协调(张庆费,2002)。

7.2.2　绿色网络功能

　　绿色网络联结城市、农村和自然景观区,是自然因子、城市系统及其周边地区的联结体,具有生态基础,反映了自然保护和生物多样性思想在城市地区的创造性应用,与人类需求驱使的城市化相适应。而且,通过较少面积比例绿地的空间合理安排,优化城市景观格局。

　　构建城市绿色网络体系能够有效地改善城市生态环境,直接作用表现在通过植物的生态功能作用缓解城市环境问题,大量优质的植物可以净化空气、涵养水源、保护水体、防止土壤流失,提高城市生物多样性,影响城市气流,从而改善城市热岛效应。

　　间接的作用表现在绿色网络结构的合理性有利于提高土地利用的集约化和高效化。交织的绿地可以产生使自然和生物融合的环境,给野生动植物提供栖息地和通道,特别是人类和野生生物能从景观的连接和更多自然元素的渗透中受益。建筑密集区形成的动植物群落对自然保护有潜在的重要性,也增加了人与自然的亲和力,满足环境可持续发展的需要。

7.2.3　相关理论基础

(1)网络的形成和变化

　　网络(network)可连接不同的景观组分,是景观中最常见的结构之一。在景观生态学,通常意义上的网络是指廊道网络,由廊道与结点相连而成。另外,还有斑块网络,由同质和(或)异质的景观斑块通过一定的空间联系而成。

　　不同的自然地貌、地形及侵蚀过程可形成不同的河流网络结构特征,包括不同的河谷宽度、河岸宽度、河道曲度、河流廊道之间的相交格局等。例如,在山区,侵蚀坡降大,河流流速大,河道较直,河谷较窄,河岸陡峭而窄;而在较为平坦的宽阔河谷地区,干流和支流坡降小,容易形成河曲,河岸也较宽。对其他大多数网络,人类历史或文化因素是构成其结构特征的基础,并随着政治体制、经济、社会、人口、交通等的发展而变化。有些网络则是伴随着其他网络发展而来的,并与之平行,如城区的绿篱网络起源于道路网络,农田防护林网络起源于沟渠网络(傅伯杰等,2001)

　　Forman(2006)总结了六种主要廊道网络的结构类型及其形成和变化的驱动力(图7-2)。

　　能量、物质和物种的汇集或分散,可形成紧密聚集型或松散交错型网络结构。生态流沿着某个方向流动时,若适宜的廊道只有一条,那么它们将会汇集进入这个适宜廊道及其毗邻区域,形成紧密聚集的、能快速穿越景观的宽廊道[图7-2(a)]。相反,若生态流有多

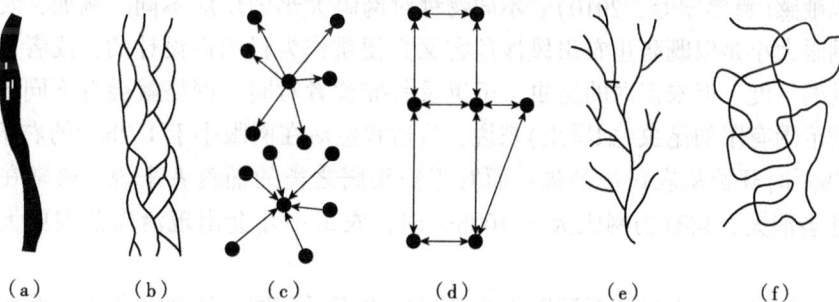

(a)　　(b)　　(c)　　(d)　　(e)　　(f)

图7-2　廊道网络形成和变化的几种驱动力(Forman, 2006)

条可选择的适宜廊道，那么它们将不会汇集于某单个廊道，而是经由多条松散聚集的、相互之间有交错的曲折廊道穿越景观［图 7-2(b)］。总之，生态流的汇集或分散驱动了特定廊道网络结构的形成，而廊道网络的结构特征反过来又影响了生态流的汇集或分散，两者相互作用。例如，一个城市初建时，居民的居所和活动场所相对聚集，可能是由东向西沿着城区的中轴线及其周边分布，这时规划的道路网络可以汇集为一条主干道；随着城市的发展，居所和活动场所向外扩展，逐渐分散，这时规划的道路网络必须是由多条可选择的、相对分散分布的道路组成，一条主干道不再满足需求。在这个例子中，人流决定了道路网络的结构特征。

某个或某些结点是强源或强汇，可形成爆炸型或内聚型网络结构［图 7-2(c)］。若某个结点是强源，那么能量、物质或物种会以该结点为起点，向四周扩散，而且单向净流量很大，形成爆炸型网络结构；反之，若某个结点是强汇，那么来自四周的能量、物质或物种会向该点汇集，而且单向净流量很大，形成内聚型网络结构。有些结点可能在某个时间是强源，而在其他时间是强汇。例如，一个有 20 万名上班族的大型生活社区，在早晨上班时是一个强源，人们向四周大批流动；而在傍晚下班时却变成一个强汇，人们又从四周回流。相对于其他结点，作为强源或强汇的结点在能量、物质或物种数量上占绝对优势，对整个网络的功能起着至关重要的作用。

多个结点既是弱源，也是弱汇，可形成直线型网络［图 7-2(d)］。在道路网络、农田树篱网络、道路绿化带网络等直线网络中，许多结点既是源，也是汇。这些结点作为源，都只向其他各结点输出一部分；而作为汇，都只获得其他每个结点的一部分，因此，它们是弱源或弱汇。能量、物质或物种被相对平均地分配于不同的结点，单个结点在能量、物质或物种数量上不占绝对优势。另外，经过不同连接廊道的流量差异取决于环境的异质性。

能量、物质和物种的汇集或分散及基质的空间异质性可形成分支型网络结构［图 7-2(e)］。河流网络中干流分支为支流是能量的分散，而支流汇合为干流是能量的汇集。但分支结构(如支流的宽度和曲度等)则取决于沿途基质的空间异质性，特别是水文地质条件。

能量、物质和物种无固定方向或被平衡于不同方向，形成不规则型网络结构［图 7-2(f)］，如生物个体漫无目的的行走路线。

(2) 网眼

网络景观中被网络包围的景观要素斑块称为网眼(mesh)，而网络线间的平均距离或网线所环绕的景观要素的平均面积即为网眼大小(mesh size)。

物种在完成其功能，如觅食、保护巢穴领地、繁殖或吸收阳光和水分时，对网眼大小的变化相当敏感(肖笃宁等，2010)。不同物种对网眼大小的反应不同。例如，农田防护林网络，其网眼大小是以既防止农田风沙危害又方便耕作为目的而设计的，或者说，它是适宜人类活动的尺度。但农田内的昆虫、田鼠及其捕食者对同一网络就会有不同的反应。对于某些活动范围有限的昆虫(如甲虫)来说，最适宜生活在网眼小于 $1.7hm^2$ 的农田中，在网眼大于 $1.7hm^2$ 时开始从农田中消失；而对于猫头鹰之类的捕食者来说，通常在网眼大于 $6.5hm^2$ 时才会消失；只有当网眼大于 $100hm^2$ 时，农田中才会出现活动范围更大的开阔区鸟类。

不同环境因子和生态过程对网眼大小的反应也不尽相同。风速和气温在防护林的网眼小于 $300hm^2$ 时都有所降低，当网眼大于 $300hm^2$ 时降低效应开始减弱。

(3) 廊道密度

廊道密度(corridor density)表示廊道网络中廊道的数量，常用单位面积的廊道总长度来表示[图 7-3(a、b)]。较常用的是道路密度，道路密度用单位面积的道路总长度来表示。

道路对动物的迁移和生存有很大影响。例如，啮齿类动物一般会避开道路附近，或很快通过公路；鸟类的巢穴和觅食点一般也会远离道路和其他人类活动较频繁的地方。一方面是因为动物有躲避车辆危险的本能反应；另一方面是因为道路造成栖息地之间的隔离，动物的迁移和交流变得十分困难或根本不可能。因此，可用道路密度来量度生境的不适宜性。

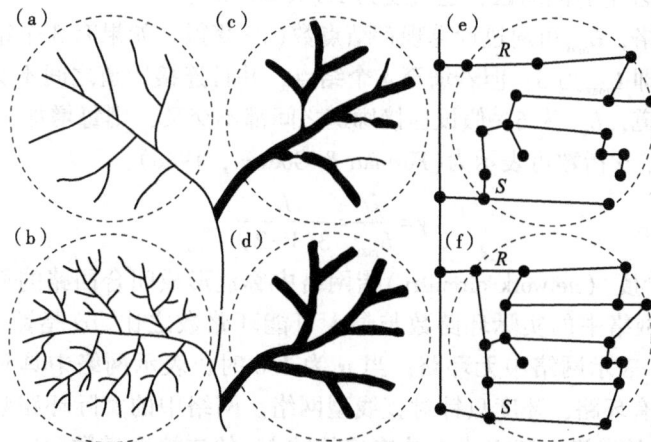

图 7-3　网络的廊道密度、连接度和环度(Forman，2006)

(a)和(b)分别表示有较低和较高沟渠廊道密度的排水网络　(c)和(d)分别表示有较低和较高连接度的河流网络，粗线表示廊道植被，细线表示去除部分或全部廊道植被后形成的间断区　(e)和(f)分别表示有较低和较高连接度和环度的树篱网络

道路密度增大的过程也是景观破碎化增强的过程，在这一过程中，动物的正常觅食、筑巢、繁殖行为及运动和迁移受到极大影响，并最终导致物种数量和丰富度的降低、生态系统功能的退化。胡远满等(1999)研究发现，在辽河三角洲 8 万 hm² 的苇田中，道路对所有物种行为的影响都很大，尤以对丹顶鹤繁殖地的影响最大，影响范围可达 286km²。丹顶鹤的潜在容量可达近 80 对，但由于道路的存在，实际上每年只有 30 多对丹顶鹤在这里育雏。在美国西北部，随着道路密度的增大，适宜麋鹿的生境面积大幅减少。当道路密度达到 2km/km²时，只有原来没有道路时的林地的 1/4 适宜麋鹿生存。在挪威，在 1km 半径的缓冲区内的 1km 道路可导致野生驯鹿(*Rangifer tarandus*)对传统廊道的利用概率降低 46%(Panzacchi et al.，2013)。因此，在评价一个景观中某个物种的潜在容量时，不仅要考虑该物种的栖息地数量，还要考虑该景观的道路密度。

道路密度也会通过物质传输对水生生物产生影响。道路维持和车辆均会影响周边土地和水体中的沉积物、重金属、盐类物质和营养物质等的含量。道路也会改变地表径流和壤中流的数量和流向，加强侵蚀程度，并会成为外来物种扩散的载体。例如，由于道路密度增大而增多的细粒沉积物可成为正颤蚓的主要栖息地，而正颤蚓是诱发鳟鱼眩晕病的病菌寄主，因此，道路密度是美国西部蒙大拿四条河流中鳟鱼眩晕病暴发、野生五彩鲑鱼生存受威胁的重要原因之一(McGinnis & Kerans，2013)。另外，道路也可增强河流的可通达性，从而有助于水域中寄生物和寄主的传播。

(4) 网络连接度和网络环度(闭合度)

网络连接度(network connectivity)表示系统内所有结点的连接程度，常用 γ 指数来表示。γ 指数是一个网络中现有连接廊道数(L)与最大可能连接廊道数(L_{max})之比。γ 指数的变化范围为 0~1.0。当 γ 为 0 时，表示各结点之间互不连接；当 γ 为 1.0 时，表示每个结点都与其他各点相连接。L_{max} 的计算需区分直线型网络和分支型网络。

对于分支型网络，L_{max} 为无间断区时的连接廊道数。例如，图 7-3(d)中现有河流廊道数为 15，无间断区，是一个完全连接的河流网络，连接度为 1；而图 7-3(c)中现有河流廊道数为 10，在 5 个河段上有间断区，连接度为 10/15=0.67。

对于直线型网络，L_{max} 可通过计算现存结点数(V)获得。如果有 3 个结点，那么最多只有 3 个连接廊道，即 L_{max} 为 3；但若增至 4 个结点，并且连接廊道之间不交叉，则将另外最多增加 3 个连接廊道，L_{max} 为 6。假设连接廊道之间都不交叉，则每增加一个结点，L_{max} 以 3 的倍数增加。因此，γ 指数可表示为(Forman & Godron，1986)：

$$\gamma = \frac{L}{L_{max}} = \frac{L}{3(V-2)} \tag{7-1}$$

网络环度(闭合度)(network circuitry)指网络中廊道形成闭合回路的程度，常用 α 指数来表示。α 指数是网络中的实际环路数与最大可能环路数之比。α 指数的变化范围为 0~1.0。当 α 为 0 时，表示网络中无环路；当 α 为 1.0 时，表示网络中具有最大可能的环路数。分支型网络没有环路，环度只针对直线型网络。网络中的实际环路数为现有连接廊道数(L)减去无环路网络(没有孤立或不被连接的结点)的连接廊道数($V-1$)。网络中的最大可能环路数为最大可能的连接廊道数[$3(V-2)$]减去无环路网络的连接廊道数($V-1$)。因此，α 指数可表示如下(Forman & Godron，1986)：

$$\alpha = \frac{L-(V-1)}{3(V-2)-(V-1)} = \frac{L-V+1}{2V-5} \tag{7-2}$$

例如，图 7-3(e)和(f)的虚线圆框中均有 16 个结点，分别有 15 和 20 个连接廊道，网络连接度分别为 0.36 和 0.48，环度分别为 0 和 0.19。

网络连接度(γ 指数)和环度(α 指数)均是网络复杂度的重要量度指标。

网络连接度和环度应作为自然保护区规划设计中考虑的重要指标之一。网络连接可实现或增强空间隔离的结点之间的通达性，使生态流能迅速地从源到达汇，以减少流动过程中能量的消耗。假设某种动物利用廊道从 7-3(e)中的 R 点迁移到 S 点，在图 7-3(e)的网络中，因其连接度低，经过的路径长，需消耗很多能量；而在图 7-3(f)的网络中，连接度高，动物从 R 点到 S 点的路线最短，其距离接近两点间的直线距离，能量消耗较少，迁移和觅食效率较高。网络环路能为能流、物流和物种迁移提供选择性路径，从而增强对环境的适应性。例如，图 7-3(e)的网络中无环路，动物穿越景观时，只有一条路径，容易遭受捕食者或干扰侵袭；而利用图 7-3(f)的网络时，有多条可供选择的路径，有利于躲避捕食者或降低干扰侵袭的概率。因此，无论是从动物迁移和觅食效率来说，还是从免遭捕食者或干扰侵袭来说，连接度高且环度高的网络对动物来说都是最有利的。

在生物保护中，需综合考虑被保护物种的适宜生境和迁移路线、天敌的生境，以及干扰的扩散路径，设计合理的网络连接度、环度和连接廊道密度，以获得一个能够维持不同物种相对平衡的、具有合适复杂度的网络。反之，连接度和环度较低的网络结构表现出较强的隔离效应，可将其应用于病虫害防治和干扰控制上。通过规划景观格局，设计合理的植被网络连接度和环度，可在一定程度上切断病虫害的传播途径，阻隔干扰扩散的路径。

需要指出的是，以上网络连接度和环度的计算是以拓扑空间为基础的，这与网络的实际情况可能是有出入的。例如，在拓扑空间中，结点与结点之间的距离是用两点之间的直线距离表示的；而在实际景观中，结点之间的直线距离可能并非其实际距离，连接廊道也并非直线。另外，连接廊道的方向、结点的确切位置和大小在拓扑空间中也大多被忽略，而这些对景观中的某些生态流可能是十分重要的（Forman & Godron，1986）。因此，基于拓扑空间的网络连接度和环度仅是一个中性的参照值，还需结合实际结点和连接廊道的特性，综合反映网络的复杂度。

7.2.4　绿色网络构建

城市绿色网络的构建必然建立在良好秩序的城市环境、良性循环的生态系统和可持续发展的景观管理基础上。因此，至少应考虑以下的原则和要素。

(1)连接性

在人类干预之前，自然景观具有高度连接性，连接是自然的本质特征。通过自然廊道，连接郊野植被、郊区和城区，特别是自然保护地，形成各种异质生境的自然连续体，促进绿色网络生境景观结构的多样性和稳定性。

城市中，连通性比较好的是河流廊道和道路廊道。可以充分利用两种廊道将城市绿色空间构成绿色网络。在道路绿带的构建上，铁路廊道也是绿色网络的重要组成部分，尽管铁轨本身不利于植物生长，但铁路两侧不常使用的场地往往拥有很好的绿色生境，许多地块人为干扰较少，拥有丰富的乡土物种，具有重要的自然保护价值。

在绿色网络的连接上，打破城乡界限，保护、增加和提供廊道，保证某些物种的生存。廊道应尽可能宽和连续，廊道生境应满足目标植物的需求，并形成网状结构，增加物种迁移的选择路线，缩小捕食动物的破坏、干扰和集聚的危害。绿色网络系统的联结，应加强绿色廊道区的生境创造，形成复合生境框架。

(2)结点的布局

在城市空间扩展中，在经济利益驱使下，绿色空间受到挤压和排挤而变窄、破损、断裂，甚至消失，绿色网络的连接性遭到挑战和危险，即使存在绿色廊道，也往往狭窄和缺裂。然而，绿色功能和效应的发挥需要一定的面积，才能产生规模效应，如何协调经济压力和生态功能的矛盾，绿色网络结点的规划建设是重要出路。在具体规划实施中，应充分发挥公园、街头绿地和自然保护地的作用，优化绿色空间布局。

(3)多向利用和多样性

绿色网络应超越娱乐和美化的传统观点，考虑减少污染、保护野生生物、防洪、改善水质、户外教育、社区凝聚、当地交通以及其他城市基础设施的需求。将生态多样性和主题特色性相结合，改变传统园林以视觉观赏为主的环境修饰和美化景观的方法，采取多样性和多元化方式，构筑多功能和多用途的绿色空间。

除了特殊地段外，道路绿化改变树种单一、排列整齐的群落结构，追求绿色空间的自然性，形成具有生态演替过程、层次分明的复层群落，增加绿色空间和营养空间的多样性，为生物多样性创造适宜的生境和通道。宽阔的绿带，尤其是山脊和河流廊道绿带是空气的重要通道,能导引城外空气,有助于排除城市系统中的污染物,减轻城市热岛效应。林带在吸收尘埃和减少污染上特别有效,作为减轻大气污染的一种手段,应推荐建造路边带状林地。

公园除了满足人们游憩和娱乐等功能外,更要创造复合的生境类型,促进绿地群落的自然化、生态化和实用化,给人提供多样化的游览体验,并成为动植物栖息、繁衍的庇护空间,成为城市自然保护的主要场所之一。

(4) 市民的可达性

重视绿色空间的服务半径,并设立必要的步行道和环线道路,使市民能够充分且便捷地利用绿色空间,享受绿色空间的生态服务,提高和改善生理素质,增加人与人之间的交往和交流,减轻城市激烈竞争带来的都市生活压力。

新加坡的"公园绿带网"计划就是满足市民需求和服务大众的典范,该计划的主要内容是以一系列公园和绿带连接全岛的所有主要公园,绿带与排水的保留区和缓冲区并行,同时连接居民中心区、地铁、公共交通枢纽站和学校。绿带还设有缓行道和环行道、休息区和距离标记,人们漫步林荫下便可以游遍新加坡的所有公园,沿着绿带几乎可以走遍新加坡每一角落。

思考题

1. 绿色网络在城市中的生态效益有哪些?
2. 如何构建城市绿色网络?
3. 试述绿色廊道和绿色网络在景观上的功能和意义。
4. 如何构建城市蓝绿空间网络?

推荐阅读书目

MetroGreen:Connecting Open Space in North American Cities. 2006. Erickson DL. Island Press.

Designing Greenways Sustainable Landscapes for Nature and People. 2006. Hellmund PC, Smith DS. Island Press.

Wild Urban Woodlands:New Perspectives for Urban Forestry. 2005. Kowarik I, Korner S, eds. Springer.

Landscape Ecology in Theory and Practice. 2001. Turner MG, Gardner RH, O'Neill RV. Springer-Verlag.

Healthy Cities-public Health Through Urban Planning. 2014. Sarkar C, Webster C, Gallacher J. Edward Elgar.

8 城市植被恢复与重建

城市化可以说是地球上剧烈的、不可逆转的生态系统变化。城市化深刻地影响了全球生物多样性，这也是当前城市生态学关注的焦点和热点问题之一。城市人口增长导致城市地区的快速扩张，从而使城市栖息地和物种组成发生显著变化。在此背景下，有效地恢复与重建城市植被成为改善城市生态环境、保护或提高城市生物多样性、提高城市绿地生态系统服务功能的关键。

8.1 植被恢复与重建基本生态学原理

8.1.1 物种的生态适应性和适宜性原理

物种的选择是植被恢复和重建的基础，也是人工植物群落结构调控的手段。物种的生物学、生态学特性决定了它正常生长发育要求具备一定的生态条件，只能分布在一定的区域范围内，即具有生态适应性。因此具体环境中的物种选择必须遵循生态适应性原理，做到适地适种。另外，物种具有一定的功能价值，或有突出的观赏价值，能满足人们观赏的需求；或有突出的生态功能，能较好地固土保水改良土壤；或二者兼备。选择物种时，也应遵从适宜性原理，引入符合人们某种重建愿望的目的物种。选出既具备良好的生态适应性，又具有较好适宜性的物种，是植被恢复和重建的一个关键。

8.1.2 资源充分利用原理

自然群落是在长期自然选择下形成的，对环境资源的利用较充分，因此在建造植物群落时必须模仿自然群落结构。多层次匹配是自然群落的结构特征，是植物群落尤其是森林的普遍现象，表现为结构在时间、空间上的多样化。在实践应用上，可根据物种利用资源的差异性，使深根与浅根植物匹配，达到利用土壤养分、水分，保持水土的多层次性；阔叶植物与针叶植物匹配，达到利用光照、营养的多样性；耐阴植物与喜光植物匹配，保持它们光能利用的差异性和非竞争性；落叶植物与常绿植物匹配，保持在营养空间利用上的时间差异性；乔、灌、草匹配，使营养空间上的利用具立体性；生态效益为主的物种与经济性能为主的物种匹配，保持效益上的双重性。这样来合理配置和组合各物种，协调种内和种间关系，设计参差、复层的群落，如乔灌草立体结构和林果农间作，加厚活动层，加大群落叶面积系数，减少光反射率，减少竞争和抑制，充分利用资源，加强对光、热、水等资源的利用和能量转化，重建生态经济型植物群落和植被。

8.1.3 共生原理

共生是指不同物种的有机体或系统合作共存。共生的结果使所有共生者都大大节约物质能量，使系统获得多重效益；共生者之间差异越大，系统多样性越高，共生效益也越大。共生关系有三种类型：①合体共生，如地衣(藻类与真菌的共生体)、根瘤(固氮菌与豆科植物根的共生体)和叶瘤(固氮菌与叶片的共生体)，双方均获利。②附生关系，附生植物与被附生植物在空间上紧密联系，彼此间不进行物质交流。一个种得到好处，另一个种不受损害或只受轻微的损害。③双方适应性增强的附着关系，彼此间不存在接触，其结果表现为双方共益，或群体增益(facilitation)；共生原理主要应用于物种选择、群落模式配置及种间关系协调等方面。此外，在管理、布局和调控植物群落时，根据共生原理，应重视边缘交叉地带，创造具共生关系的正边缘效应，杜绝竞争等负边缘效应。

8.1.4 密度效应原理

密度效应是种群和群落普遍存在的规律，物种生存受制于环境，合理的密度是物种存在、发展的前提。物种在最小生存种群和最大生存种群之间存在着最适宜种群。最小生存种群是由物种生物学和生态学特性决定的，个体数小于最小生存种群，该物种将消失；最大生存种群是由环境资源决定的，超过环境载荷(承载力)，种群由于种内竞争而发生自疏现象，种群个体减少。只有保持适合的种群密度才能使个体间协调共生。种植密度过低则不能充分利用环境资源，生产力低。种间也存在密度效应原理，与种群内相似。因而在构建群落时应遵循密度效应原理，必须考虑物种内部和种间的合理密度配置。

8.1.5 生态位原理

生态位和种群存在一一对应关系，即一定的种群要求一定的生态位；反过来，一个生态位只能容纳一个特定规模的生物种群。自然群落随着演替向顶极群落阶段发展，其生态位数目增加，物种多样性也增加，空白生态位逐渐被填充，生态位逐渐饱和。人工植物群落内杂草、病虫害易于侵入，正是由于人为使物种单一化，而产生了较多空白生态位。应用生态位原理，就是把适宜的物种引入，填补空白的生态位，使原有群落的生态位逐渐饱和，这不仅可以抵抗病虫害的侵入，增强群落稳定性，也可增加生物多样性，提高群落生产力。

8.1.6 协调稳定原理

即输入输出平衡原理。物质循环和能量流动是生态系统的特征。正常的生态系统物质和能量的生产(输入)大于其消耗(输出)，至少二者相等，才能维持生态系统的平衡和稳定。一旦输入小于输出，生态系统结构受到破坏，其功能将退化。输入输出比越大，生态系统进展演替越快。因此在构建人工植物群落和植被时，掌握好协调稳定以及输入与输出动态变化原理，在演替前期投入一定的物质和能量，给群落或系统注入驱动力，可促进群落结构形成，增强其功能。而在后期，在取走群落中的物质和能量的同时，加入相当的物质和能量，可保证群落协调稳定地发展而不退化。

8.1.7 协同效应与整体功能最优原理

自然群落或生态系统是一种非平均状态下不断与外界进行物质和能量交换的自组织系

统，其自组织能力是系统从无序到有序进化的一种协同作用。自然植物间无论种内、种间，还是植物与环境之间均存在协同效应机制，它们整体表现出的功能不只是其内部各要素简单相加的结果，而是各要素有机结合、综合作用的结果，是经过要素整合作用、协调发展的结果。植物群落或植被表现出良好的生态效益和经济效益是群落内各要素综合作用的体现。通常整体功能效益远远大于各要素的功能效益之和。因而在群落及植被发展过程中，通过管理和调整种内、种间及植物与环境的关系，使之协调，可加快植被恢复与重建步伐。

8.1.8　植物群落演替原理

植物群落演替指植物群落更替的有序变化发展过程。演替的过程和方向取决于外界因子对植物群落的作用、植物群落自身对环境作用的响应变化，群落中植物组成、植物繁殖体的散布和群落中植物之间的相互作用等因素。演替按发展方向可分为进展演替、逆行演替和循环演替三类，从简单而稀疏的植被发展为物种丰富、结构复杂、生态稳定性高的植被演替过程，称为进展演替；相反，群落因受到干扰或人为破坏等作用下，群落向物种减少、结构简单化、生态稳定性降低的方向发展，称为逆行演替。逆行演替导致植被结构破坏，引起功能退化和环境退化。因而恢复和重建植被必须遵循生态演替规律，促进群落进展演替，重建其结构，恢复其功能。在选择物种时，考虑选择处于进展演替前一阶段的某些物种，从而加快演替进程。

8.2　城市植被恢复与重建方法

8.2.1　宫胁造林法

在植被修复与重建的方法中，比较成功的是宫胁造林法，以及在其基础上产生的近自然群落构建。

8.2.1.1　宫胁造林法的产生

1958—1960 年，宫胁教授在德国植被制图研究所进修植被生态学，得到著名植被生态学家 Tüxen 教授的指导。Tüxen 教授有关潜在植被和植被演替的理论(Tüxen，1956)给予他很大启发。回国后，他开始对日本植被进行全面、详细的调查，完成了长达 10 卷的《日本植被》专著，绘制了数十幅现存植被图和潜在植被图，这些重要的基础资料是后来植被恢复和重建的科学依据。他在调查研究中发现，日本传统的神社林和庙宇林多保持着自然状态，由当地物种组成，结构复杂，种类丰富。这种小片森林的存在是当地的气候条件和其他生态环境的综合反映，是潜在植被的代表。20 世纪 70 年代开始，由于全球对生态环境问题的重视和环境保护呼声的高涨，保护、恢复与重建森林生态系统在全球展开，日本也开始大规模造林。根据所掌握的植被生态学理论，运用大量的植被基础研究资料，结合日本传统的神社林观念，他提出了用乡土树种在当地重建森林，这种森林是环境保护林而非商业目的的用材林。

从 1970 年开始提倡并实施营造环境保护林，截至 2001 年，日本已经有 600 多个地区应用宫胁法造林，并全部取得成功。在马来西亚、泰国、智利、巴西和中国等国家，这种造林法用于热带雨林、常绿阔叶林、落叶阔叶林的重建，也获得成功。中国最近几年先后在北京、上海、山东等地应用，已经显示出良好的前景。1993 年，Miyawaki、Fujiwara 和

Osawa 等人总结了这种造林方法，并命名为宫胁造林法（reconstruction for environmental protection forest by Miyawaki's method），有关理论称为新演替理论（new succession theory）（Miyawaki et al., 1993）。

8.2.1.2 宫胁造林法与传统造林的比较

传统的用材林或风景林，一般用的树种是针叶树和速生种类，由于生长快，短时间内可以成材并收回投资。但这种造林方法有许多弊端，主要有：①单一树种和单层结构的森林抗干扰能力低，容易受病虫、火灾、酸雨等危害。如我国北方的针叶林 20 世纪 70~80 年代大面积遭受虫害，原因之一就是种类单一。再如欧洲的单种类、单层次的针叶林，在抗虫害、火灾和酸雨等方面的能力非常差，每年的防护要花费大量经费。②反复砍伐容易造成水土流失。③在保持水土、固定 CO_2、吸附尘埃和净化空气污染等方面，与天然林相比差距很大。④外来种类对当地生态系统和生物多样性具有潜在的危险性。

相反，宫胁造林法所形成的森林接近当地的天然森林。由于采用的树种为当地的优势种类，土壤动物也得以恢复，固定 CO_2 的能力比单种单层的针叶林高（图 8-1）。此外，到一定的时间，这类森林也可以提供木材和其他林产品。

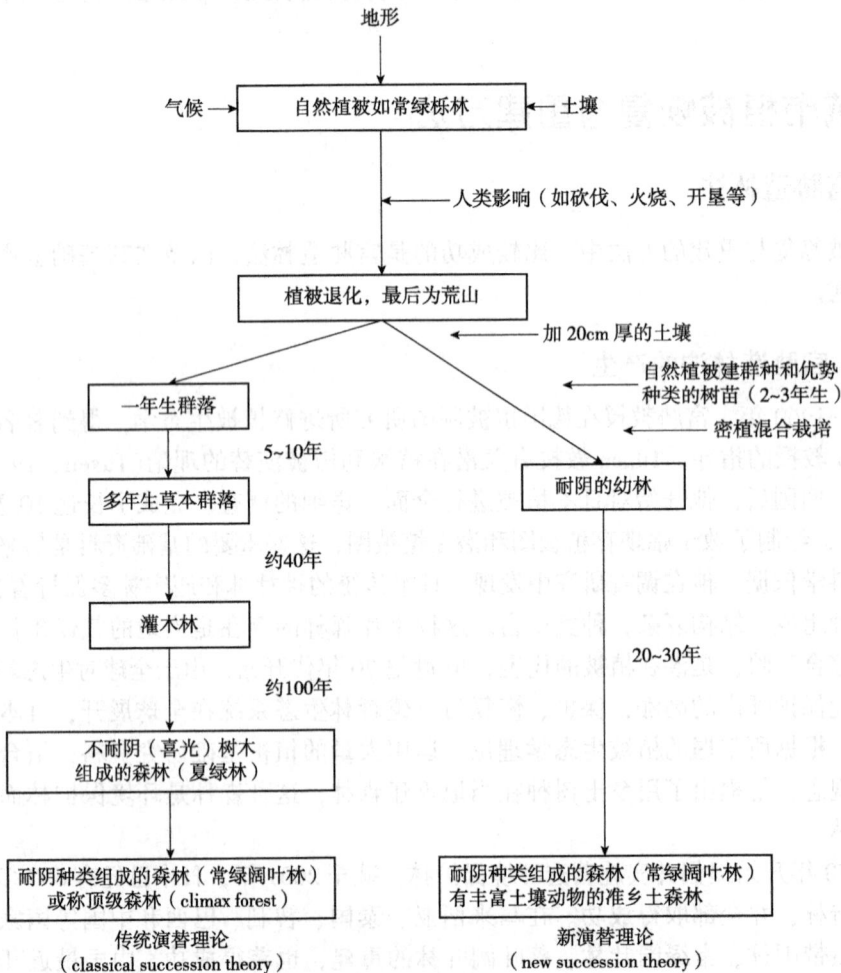

图 8-1 宫胁的造林理论和传统演替理论图示（王仁卿，2002）

8.2.1.3　宫胁造林法的特点

宫胁造林法与传统的造林,以及与自然演替恢复的森林相比较,有以下不同:①用宫胁法营造的森林是环境保护林,而不是用材林和风景林。②造林用的植物种类是乡土种类(native tree species),主要是建群种类(canopy tree species)和优势种类(dominant species)。并且强调多种类、多层次、密植、混合(poly species, multi-stratal, dense and mixed)。这也是宫胁造林法的特征和重点。而传统的造林以针叶、速生、外来种类为主,多为单一种类和单层次,功能差。③成林时间短。根据演替理论和自然条件,一般的森林演替从荒山或没有树木的土地开始,到最终森林形成,至少要100~500年,甚至上千年。而宫胁法通常只需要20~50年,时间缩短为自然演替的1/10~1/5。因此在世界环境仍然继续恶化,森林仍然遭到破坏的情况下,单靠自然恢复太慢,而缩短时间就是加速环境改善,就是节约费用。④管理简单。用宫胁法造林,一般在开始的1~3年进行除草、浇水等管理,以后就任树苗自然生长,优胜劣汰,适者生存。"不管理就是最好的管理"。

8.2.1.4　宫胁造林法方法和步骤

(1)植被调查和植被制图

植被调查是营造和重建环境保护林的基础。通过调查,查明当地的现存植被(actual vegetation),推断当地的潜在植被(potential natural vegetation),并绘制相应的现存和潜在植被图。同时调查生境特征,包括气候、地质、地貌、土壤、人为干扰历史和干扰程度等。

(2)树种确定

根据确定的天然和潜在植被类型,确定造林选用的种类,主要是建群种类和优势种类,也包括灌木种类。通常种类10~20种。

(3)采集种子和育苗

栽培的种类确定后,在秋季或果实成熟时采集种子。当种子落地后马上收集,或直接从母树上采集。

将采集的种子,去除未成熟和受虫害者(可放在水中过夜,闷死幼虫,并吸水发芽),在苗床上播种;当种子萌发2~6片叶子时,从苗床移栽到塑料盆中(直径10~12cm,高10cm)或者直接从母树林中采集幼苗移栽到盆中。盆内是接近天然林地的土壤,有机质丰富,通气良好。2~3年后,幼苗高达30~50cm,根系发育良好,即可以用于野外栽植。

(4)栽植

①整地　栽植前首先要整地。一般需造林的地方土壤条件恶劣,瘠薄而干燥,需要人工整地。在日本一般要加20~30cm厚的土层。倾斜地要打桩(木桩、铁桩、竹桩、石桩等),加挡板(竹板、木板、条板、铁网等),以防止土壤被雨水冲刷。此外,在土层瘠薄、岩石裸露或新建公路等地段,需要开挖"√"形沟,以增加土层厚度,同时也要打桩加挡板。

②种植　将盆中育好的树苗根部(同盆一起)放入水中浸泡15~30s,去掉盆,挖约为盆直径1.5倍大小的坑,将树苗栽上,填土压实。密度3~4株/m²,任意栽植。栽植时注意种类混合和密植,使其接近自然状态,适当密植也利于幼苗在小气候环境下生长,长到一定程度则开始竞争。

③覆盖　全部栽植完后,用稻草或腐烂秸秆覆盖,并用草绳将覆盖物压住,防止风吹

和干燥以及杂草滋生。如果有条件，还可以在上面洒水，保墒防火，也利于土壤养分分解、释放。

(5) 管理

栽植后的 1~3 年内，进行除杂草、浇水、施肥等简单管理，然后任树苗自然竞争和淘汰。15~50 年后（根据土壤条件和降水条件而异），即可发育成类似天然林的森林（图 8-2）。

宫胁森林再造法，由于其坚实的理论支持和完整成套的技术，加之成功的案例，对于中国的森林植被恢复和重建是很有借鉴意义的。

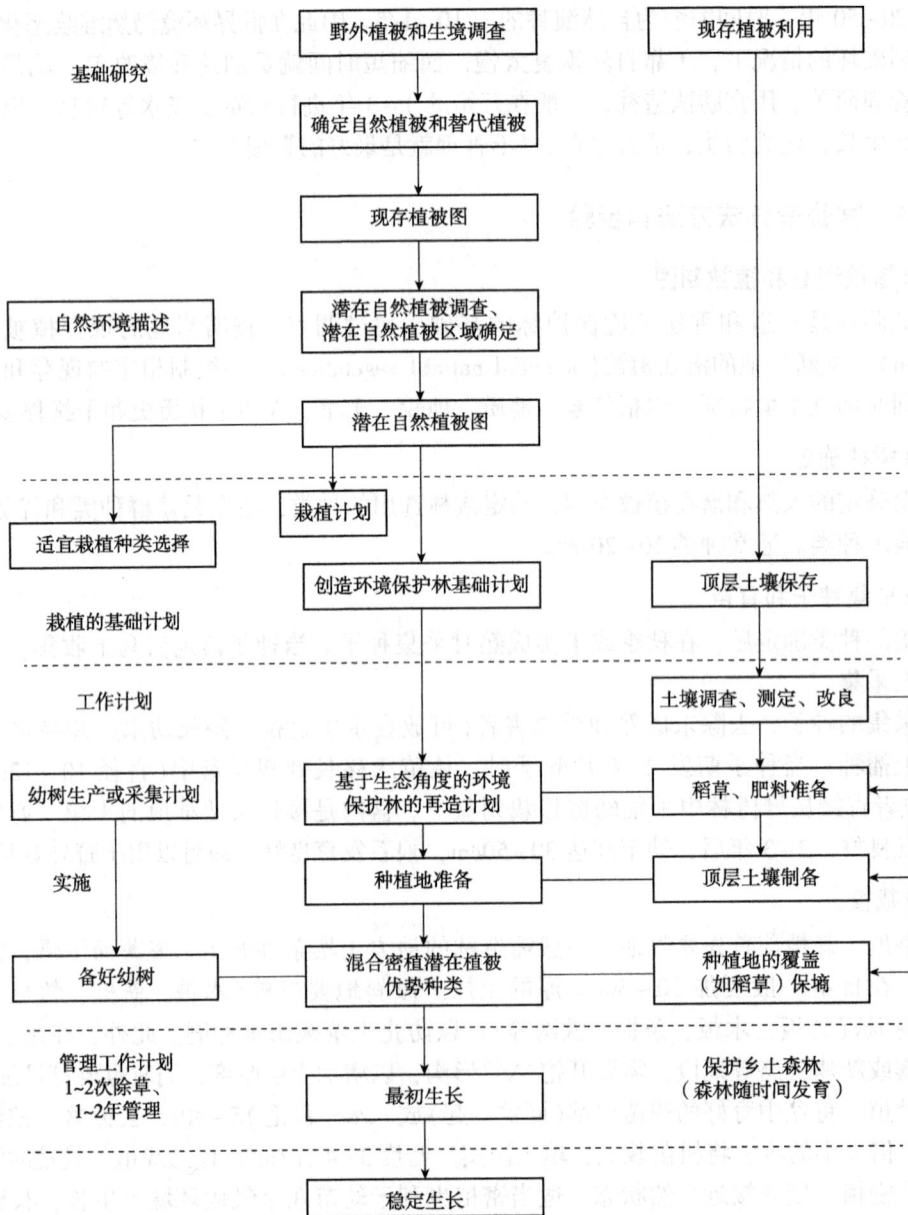

图 8-2 宫胁法造林流程（王仁卿，2002）

8.2.1.5　应用

从 1970 年起，北起北海道，南到九州岛，日本先后有 600 多个地区用宫胁法营造环境保护林，包括不同的生境条件如学校、发电厂、钢铁厂、铁路、公路、废弃地、矿山、居民区等，这些区域全部获得成功。在中国也有一些成功的案例，如上海市浦东新区"近自然森林"建设。

案例　上海市浦东新区

2000 年，在上海市浦东新区进行了"近自然森林"建设尝试并建造了第一块样板示范地（达良俊和许东新，2003）。

首先选择了地带性自然植被主要构成树种：樟科的红楠（*Machilus thunbergii*）和壳斗科的青冈（*Cyclobalanopsis glauca*）、细叶青冈（*C. myrsinaefolia*）、苦槠（*Castanopsis sclerophylla*）为建群种，配以女贞（*Ligustrum lucidum*）、海桐（*Pittosporum tobira*）、蚊母树（*Distylium racemosum*）、桃叶珊瑚（*Aucuba chinensis*）、八角金盘（*Fatsia japonica*）等常绿灌木树种以及枫香（*Liquidambar formosana*）、红瑞木（*Swida alba*）等落叶树种共计 11 种，为目标树种。种子采集于同属一个植被带的上海周边地区，应用苗床育种和容器育苗技术进行了苗木培育。在大棚及光量控制的条件下利用 1~2 年的时间培育了根系发育良好的容器幼苗。

在绿化施工方面针对上海市地下水位高以及土壤盐碱化的现状，对地形进行了适当的改造，建造了高度差为 17m，南北向坡度为 10° 的坡面，并对土壤进行了改良。在 3000m 的范围内使用多树种混合种植的方式，种植了近 1.3 万株的幼苗（表 8-1）。

表 8-1　植物种类配置表（达良俊和许东新，2003）

植物名称	生活型	株数（株）	植物名称	生活型	株数（株）
青　冈	常绿乔木	2500	海　桐	常绿灌木	400
细叶青冈	常绿乔木	2500	八角金盘	常绿灌木	300
苦　槠	常绿乔木	2500	桃叶珊瑚	常绿灌木	300
红　楠	常绿乔木	2830	枫　香	落叶乔木	300
女　贞	常绿大灌木	370	红瑞木	落叶灌木	200
蚊母树	常绿大灌木	150			

经过除草等的养护管理，苗木都进入了正常的自然生长。从种植当年开始设置 3 个 10m×10m 样方对其中植物进行了越冬状况及高度生长量的定点定株追踪调查。结果表明，种植后第一年，苗木处在恢复生长阶段，成活率非常高，只有乔木树种有少量损失。到第三年，各树种的高度急速增加，从植株的平均高生长来看，以常绿乔木树种细叶青冈、青冈、红楠，常绿阔叶大灌木女贞以及落叶乔木树种枫香最为显著，平均高生长率都超过了250%，但是常绿乔木树种苦槠长势缓慢，平均高生长率仅为130.8%，其他各灌木种类长势良好。从植株的最大高度来看，细叶青冈为 4.2m、青冈 4.1m、女贞 4.6m、蚊母树 3.5m，自然侵入的榔榆（*Ulmus parvifolia*）、旱柳（*Salix matsudana*）也分别达到 3.5m 和 3.0m，整个林地已初具规模并达到绿化的景观效果。

作为上海地带性植被主要建群种之一的苦槠生长较为缓慢而且损失较多，而同为上海地带性植被主要建群种之一的红楠也有很高的损失率。这一方面是因为种植初期缺乏遮阴而导致的强光危害，在调查过程中，观察到苦槠和红楠嫩叶枯焦以及比较严重的黄化现象，另一方面也可能因为种内和种间竞争导致的自疏。

8.2.2 土壤种子库应用

土壤种子库(soil seed bank)是指在土壤上层凋落物和土壤中全部存活种子的总和。一般用单位面积土壤内所含有的有活力种子的数量来表示种子库的大小。

土壤种子库大小与种子的大小、林地面积、地形、演替阶段等因素有关。植物种子成熟后，通过各种传播方式，最终散落到地面上，并保存在土壤中，当光照、温度、水分、土壤等生态条件适宜时就会萌发生长，从而使群落的结构特征发生变化。在土壤中不是所有种子都能萌发，有些种子被捕食者或分解者破坏，有些因得不到适宜的条件无法萌发而失去活力死亡，另一些种子具有休眠特性则得以保持活力，在土壤中形成种子库。

土壤种子库是植被天然更新的种源贮备库，与地上植被存在很高的关联性，会影响到群落的演替。Johnson(1975)认为，有较大土壤种子库的森林生态系统在灾变后可以迅速恢复，反之则非常缓慢，特别是在干扰严重和频繁的区域，种子库对地表植被的影响尤其显著。土壤种子库萌发长成的植物，由于对环境适应性好，生长良好，对立地条件的改造作用更明显，在此基础上形成的植物群落更易实现群落更新和演替，比人工林更接近自然植被，物种丰富度高，并有利于群落的稳定和景观的丰富。因此，将土壤种子库用于植被恢复重建受到越来越多的重视，国外有很多研究成果与成功案例，如加拿大的湿地植被恢复与澳大利亚矿山废弃地的植被恢复等。

日本从20世纪70年代开始将土壤种子库用于植被恢复，最成熟的技术是表土利用绿化法，即利用建设工程中挖掘的表土作为土壤种子库，用于绿化建设，与苗木法、播种法相比较，具有构成物种数较多、土壤微生物丰富、对环境适应性好、方便且成本较低等优点，是一种有利于保护生物多样性的绿化方法，多用在自然度较高的区域，如自然公园地区、特别保护区、珍稀物种保育区、乡土自然次生林以及矿山、边坡的绿化中。

利用表土进行绿化的关键是要保证土壤种子库的大小和创造适宜种子萌发生长的条件。应用时要考虑表土种子库的大小、发芽率、长期保存对土壤种子库的损耗、采集的表土厚度、喷播的表土厚度等多方面因素。土壤种子库多分布在土壤表层，随着深度的增加，种子数量逐渐减少，一般采集表土深度4~5cm就能包含90%以上种子。土壤种子库多取自邻近地区的林地，种子库的种类构成与地上植物群落存在极高的相关性，也决定了绿化地区未来群落的构成。有时为了增加绿化目的植物种，也可人为添加植物种子，以丰富种子库或加大种子库，但要注意新增加的植物种与原有种子库种类的竞争关系。

为了保证土壤种子库应用时的土壤环境，需将表土与人工基质进行混合。日本冈山县胜田郡的绿化工程中，将表土以10%~40%的比例混入植栽基质中，发现木本植物的发芽株数与表土混入量呈正比。一般表土混合比例为10%时，将形成稀疏的先锋树种；表土混合比例为20%~30%时，将更早实现既定覆盖率目标、长出更多的木本植物；表土混合比例达到50%以上时，覆盖率将会降低，反而不利于绿化。利用表土进行边坡绿化时，还应混入辅助土壤种子库种子发芽和生长的添加剂(如丛枝菌根菌)，有助于更早实现绿化。

8.2.3　基于植物群落的种植设计法及其应用

8.2.3.1　方法简介

这是由美国 Phyto 景观设计工作室(以下简称 Phyto 工作室)的方法和种植模式：人工设计的植物群落(designed plant communities)。

该方法源于 20 世纪初期，20 世纪 70 年代由德国慕尼黑工业大学的赫尔曼·摩泽尔(Hermann Müssel)、理查德·汉森(Richard Hansen)和弗里德里希·斯塔尔(Friedrich Stahl)进一步改进。一方面，该方法将自然植物群落构成的原则和传统观赏性种植融为一体(图 8-3)，通过植物分层和有计划的冗余来创造功能多样性和韧性；另一方面，通过鲜明对比和效果强烈的季节性植物景观来创造清晰的、可识别的和具有情感反应的，给人们带来欢乐的同时重塑人与大自然的联系。本质上，人工设计的植物群落是利用文化语言对野生植物群落的转译结果。

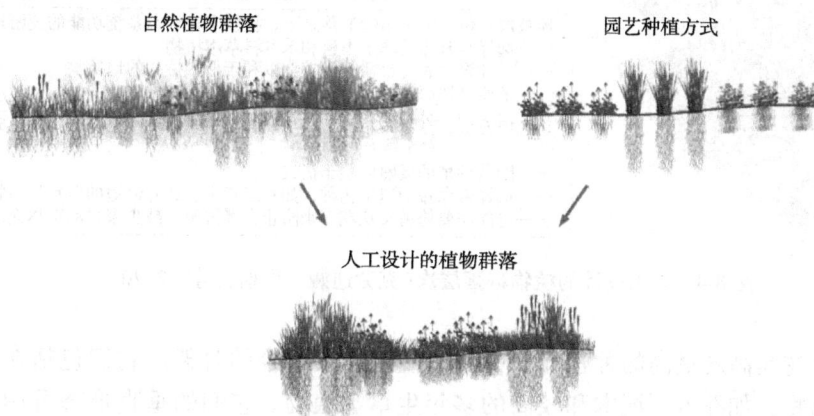

图 8-3　人工设计的植物群落示意图(克劳迪娅·韦斯特等，2020)

Phyto 工作室在各种类型和不同规模的项目中都使用基于植物群落的设计方法，并力图持续改进这项技术。遵循这种方法并不意味着陷入自然主义的设计风格，恰恰相反，该方法适用于各种各样的风格，并依文化背景和项目目标的差异为每个项目生成不同的视觉效果。经设计的植物群落可以完全由本土物种组成，也可以是多国物种的组合，决定使用本土还是外来物种的组合取决于各物种为环境贡献的生态功能，而不仅仅是它们的地理起源。

8.2.3.2　该方法遵循的原则与步骤

该方法基于植物之间、植物与人以及植物与更大的环境之间的联系这三个原则，设计过程通常遵循以下步骤：①观察和分析场地(即理解植物与大环境间的关系)，确定场地的原型景观；②制订设计框架以塑造植物与人的关系；③通过精心安排植物层次，建立植物之间的合理关系，使之形成一个真正意义上的功能性群落。

(1)建立植物之间的联系

人工设计的植物群落是空间上垂直分层，并可在不同时间的同一垂直层中叠加不同物种的种植系统。有些自然群落异常复杂，各植物占据不同的生态位以避免直接竞争，或在植物与其环境(包括与其他生物)之间建立互惠关系。虽然有关植物间相互作用的知识仍需完善,但最近的研究表明,在种植设计中可将植被系统的复杂性提炼成简化的分层模型,使我们能够模仿植物群落结构并确保所选物种在垂直空间和时间上和谐共存。

Phyto 工作室提出的框架(图 8-4)是将植物的行为、寿命与它们在各层中的作用联系起来,例如,具有有性繁殖行为且寿命长的物种在种植中可用作可靠的结构性元素,而具有匍枝或地下茎蔓延性状且更具活力的物种可用作高效的地被植物。

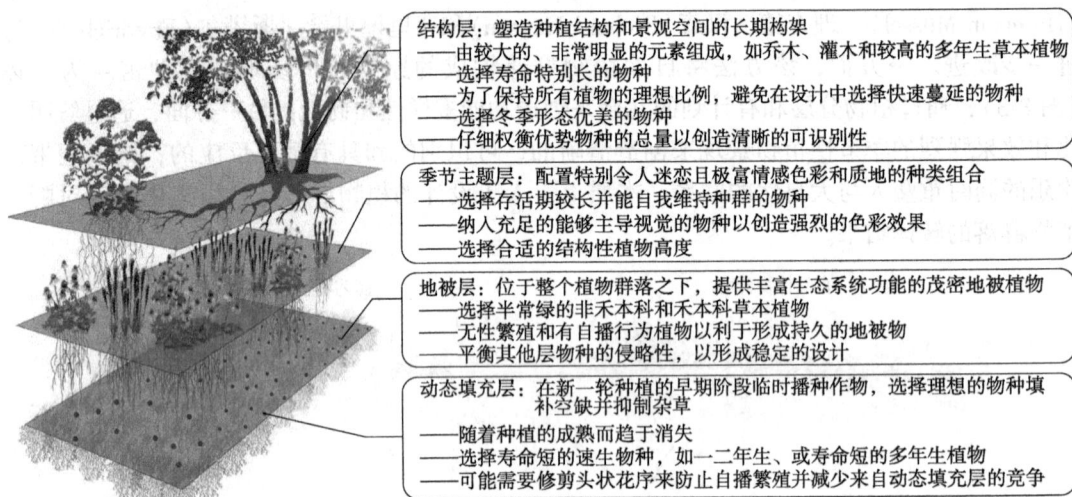

结构层:塑造种植结构和景观空间的长期构架
——由较大的、非常明显的元素组成,如乔木、灌木和较高的多年生草本植物
——选择寿命特别长的物种
——为了保持所有植物的理想比例,避免在设计中选择快速蔓延的物种
——选择冬季形态优美的物种
——仔细权衡优势物种的总量以创造清晰的可识别性

季节主题层:配置特别令人迷恋且极富情感色彩和质地的种类组合
——选择存活期较长并能自我维持种群的物种
——纳入充足的能够主导视觉的物种以创造强烈的色彩效果
——选择合适的结构性植物高度

地被层:位于整个植物群落之下,提供丰富生态系统功能的茂密地被植物
——选择半常绿的非禾本科和禾本科草本植物
——无性繁殖和有自播行为植物以利于形成持久的地被物
——平衡其他层物种的侵略性,以形成稳定的设计

动态填充层:在新一轮种植的早期阶段临时播种作物,选择理想的物种填补空缺并抑制杂草
——随着种植的成熟而趋于消失
——选择寿命短的速生物种,如一二年生、或寿命短的多年生植物
——可能需要修剪头状花序来防止自播繁殖并减少来自动态填充层的竞争

图 8-4 人工设计的植物群落层次(克劳迪娅·韦斯特等,2020)

结构性植物是高度最高的种植元素,用以塑造整个组合的骨架。它们包括在冬季具有优美形态的植物,如乔木、灌木和较高的多年生草本植物。它们的垂直形态可用来架构空间或屏蔽周围的基础设施。季节性主题植物为群落添加了丰富的色彩。地被植物是群落中"绿色"或"有生命的"覆盖层,它们防止土壤侵蚀、保持土壤凉爽湿润、抑制杂草,并为有益的野生动物提供栖息地。冬季仍能存活的半常绿植物在地被层尤为有用。在传统的片植中,这一层经常缺失或被砾石或硬木覆盖层所取代,留出许多裸露地面。动态填充植物是由速生的一二年生植物和寿命短的多年生植物组成的临时元素。施工结束初期,它们的基生叶能迅速填满慢生植物之间的大量空地,有效抑制杂草。随着植被成熟及植物间竞争的加剧,这些寿命短的填充植物往往完全消失。各层的视觉形态和层内的物种选择可能会有所不同,这取决于为设计提供灵感的原型景观(如开放的草地或林地、灌木地或开放的森林群落,图 8-5)。

除了对植物垂直分层,人工设计的植物群落在全年对植物进行时间上的分层(图 8-6)。在自然植物群落中几个物种经常共享完全相同的空间,它们通过在一年中不同时间占据相同空间来平衡竞争。例如,春季转瞬即逝的延龄草(*Trillium tschonoskii*)可能与晚季的蕨类植物生长在完全相同的地方。球茎植物是另一个经典的例子,它们非常适作早春的种植元素并与晚季出现的物种在完全相同的空间完美共存。

植物随着时间推移发生着变化。植物选择和管理导则力求提高群落进化的可预测性和可控性,以确保其长期的生态功能和美学吸引力。理想情况下应使群落达到适度的长期稳定,由此减少对资源密集型管理的需求。群落进化越可预测,所需的调整便越少,失败的

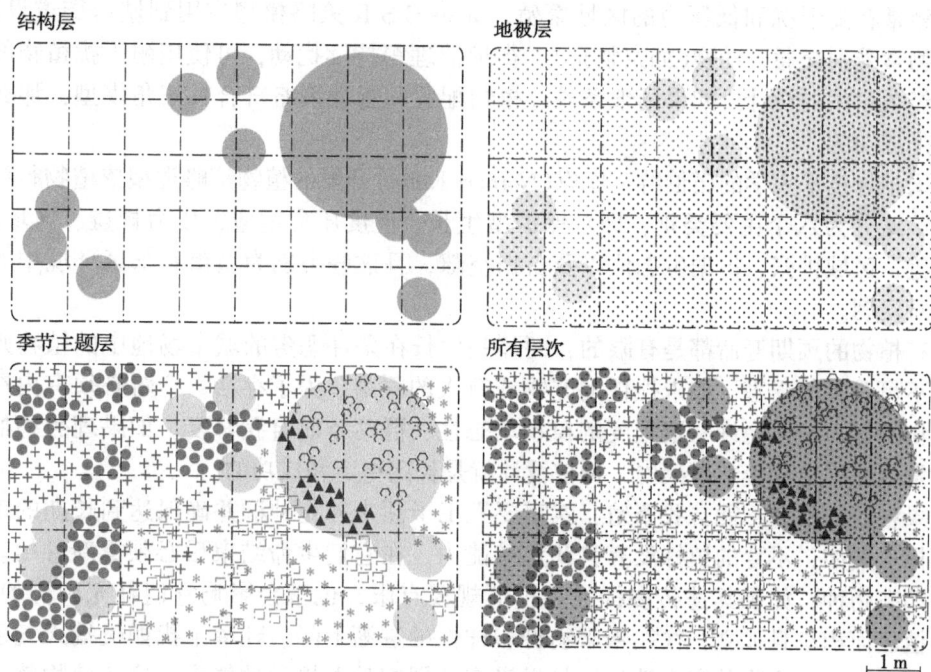

结构层　地被层

季节主题层　所有层次

1 m

图 8-5　人工设计的复层植物群落（克劳迪娅·韦斯特等，2020）

注：每种符号代表一种植物

图 8-6　晚春（左）**和夏季**（右）**生态植草沟种植，数种植物共享完全相同的空间，**
填补时间生态位（克劳迪娅·韦斯特等，2020）

风险也越低。如果将具有适当行为、寿命和形态的物种分配到上述垂直层和时间层，就可以实现一定程度的可控性和可预测性。以下一些循证的植物分类系统可辅助预测植物在群落中的相容性和持久性，为植物选择提供科学严谨的设计依据。

德国慕尼黑工业大学的赫尔曼·摩泽尔（Hermann Müssel）、理查德·汉森（Richard Hansen）和弗里德里希·斯塔尔（Friedrich Stahl）创立的群落设计模型。根据各种多年生观赏植物的生态习性，并按照种植特性及与相邻植物的竞争能力对每种植物进行了分类。汉森和斯塔尔还鼓励花园设计师和景观设计师深入野外去观察植物及其群落，以了解每种植物的生态位与每种植物应对环境变化的情况。

英国谢菲尔德大学菲利普·格里姆（Philip Grime）团队开发的竞争者-耐压力者-耐干扰者（Competitor-Stress tolerator-Ruderal，简称 C-S-R）策略模型。竞争者擅长在低压力和低干扰的栖息地战胜其他对手；耐压力者通过保持生物量在高压力、低干扰的地区生存；而荒地植物则经常在高干扰和低压力的区域繁殖。如将 C-S-R 策略模型应用到城市街道设计中，由于植物常受到交通、动物（如宠物狗）、街道清理等持续扰动，可使用耐干扰植物的组合来创造经久耐用的设计。如果场地条件、植物配置和管理策略符合其三角模型，那么种植设计就是成功的。

德国柏林技术大学的诺伯特·库恩（Norbert Kühn）开发的植物策略类型依植物行为将其适应性策略分为八个主要类别，即：保护型生长、适度压力适应、压力规避、区域占领、区域覆盖、区域扩张、占据生态位以及占据空隙，且这些类别为城市和郊区环境中的人工种植量身定制。

所有植物的预期寿命都是有限的，而那些生长在条件恶劣的城市场地中的植物则会受到各种不可避免的损害，如未拴住的宠物或行人的踩踏。为了存活，群落必须有内在自愈轻微损伤的能力，即允许一定程度的植物动态性，群落才能自我修复。如果理想种群的动态演变发生在设定的美学框架内，种植设计就是长期稳定和成功的。

如果种植的植物不能自我繁殖，就需要人工干预来补充种群并确保达到长期的审美和功能目标。例如，不育的植株没有自我繁殖能力，在它们生命结束后必须重新种植。即使选择了动态物种，如果其遗传多样性和种群规模有限，也常会影响它们补充种群的能力。城市种植区面积小且孤立，往往带来物种多样性的逐渐下降。环境干扰如极端天气事件和害虫等可以导致一个物种完全消失，如果没有从周围种群播种的能力，这类植物就会从该地消失。

案例　美国宾夕法尼亚州兰卡斯特市（Lancaster）街头雨水花园种植设计

美国宾夕法尼亚州兰卡斯特市梅树街和核桃街路口的雨水花园种植设计获得了成功，证明了分层的植物群落适作极端城市环境下的功能性种植。所选的品种均预先适应了城市条件，如高 pH 值土壤、夏季高温、冬季路上撒盐、狗的排泄物以及用于过滤雨水的干性砂质土壤介质。在这个非常繁忙的十字路口使用了少量较高的结构种以保持视线开阔、确保交通安全。由于城市系统所受干扰程度较高，所以种植设计的耐干扰和动态物种，如丽色画眉（*Eragrostis spectabilis*）的数量高于正常水平。在交通事故、狗、垃圾清理和严重的暴雨等造成的偶发干扰之后，这些物种赋予植被自我修复的能力。半常绿的美东窄叶莎草（*Carex amphibola*）和金色狗舌草（*Packera aurea*）地被植物存在于植株较高的物种之下，它们发挥着控制侵蚀、净化雨水、支持授粉等功能，其中一些还能增添美丽的花色。大部分植物以宽约 5cm、深约 13cm 的穴盘苗（landscape plugs）形式栽种，苗中心平均间距约 30cm。施工后 3 个月内，近 90% 的地面被理想的物种覆盖。迅速形成的致密地被层保护土壤不受侵蚀并阻止原土中遗留下的大量杂草种子发芽。随着植被成熟，各物种填补更多的生态位，杂草带来的压力继续下降，免去了任何补植或重新播种的必要。建成 6 年后，土壤上茂盛的地被植物抑制了不良物种的滋生并可靠地执行雨洪管理功能。植物的种类组成趋于稳定，并从春季到冬末呈现出多种季节性色彩。

(2) 构建植物与人的关系

人工设计的植物群落色彩丰富，能给人们带来欢乐，还能唤起人们对更广阔、更迷人的景观的联想。越来越多的人生活在城市中，身边不再被自然景观环绕，然而，人们渴望回归五彩缤纷的草地和茂密的森林。人们感知的美深深植根于其进化史，且往往以人类过去创造并悉心维护的文化景观为基础。这些至今仍引起人们共鸣的原型景观能为植物群落设计提供灵感。例如，从自然森林中提取的原型森林景观常具有分布广泛的高大树冠层，树冠下少有灌木遮挡视线，而地面覆满了茂盛的蕨类、莎草类植物和五颜六色的野花。这种类型的森林层次分明、易于理解，让人感到舒适放松。

　　然而结构清晰分明、易于被公众接受（legibility，即易读性）并不意味着物种多样性低。德国景观设计师海纳·鲁兹（Heiner Luz）提倡"大尺度的易读性，小尺度的多样性"原则。若将其应用于林地种植，这意味着物种多样性将由树冠下的复杂草本层来实现。只要群落具有清晰、典型的上层结构，草本植物的高度多样性并不会降低其易读性和情感吸引力。这一强有力的原则适用于包括草甸在内的各种原型景观，如果草甸的整体群落高度很吸引人，人们就会接受地被层更高的物种多样性。

　　除了以内在优美的原型景观为基础来组织种植，视觉复杂度高的群落还可采用各种方式进行架构，以增加秩序感、体现关怀从而获取更高的公众接受度。琼·纳索尔（Joan Nassauer）关于"有序框架"（orderly frames）的论述为在高度可视的空间中成功构建复杂种植做出了重要贡献。该框架可以是简单的围栏、修剪过的树篱、硬质景观元素（如低矮的挡土墙）或室外家具（如条形长凳），框架设计具有无尽可能性，效果很强大。

　　使用强烈的季节性色彩主题可能是赋予人工设计的植物群落深刻情感吸引力的最有效的方式。大量具有强烈视觉冲击力的植物同时开花产生惊人的效果，想象一下城市公园在春季绽放出明黄色的水仙花后，又在夏季开满活力四射的粉红色天蓝绣球和紫锥花，最后以一片深紫色的紫菀花海结束这个季节。在花期与繁盛程度方面，片植完全无法与人工设计的植物群落相比拟，后者的效果和公众反应可以十分惊人。

案例　美国马里兰州巴尔的摩市的金莺体育场花园

　　美国马里兰州巴尔的摩市的金莺体育场花园，是构建植物与人密切关系的实例，设计灵感来自最具视觉吸引力的区域森林植物群落。这个花园占地逾929m²，包括30余种多年生本地植物，吸引了很多能够传粉的昆虫、蝴蝶和鸟类，包括巴尔的摩金莺。除了有助于野生动物生长，花园还作为一个展示空间，向游客展示了马里兰本土植物景观。

　　物种配置力求增强自然色彩效果，例如，以本土植物加拿大耧斗菜（*Aquilegia canadensis*）、斑点老鹳草（*Geranium maculatum*）和布氏美东薄荷（*Monarda bradburiana*）的花景在整个生长季创造数次强烈的、触动人心的色彩迸发场景。种植的整体结构简单明了，高大的乔木提供上方遮蔽的树冠，葱郁的地被形成下方绿得闪耀的地毯，而中间层仅以少量的灌木来屏蔽体育场的基础设施。清晰易读的种植结构优美地勾勒出视觉上更为复杂的地被层。附近办公楼的员工经常来公园内长椅上休息放松，将自己沉浸于植物之中，他们洋溢的微笑和放松的面部表情似乎表明美丽的植物能重塑游客与自然的联系，并让人从紧张的工作中获得恢复活力和快乐的机会。垃圾无迹可寻，也鲜见破坏公物的行为，这或许是人们喜欢和尊重这片城市绿洲的标志。

　　人工设计的植物群落不仅应与享受植物的人相联系，还必须与其管理者紧密相连。设计得再好的植被若管理不当也将无法长期生存。事实上，如果放任不管，即使是最优雅、最深思熟虑的设计也会变得面目全非。尽管如此，与中国类似，美国和欧洲的大多数设计师和承建商仍在销售即时景观产品，很少有设计师会在项目完成几年后坚持追踪其发展。然而，营造人工设计的植物群落是一个长期的过程，需要从静态的配置方式维护转变为符合植物动态生长规律的适应性管理(adaptive management)。对于大多数种植而言,适应性管理着重于养护期结束后应用于整个群落的粗放式操作。例如,对草地群落可能有必要进行年度修剪或火烧,以防止木本物种抢占优势;对某些灌丛和林地群落而言,不同形式的疏伐可起到保持理想乔灌组合的重要作用。定期监测入侵物种并迅速彻底清除它们也是长期管理中需要重点考虑的。

了解种植管理人员的技术水平很重要。长期在公共花园工作的员工往往有较高技术水平,而商业承包商的临时雇员通常经验不足。人工设计的植物群落的复杂程度必须得当,且与管理团队的技能和资源相匹配。虽然推进管理技能水平是绝对必要的,但设计师对项目维护的期望值应符合实际。

(3)构建植物与环境的关系

所有植物都与其周围环境互相影响,也与所处环境中的生物和非生物元素有着复杂的关系。毋庸置疑,植物越适应环境,其生长越繁荣。传统种植方法旨在为植物创造理想的生长条件,而不太考虑周围环境。促使植物茂盛生长的手段,如改良土壤、施肥和旱季灌溉以使改善植床等可以使用。事实上,地球上最美丽、最持久的植物群落更偏爱营养水平低、土壤干燥的贫瘠立地条件。我们"完美化"场地的上述举措实际上将植物的多样性限制于只在肥沃土壤中生长、并依赖持续生命支持的物种上,既消耗不必要的资源,又严重限制了多样性。

更可持续的选择是接受尽可能多的现有条件并就场地的现实情况选择植物搭配,这种更明智的方法使群落寿命更长、不易失败,也更容易长期管理。看似严格的场地限制条件往往为设计提供巨大潜能,例如,具有高 pH 值和低有机质的干旱土壤可支持美丽精致、适应干旱的物种组合,而这些组合无法在肥沃的土壤上苗壮成长。茂密的湿地植物在不排水、潮湿的沟渠中长势最旺,任何灌溉系统都无法在精心准备的花园土壤上模拟这些条件。城市环境看似极端,但总能找到可在类似条件下苗壮成长的野生植物群落,我们只需要仔细寻找这些物种。

城市环境对植物影响很大,它们常受到一系列危险污染物的污染,如残留农药、重金属和多环芳烃类化合物,只有预先适应这些压力的物种才能苗壮成长。然而许多植物不仅能生存,它们实际还可以在细胞组织中储存甚至分解污染物,将其转化成无害的物质而净化土壤。凯特·凯南(Kate Kennen)和尼尔·柯克伍德(Niall Kirkwood)的力作《植物生态修复技术:场地修复与景观设计的原则和资源》(*Phyto: Principles and Resources for Site Remediation and Landscape Design*)广泛记述了利用高生态功能物种使城市土壤和水体对人类更安全的种植技术(phytotechnologies)。虽然不是所有类型的污染都可以通过植物来解决,但在每个城市项目中都可以引入高生态功能物种,通过植物修复(phyto-remediation)和缓冲(phyto-buffering)来清理现有并防止未来的污染。例如,雨水花园和生态植草沟接收来自附近街道和停车场的污染径流,发动机油、富含重金属的刹车片灰尘和汽油残渣逐年积累,如不加以管理,这些场地未来将成为棕地。但如果从一开始就采用正确的植物种类,污染物的积累以及向地下水或其他水体的输出就可以得到缓冲和减缓。那些生物量极大、根深、根系饱满和生长快速的物种,如灯芯草类和莎草类植物,在分解有机污染物(如石油、氯化溶剂和杀虫剂)方面表现最好,而水生植物,尤其是沉水植物可以直接高效地从水中提取金属,使其在芽、根或土壤中积累并稳定下来。

清洁城市的不仅只有公园和花园中种植的植物。自生植物对城市的生态系统功能同样贡献重大。最近的研究表明，受益于这些自生植物，德国柏林市内如今拥有比周围森林和农业景观更高的物种多样性。许多种植在花园和公园里的物种最终"逃脱"了人工栽培，成为新型城市生态系统的一部分。了解到这个过程的重要性，便可以利用它们来有策略地规划"自然化"（naturalization）过程，以丰富城市环境。因此，植物群落设计常精心选择有能力通过城市媒介（如雨水径流、步行交通、风或建设活动）离开种植地点的物种。那些城市适应性强并能产生大量微小种子的物种尤其成功，如坚被灯芯草（*Juncus tenuis*）和蓍草（*Achillea millefolium*）。在城市结构中重新引入的高生态价值物种越多，新生态系统对有益的野生动物（如本地蜜蜂和鸣禽）来说就越有吸引力。

以依赖花蜜和花粉的传粉昆虫为例，研究表明，在种植设计中全年跨季节使用高覆盖率的开花植物对其非常重要。无生态功能的植物，如为培育硕大花朵和延长花期而人工繁殖的一年生和多年生植物，通常不再具有蜜腺和花粉，应该予以避免。然而仅靠花粉和花蜜尚不足以养活昆虫，例如，毛虫在变成蝴蝶之前以寄主植物的叶子为食并且通常对寄主植物种类非常挑剔。由于植物在抵御饥饿昆虫时使用毒素等防御机制，许多昆虫只能消化很少的寄主物种。含有较多毒素而不可口的寄主植物，如某些栽培品种也应予以避免，因为它们对昆虫的繁殖力和种群量有潜在的长期影响。

美国宾夕法尼亚州立大学植物园正在建设新的传粉昆虫和鸟类花园，花园专为培育、研究和展示本地传粉昆虫和鸟类种群而设计。通过与大学传粉昆虫研究中心密切合作，Phyto 工作室发展并应用了一系列野生动物友好的设计原则。花园中设计的植物群落物种极为丰富多样，以填补大量时空生态位。植物配置由顶级的食物和寄主植物组成，其中许多是与当地鸟类和传粉昆虫有着深刻进化关系的本土植物。富含花蜜和花粉的各类花卉有着不同的形状、大小、颜色和花期，这对吸引艳丽的蝴蝶至关重要。然而也不能忽视每一只蝴蝶之前都是一只饥饿的毛毛虫，并且它通常取食完全不同的物种，甚至包括不显眼的莎草和其他不产蜜的草。除了食物，设计还提供了全年充足的水源和各种野生动物庇护所，包括无数越冬用的树枝和树叶。花园的管理计划建立在园内各物种的生命周期需求之上，访客将从中惊喜地学到一种围绕野生动物需求、利用种植设计及管理来支持生命的新方法。

基于植物群落的种植设计法，国内一些学者也进行了尝试，如刘晖等（2020）开展了西北半干旱区生境营造研究，并取得了一定成效。

8.2.4 城市植物景观-关键种协同共生体系的设计框架

生物多样性是维持健康城市生态系统的"免疫系统"，是城市生境修复的重要目标和生态景观设计的重要标准。提高城市园林生物多样性逐渐成为风景园林领域的关注热点。除筛选应用多样化的乡土植物外，欧美国家的前沿研究开始关注城乡生态系统中具有关键生态功能的物种-关键种（keystone species）的保育，通过关键种的生态功能维持植物景观中的生物多样性，从而促进景观系统稳定与可持续发展。

8.2.4.1 城市植物景观中关键种的研究应用

（1）关键种在城市植物景观中的生态功能

生物群落内存在对其他物种的分布和多度具有直接或间接调控作用的物种，即关键种。城市园林生态系统中，存在对植物群落起决定性影响的少数关键种，例如对园林植物具有传粉作用的食蜜昆虫和以植物果实为食并传播植物繁殖体的小型鸟类和兽类。关键种与植物群落协同共生，通过影响有性繁殖和繁殖体传播等生态过程，决定植物群落的物种多样性和结构稳定性，进而对植物景观的建立和可持续发展起到关键作用。在城市植物景观中，关键种的生态功能主要表现在三个方面：①为城市园林中的植物传粉或传播繁殖体，维持园林植物的多样性；②提高植物景观系统生物多样性，从而增强植物群落的稳定性；③使依赖关键种存在的乡土植物种类得以繁衍，使景观对灾害天气和病虫害等环境胁迫产生弹性适应。

（2）城市植物景观中关键种的研究及应用现状

近年来，农业环境中因关键种丧失导致作物严重减产，传粉昆虫等关键种提供的传粉生态功能及其生态补偿价值成为生态学和农业科学的关注热点。全球约有90%的开花植物依赖生物授粉繁殖和保持遗传活力，传粉昆虫等关键种通过为农作物等植物传粉所提供的生态系统服务价值在英国可达430万英镑。欧美发达国家将传粉昆虫保育作为农业景观修复的关键工程，开展关键种种群的生态调查与监测，在大尺度上划定生态保护区域。英国和德国在农业景观中以种子混播等方式建立昆虫野花带，吸引关键种并提高授粉生态功能，以保证农作物的产量。

针对传粉关键种的科学研究与保育工作主要集中在农业环境，城市园林中关键种研究和应用工作则非常欠缺。城市植物景观是传粉昆虫的重要生存环境，例如，在英国莱切斯特（Leicester），约35%的传粉食蚜蝇种类和一部分熊蜂只在城市区域存在。然而，由于城市化、人为干扰及外来物种入侵，造成城市生境退化及片段化，导致传粉昆虫种群衰退甚至濒临灭绝。以英国与荷兰为例，城市环境中寄主植物和巢穴生境的数量下降，导致传粉昆虫种群快速丧失。目前，欧美国家开始在住宅花园、公园绿地及可持续排水系统等城市景观与基础设施中，尝试置入针对关键种保育设计的人工植物群落。2012年英国广播公司（British Broadcasting Corporation，简称BBC）以"蜜蜂、蝴蝶与花卉景观"（"Bees, Butterflies and Blooms"）为主题对英国城市野花草甸景观进行了专题报道，是英国城市园林建设重视关键种保育的重要体现。美国开展城市环境下的北美草原（Prairie）生境再造和乡土植物的保护开发，为本土传粉昆虫提供了重要的栖息环境。相较美国与西欧国家，中国对关键种在城市植物景观中重要作用的认识与理解尚有不足，相关研究仍处于发展初期，以野花草甸为例的保育景观缺少实际应用。同时，由于忽视对传粉昆虫等关键种的管理与保育，国内城市环境普遍面临植被生态系统衰退的严峻挑战。

总体而言，当前国内外的相关工作主要集中在关键种识别、种群动态监测、保护地划定以及植物群落和关键种之间生态关系的研究。一方面，当前工作主要集中在农业环境，缺乏对城市植物景观与关键种协同共生关系修复的深入研究；另一方面，针对关键种生态功能的研究成果缺乏有效转化，对城市关键种的保育生境设计缺乏系统理论支撑、设计体系总结和应用参考范式。

8.2.4.2　城市植物景观与关键种的协同共生体系设计框架

传粉昆虫等关键种既是城市生物多样性的重要组成部分，也是城市景观的重要观赏要素。它们与城市生境中的植物种群形成互利共生关系，随着环境选择，更利于生存繁衍的共生特征在植物种群与关键种种群中代代传递，使群落中的物种间紧密联系，形成协同共生系统。植物群落与传粉昆虫等关键种的协同共生关系是城市园林生态系统健康发展的重要驱动力和功能基础。基于关键种的生态位、生活习性、食物种类以及营巢和躲避天敌等生态需求，进行生境营建和恢复种植来吸引和维持关键种种群，是重建"城市植物景观—关键种"协同共生的关键途径，也是保护城市生物多样性和确保植物景观可持续的基础。根据关键种相关研究成果，以野花草甸和传粉昆虫为例，提出设计框架(图8-7)，以期在退化城市生境中建成"城市植物景观—关键种"协同共生体系。体系设计主要包括五个方面，分别是环境要素设计、关键种选择与吸引、植物筛选及种植、营巢生境与庇护生境设计以及踏脚石生境与迁移廊道设计。

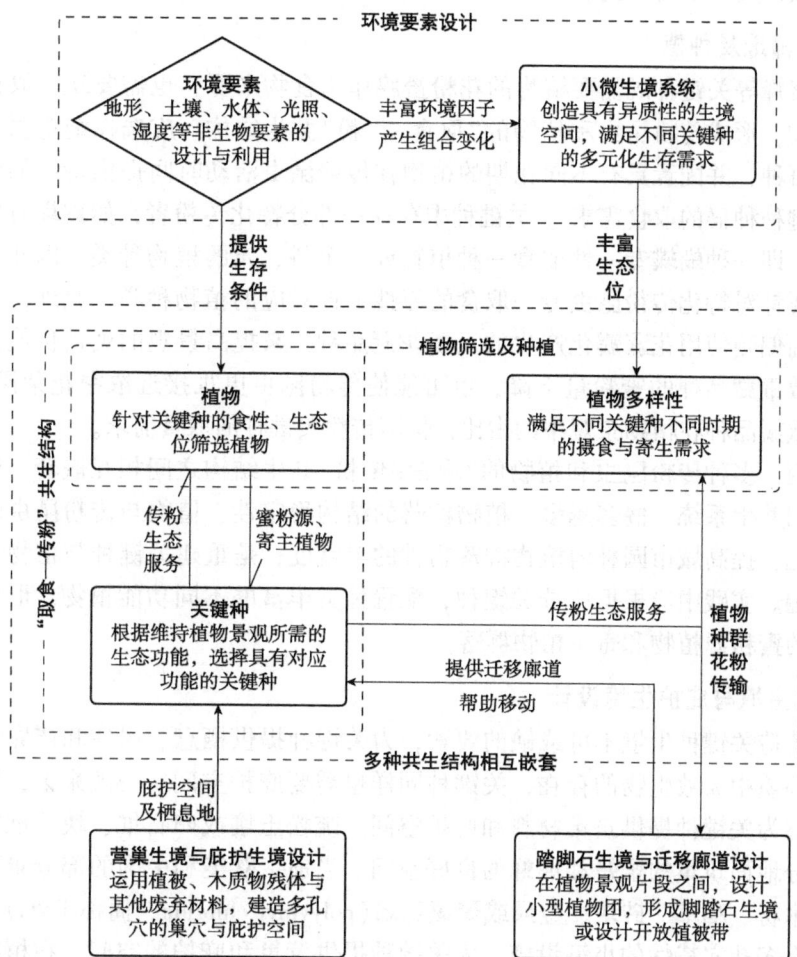

图8-7 "城市植物景观—关键种"协同共生体系设计框架(袁嘉和杜春兰，2020)

(1)环境要素设计

环境要素设计是使生境适宜并促进关键种与植物群落协同共生的基础，主要目标是提供生态适宜性良好的生境条件，创造具有异质性的生境空间，从而形成丰富的生态位，吸引关键种种群并促进生物多样性提升。设计需要考虑地形、土壤、湿度、光照等环境因子的丰富与改善。例如，根据城市植物景观尺度大小进行微地形设计，构建高低不一的凸起、垄等构造物，如小丘、土岗等。设计连续或非连续的水湿环境，如凹地、沟槽等。丰富的竖向空间与湿度变化使景观中不同空间的光照、温差、湿度产生组合变化，形成多种不同的小微生境。多样化的小微生境系统能够筛选、吸引适应不同生态位与生境条件的关键种进入景观，并为其种群生存提供更为丰富的环境资源。

(2)关键种选择与吸引

关键种筛选主要考虑关键种在目标植物群落中的生态功能。大多数情况下，传粉作用和植物繁殖体传播是提高群落多样性和系统稳定性的首选标准，主要筛选种类包括蝴蝶、蜜蜂、熊蜂、甲虫等传粉昆虫以及小型鸟类和小型兽类。同时，需要对景观地块中人类活动干扰强度和所选择关键种的生态敏感性进行综合评价，设定合理的关键种吸引目标，或设法有效屏蔽人类活动的干扰。

(3)植物筛选及种植

蝴蝶、蜜蜂等关键种既需要植物的花粉蜜腺作为食物来源，也需要幼虫取食和成虫产卵的寄主植物，形成传粉昆虫和植物的"取食-传粉"共生结构。应选择蜜粉源丰富的本土植物作为建群种，并配置具有不同花期的植物在传粉昆虫活动时间提供持续的蜜粉源，以满足不同关键种种群的取食需求。关键种中存在一部分特化传粉者，如蝴蝶对植物具有较高的专一性，即一种蝴蝶专一性取食一种植物或一个科、属的植物种类。因此，设计植物群落时，需要针对特化传粉昆虫专一取食的习性筛选对应的植物种类。此外，当前城市花境及野花草甸偏爱使用花蕊瓣化产生的重瓣花冠品种，来提高景观的观赏价值。雄蕊或雌蕊的瓣化导致重瓣品种的蜜粉量下降，也可能使传粉昆虫更难接近浓密花朵深处的花药，应适当减少重瓣品种在植物景观中的占比，保障传粉关键种的取食需求。

研究表明，多种传粉昆虫和植物的"取食-传粉"共生结构之间相互嵌套，形成了植物景观中的协同共生系统。嵌套越多，植物群落的结构稳定性、植物与传粉昆虫的种群增长率越高。因此，提高城市园林内植物群落物种的丰富度，是重建关键种与植物景观协同共生关系的关键。实践中应根据所选关键种，配置种类丰富的不同功能植物，形成具有较高功能多样性的蜜粉源植物和寄主植物群落。

(4)营巢生境与庇护生境设计

巢穴是营造关键种生境不可或缺的要素，为关键种提供栖息、居住和产卵繁衍的基本空间。由于环境中天敌生物的存在，关键种同样也需要庇护空间。一般来说，层次丰富的植物群落能够为关键种提供筑巢材料和庇护空间。疏松土壤或卵石堆、块石堆提供的孔穴空间，是部分地面筑巢的蜜蜂和熊蜂的良好空间。当前，欧美和中国的部分景观营建案例中开始运用木材、稻草、砖块、金属或聚氯乙烯(polyvinyl chloride，简称 PVC)管等废弃材料，构筑具有多孔穴特性的小型设施，为关键种提供营巢和庇护的空间。在植物景观中保存大树枝、树桩、枯木以及腐烂原木等木质物残体，可以为传粉昆虫提供庇护场所和越冬栖息地。一些蜜蜂冬眠前会在植物空茎中产卵，因此，秋后修剪的植物空茎应当搜集存放，保证蜂卵来年春季孵化。

(5)踏脚石生境与迁移廊道设计

城市植物景观往往在空间上彼此孤立。研究表明，传粉关键种提供的花粉转移量随着蜜粉源之间距离的增加而下降。在彼此隔离的植物景观片段之间，设计小型植物团形成踏脚石生境，为关键种在栖息地、种源地之间迁移提供能够短暂停留的生境斑块，或设计开放植被带为关键种提供迁移廊道。踏脚石生境和迁移廊道有助于传粉昆虫等关键种在栖息地(植物景观)之间的移动，保证植物种群之间的花粉及繁殖体传输，也保持了城市植物景观和其他自然与半自然生境的功能连接度，从而保障植物景观的长期维持和可持续性。

案例　英国谢菲尔德市 Manor Lodge 社区公园野花草甸

英国谢菲尔德市占地面积约 20hm² 的 Manor Lodge 社区公园中存在大面积景观与生境退化严重的绿地。自 2011 年，在社区公园中以混播野花草甸进行景观修复（图 8-8）。公园中的野花草甸充分考虑了对传粉昆虫的吸引与维持，对"城市植物景观—关键种"协同共生体系的设计综合体现在五要素的运用。

**图 8-8　英国谢菲尔德 Manor Lodge 社区公园的混播野花草甸
与传粉昆虫**（袁嘉和杜春兰，2020）

①塑造起伏有序的微地形，结合多孔穴构筑物，在景观的立体空间中形成多样的生态位和小生境系统。复合小生境系统提供了具有梯度变化的光、湿、热环境，能够满足不同关键种的多元化生存需求（图 8-9）。例如，浅水塘的浅滩及边缘潮湿泥地成为蝴蝶吸水的最佳场所，土丘和多孔穴构筑物则为蜜蜂和熊蜂提供了夏季太阳暴晒时的遮阴条件。

**图 8-9　英国谢菲尔德 Manor Lodge 社区公园野花草甸中为关键
种设计的多样化生境系统**（袁嘉和杜春兰，2020）

②筛选并混播种植以单瓣花冠为主的乡土草花种类30余种，并配置10余种引种自北美的驯化种类以保障秋后开花。人工配置的野花草甸群落基本保证了三季持续开花，为蝴蝶、蜜蜂等传粉昆虫提供了丰富充足的蜜源。

③设计蜜粉量较高的乡土植物作为混播种子组合中占比高的建群种(表8-2)。建群种的大量组团式配置和生长使传粉昆虫更容易寻找、搜集蜜粉。

表 8-2　英国谢菲尔德 Manor Lodge 社区公园野花草甸景观中部分
建群种植物与关键种(袁嘉和杜春兰，2020)

植物种类		与所选植物形成协同共生关系的主要关键种类群
中文名	拉丁学名	
黑心菊	*Rudbeckia hirta*	蝴蝶、蜜蜂、熊蜂、甲虫
假荆芥风轮菜	*Calammintha nepeta*	蝴蝶、蜜蜂、熊蜂、甲虫
假蒲公英猫儿菊	*Hypochaeris radicata*	蝴蝶、蜜蜂、熊蜂、甲虫
聚花风铃草	*Campanula glomerata*	蝴蝶、蜜蜂、熊蜂
南茼蒿	*Glebionis segetum*	蝴蝶、蜜蜂、熊蜂、甲虫
千屈菜	*Lythrum salicaria*	蝴蝶、蜜蜂、熊蜂
千叶蓍	*Achillea millefolium*	蝴蝶、蜜蜂、熊蜂、甲虫
蛇目菊	*Coreopsis tinctoria*	蝴蝶、蜜蜂、熊蜂、甲虫
矢车菊	*Centaurea cyanus*	蝴蝶、蜜蜂、熊蜂、甲虫
丝路蓟	*Cirsium arvense*	蝴蝶、蜜蜂、熊蜂、甲虫
萱草	*Hemerocallis fulva*	蝴蝶、蜜蜂、熊蜂、甲虫
野胡萝卜	*Daucus carota*	蝴蝶、蜜蜂、熊蜂、甲虫
虞美人	*Papaver rhoeas*	蝴蝶、蜜蜂、熊蜂

④适当修剪去除部分植物枯枝，促进植物生长并延长野花草甸的花期。在管理实践中，为避免干扰地面筑巢的蜜蜂和熊蜂，减少了修剪野花草甸的次数，并增加了修剪后留茬的植物高度。

⑤利用钻孔废弃木、PVC 管、植物秸秆、废弃空心砖等材料构建多孔穴结构，并结合垂直绿化形成立体复合生境构筑，为关键种提供多样化的营巢生境和庇护生境(图8-9)。

⑥设计并种植了空间连续的条带型野花草甸，形成具有较高的空间指示性的传粉昆虫迁移廊道，有助于 Manor Lodge 社区公园周边栖息地(如私家花园、街道绿地等)中的传粉昆虫的种群迁移，也保持了野花草甸和周边半自然生境的功能连接度。

2012—2013 年，研究人员在 Manor Lodge 社区公园野花草甸中设置了 6 个面积各为 25m² 的样地，进行无脊椎动物采集。研究发现，在以关键种维系的野花草甸景观系统中，有 109 种昆虫，包括 8 种鳞翅目、18 种膜翅目、72 种双翅目和 11 种鞘翅目昆虫。据统计，Manor Lodge 社区公园野花草甸中的乡土草本植物达到 100 余种，无脊椎动物和小型鸟类等脊椎动物种类数总和超过 200 种。在逐年的应用实践中，"野花草甸-关键种"协同共生系统得以稳定建立，以其少人工管理、多季相色彩、丰富的生物多样性、自我维持功能强等特点，成为周边社区居民频繁光顾的生态公园。目前，Manor Lodge 社区公园已经成为谢菲尔德地区乡土草本植物的基因保育库，为传粉昆虫等关键种提供了优良的摄食、营巢和庇护场所，为城市生态系统修复与保育做出了重要贡献。

案例　中国重庆市合川区森楷路雨水花园野花草甸

中国近年来在"城市植物景观—关键种"协同共生系统设计与建设方面，进行了初步探索与示范研究。2017 年，重庆大学团队在重庆市合川区森楷路雨水花园改造项目中，以种子混播技术，将原本为废弃棕地的设计地块中约 3000m² 由入侵杂草占据的土壤，改造更新为野花草甸[图 8-10(a)]。景观设计基于英国 Manor Lodge 社区公园"野花草甸—传粉昆虫"协同共生体系的参考范式，进一步增加复合生态位结构、设置针对关键种特定习性的小微生境、混种特化传粉者的寄主植物，并将各要素与海绵结构融合形成功能关联更加紧密的生态系统，以期在退化严重的城市棕地建立关键种的适宜性生境。主要措施包括六个方面。

①设计下沉式绿地、雨水花园、植草沟与季节性湿塘等海绵结构，塑造多样化的微地形空间，提供光、湿、热条件丰富的异质性小微生境单元，吸引关键种，并提高其多样性[图 8-10(b)]。

②针对关键种的生态习性进行环境要素优化和配置。例如，在阳光充足的区域设置表面平坦的岩石或构筑物[图 8-10(c)]，提供蝴蝶晒太阳的停留空间，从而积累飞行活动所需的体温。季节性湿塘边缘预留裸土，依靠湿塘水分保留稀泥，使蝴蝶能够啜饮富含矿物质和盐分的泥浆来补充生存所需的矿物质。

③筛选种植蜜粉源丰富的 30 余种阔叶草本植物建立拟自然群落，群落花期覆盖了早春至秋初时期，为传粉昆虫提供了时间持续性良好的觅食栖息地。

④针对特化传粉者的取食需求筛选并种植相应的寄主植物。例如，种植紫花地丁(*Viola philippica*)等堇菜科植物满足斐豹蛱蝶(*Argyreus hyperbius*)幼虫的专一觅食，种植圆叶景天(*Sedum sieboldii*)满足点玄灰蝶(*Tongeia filicaudis*)幼虫的取食。

⑤在各类型海绵结构的适宜位置构建小型多孔穴设施，结合小微生境与野花草甸群落，

(a)　　　　　　　　　　　(b)

(c)　　　　　　　　　　　(d)

图 8-10　重庆市合川区森楷路雨水花园野花草甸景观中的关键种生境系统(袁嘉和杜春兰，2020)
(a)野花草甸群落　(b)季节性湿塘　(c)昆虫栖息平台　(d)具有立体生境结构的生物塔

为传粉昆虫提供立体化、多样性的栖息生境[图 8-10(d)]。

⑥森楷路雨水花园地处城区与郊野交界地带，景观中蜜粉源丰富的野花草甸生境斑块成了合川区城市及郊野栖息地环境中传粉关键种种群迁移的踏脚石生境，有利于保障周边植物景观的长期可持续性。

以"城市植物景观—关键种"协同共生原理营建的森楷路雨水花园野花草甸景观中，分布有种类丰富的传粉昆虫。自 2017 年，连续 3 年对营建地进行了以蝴蝶为主的传粉昆虫的调查，共记录 37 种蝴蝶，相较 2017 年项目实施前的调查，发现蝴蝶种类增加约 32%。由于传粉昆虫种群对资源变化的响应具有滞后性，野花草甸对传粉昆虫的影响效应需要时间累积实现，调查结果表明森楷路雨水花园野花草甸所建立的"野花草甸–传粉昆虫"协同共生系统已呈现明显的效益。该处野花草甸既是传粉昆虫的良好栖息地，也是传粉昆虫在城市和郊野之间迁移的踏脚石生境，成为合川区钓鱼城片区向公众传播城市园林生态建设与生物多样性保育知识的重要科普教育基地。

思考题

1. 试分析城市植被修复的关键因素。
2. 对于城市棕地，提出其植被修复的措施。
3. 城市中，如何构建近自然群落？

推荐阅读书目

华南植被恢复工具种图谱. 2010. 任海，蔡锡安，黎昌汉等. 华中科技大学出版社.

恢复生态学. 2007. 彭少麟. 气象出版社.

恢复生态学. 2009. 董世魁，刘世梁，邵新庆等. 高等教育出版社.

水生植物与水体生态修复. 2011. 吴振斌等. 科学出版社.

植物生态修复技术. 2018. Kate K，Niall K 著，刘晓明等译. 中国建筑工业出版社.

自然生态环境修复的理念与实践技术. 2014. 山寺喜成[日]著，魏天兴，赵廷宁，杨喜田等译. 中国建筑工业出版社.

参考文献

包雅楷，陈庆恒，1998. 退化山地植被恢复和重建的基本理论和方法[J]. 长江流域资源与环境，7 (4)：370-376.

包志毅，马婕婷，2011. 试论低碳植物景观设计和营造[J]. 中国园林，27(1)：7-10.

柴一新，祝宁，韩焕金，2002. 城市绿化树种的滞尘效应——以哈尔滨市为例[J]. 应用生态学报，13 (9)：1121-1126.

车丽娜，刘硕，于益，等，2019. 哈尔滨市融雪径流中多环芳烃污染生态风险评价[J]. 环境科学学报，39(10)：3508-3515.

车生泉，谢长坤，陈丹，等，2015. 海绵城市理论与技术发展沿革及构建途径[J]. 中国园林，31 (6)：11-15.

达良俊，杨永川，陈鸣，2004. 生态型绿化法在上海"近自然"群落建设中的应用[J]. 中国园林，20 (3)：41-43.

董玉萍，刘合林，齐君，2020. 城市绿地与居民健康关系研究进展[J]. 国际城市规划：35 (5)：70-79.

花利忠，孙凤琴，陈娇娜，等，2020. 基于 Landsat-8 影像的沿海城市公园冷岛效应——以厦门为例 [J]. 生态学报，40(22)：8147-8157.

克劳迪娅·韦斯特，吴竑，王鑫，2020. 下一次绿色革命：基于植物群落设计重塑城市生境丰度[J]. 风景园林，27(4)：8-24.

类延宝，肖海峰，冯玉龙，2010. 外来植物入侵对生物多样性的影响及本地生物的进化响应[J]. 生物多样性，18(6)：622-630.

李博，宋云，俞孔坚，2008. 城市公园绿地规划中的可达性指标评价方法[J]. 北京大学学报(自然科学版)，44(4)：618-624.

李慧蓉，2004. 生物多样性和生态系统功能研究综述[J]. 生态学杂志，23(3)：109-114.

李晓鹏，董丽，关军洪，等，2018. 北京城市公园环境下自生植物物种组成及多样性时空特征[J]. 生态学报，38(2)：581-594.

刘潮，冯玉龙，田耀华，2007. 紫茎泽兰入侵对土壤酶活性和理化因子的影响[J]. 植物研究，27 (6)：729-735.

刘志民，赵晓英，范世香，2003. Grime 的植物对策思想和生态学研究理念[J]. 地球科学进展，18 (4)：603-608.

陆霞梅，周长芳，安树青，等，2007. 植物的表型可塑性、异速生长及其入侵能力[J]. 生态学杂志，26(9)：1438-1444.

马克平，2017. 生物多样性科学的若干前沿问题[J]. 生物多样性，25 (4)：343-344.

毛齐正，罗上华，马克明，等，2012. 城市绿地生态评价研究进展[J]. 生态学报，32(17)：5589-5600.

彭慧蕴，谭少华，2018. 城市公园环境的恢复性效应影响机制研究——以重庆为例[J]. 中国园林，34 (9)：5-9.

史琰，葛滢，金荷仙，等，2016. 城市植被碳固存研究进展[J]. 林业科学，52(6)：122-129.

苏宏新，马克平，2010. 生物多样性和生态系统功能对全球变化的响应与适应：协同方法[J]. 自然杂志，32(5)：272-278.

孙士国，卢斌，卢新民，等，2018. 入侵植物的繁殖策略以及对本土植物繁殖的影响[J]. 生物多样性，26 (5)：457-467.

王兰，蒋希冀，孙文尧，等，2018. 城市建成环境对呼吸健康的影响及规划策略——以上海市某城区为例[J]. 城市规划，42(6)：15-22.

王蕾，哈斯，刘连友，等，2006. 北京市春季天气状况对针叶树叶面颗粒物附着密度的影响[J]. 生态学杂志，25(8)：998-1002.

王宁，李卫芳，周兵，等，2016. 中国入侵克隆植物入侵性、克隆方式及地理起源[J]. 生物多样性，24(1)：12-29.

王亚婷，范连连，胡聃，2011. 热岛效应对植物生长的影响以及叶片形态构成的适应性[J]. 生态学报，31(20)：5992-5998.

王燕，2010. 南京明城墙垂直墙体上维管植物多样性及传播机制研究[D]. 南京：南京农业大学.

谢良生，王发国，邢福武，等，2008. 珠江三角洲城市墙壁植物资源及其应用[J]. 生态环境学报，17(2)：807-811.

严霞，李法云，刘桐武，等，2008. 化学融雪剂对生态环境的影响[J]. 生态学杂志，27(12)：2209-2214.

于艺婧，马锦义，袁韵珏，2013. 中国园林生态学发展综述[J]. 生态学报，33(9)：2665-2675.

俞佳俐，严力蛟，邓金阳，等，2020. 城市绿地对居民身心福祉的影响[J]. 生态学报，40(10)：3338-3350.

袁嘉，杜春兰，2020. 城市植物景观与关键种的协同共生设计框架：以野花草甸与传粉昆虫为例[J]. 风景园林，27(4)：50-55.

张丹婷，陈崇贤，洪波，等，2019. 城市绿地健康效益的群体差异及绿化投入影响研究[J]. 西北大学学报(自然科学版)，49(4)：651-658.

张德顺，刘鸣，2017. 上海木本植物早春花期对城市热岛效应的时空响应[J]. 中国园林，33(1)：72-77.

张宏峰，欧阳志云，郑华，2007. 生态系统服务功能的空间尺度特征[J]. 生态学杂志，26(9)：1432-1437.

张金屯，PICKETT STA，1999. 城市化对森林植被、土壤和景观的影响[J]. 生态学报，19(5)：3-5.

张祖群，杨新军，赵荣，2003. 封闭型廊道游憩空间重建的研究——以荆州古城为例[J]. 中国园林(11)：66-68.

赵月琴，卢剑波，朱磊，等，2006. 不同营养水平对外来物种凤眼莲生长特征及其竞争力的影响[J]. 生物多样性，14(2)：159-164.

AERTS R, HONNAY O, VAN NIEUWENHUYSE A, 2018. Biodiversity and human health：mechanisms and evidence of the positive health effects of diversity in nature and green spaces[J]. British medical bulletin, 127：5-22.

ALBRECHT M, PADRON B, BARTOMEUS I, et al., 2014. Consequences of plant invasions on compartmentalization and species' roles in plant-pollinator networks [J]. Proceedings of the Royal Society B, 281, 20140773.

ANMISIMK E, HEIN L, HASUND K P, 2008. To value functions or services? An analysis of ecosystem valuation approaches[J]. Environmental Values, 17(4)：489-503.

ARCEO-GÓMEZ G, ASHMAN T L, 2016. Invasion status and phylogenetic relatedness predict cost of heterospecific pollen receipt：Implications for native biodiversity decline[J]. Journal of Ecology, 104, 1003-1008.

ARONSON M F, LEPCZYK C A, EVANS K L, et al., 2017. Biodiversity in the city：key challenges for urban green space management[J]. Frontiers in Ecology and the Environment, 15(4)：189-196.

BALVANERA P, SIDDIQUE I, DEE L, et al., 2014. Linking biodiversity and ecosystem services：current uncertainties and the necessary next steps[J]. Bioscience, 64(1)：49-57.

BARTON J, PRETTY J N, 2010. What is the best dose of nature and green exercise for improving mental health? A multi-study analysis[J]. Environmental Science and Technology, 44(10)：3947-3955.

BLACKBURN T M, PYŠEK P, BACHER S, et al., 2011. A proposed unified frame-work for biological invasions[J]. Trends in Ecology & Evolution, 26(7): 333-339.

BOSCH MVD, SANG A O, 2017. Urban natural environments as nature-based solutions for improved public health-a systematic review of reviews[J]. Environmental research, 158: 373-384.

BURNS J H, ASHMAN T L, STEETS JA, et al., 2011. A phylogenetically controlled analysis of the roles of reproductive traits in plant invasions[J]. Oecologia, 166, 1009-1017.

CADOTTE M W, CARSCADDEN K, MIROTCHNICK N, 2011. Beyond species: Functional diversity and the maintenance of ecological processes and services[J]. Journal of Applied Ecology, 48: 1079-1087.

CALLAWAY R M, RIDENOUR W M, LABOSKI T, et al., 2005. Natural selection for resistance to the allelopathic effects of invasive plants[J]. Journal of Ecology, 93, 576-583.

CALLAWAY R M, THELEN G C, RODRIGUEZ A, et al., 2004. Soil biota and exotic plant invasion[J]. Nature (London), 427(6976): 731-733.

CARDIANLE B J, DUFFY J E, GONZALEZ A, et al., 2012. Biodiversity loss and its impact on humanity [J]. Nature, 486(7401): 59-67.

CARPENTER S R, MOONEY H A, AGARD J, et al., 2009. Science for managing ecosystem services: beyond the millennium ecosystem assessment[J]. Proceedings of the National Academy of Sciences of the United States of America, 106(5): 1305-1312.

CASEY J A, JAMES P, RUDOLPH K E, et al., 2016. Greenness and birth outcomes in a range of Pennsylvania communities[J]. International Journal of Environmental Research and Public Health, 13(3): e311.

CASSEY P, LOCKWOOD J L, OLDEN J D, et al., 2008. The varying role of population abundance in structuring indices of biotic homogenization[J]. Journal of Biogeography, 35, 884-892.

CASTILLO J M, AYRES D R, LEIRA-DOCE P, et al., 2010. The production of hybrids with high ecological amplitude between exotic *Spartina densiflora* and native *S. maritima* in the Iberian Peninsula [J]. Diversity and Distributions, 16, 547-558.

CAVALCA L, CORSINI A, CANZI E, et al., 2015. Rhizobacterial communities associated with spontaneous plant species in long-term arsenic contaminated soils[J]. World Journal of Microbiology and Biotechnology, 31 (5): 735-746.

CHARLEBOIS J A, SARGENT R D, 2017. No consistent pollinator-mediated impacts of alien plants on natives[J]. Ecology Letters, 20, 1479-1490.

CHEN W Y, 2015. The role of urban green infrastructure in offsetting carbon emissions in 35 major Chinese cities: a nationwide estimate[J]. Cities, 44(4): 112-120.

CHENG X, WEI B, CHEN G, et al., 2015. Influence of park size and its surrounding urban landscape patterns on the park cooling effect[J]. Journal of Urban Planning and Development, 141(3): A4014002.

CHOCHOLOUSKOVA Z, PYŠEK P, 2003. Changes in composition and structure of urban flora over 120 years: a case study of the city of Plzen[J]. Flora, 198(5): 366-376.

CHUN Y J, VAN KLEUNEN M, DAWSON W, 2010. The role of enemy release, tolerance and resistance in plant invasions: Linking damage to performance[J]. Ecology Letters, 13(8): 937-946.

CORNELIS J, HERMY M, 2004. Biodiversity relationships in urban and suburban parks in Flanders[J]. Landscape and Urban Planning, 69(4): 385-401.

CRIST E, MORA C, ENGELMAN R, 2017. The interaction of human population, food production, and biodiversity protection[J]. Science, 356(635): 260-264.

CURRIE B A, BASS B, 2008. Estimates of air pollution mitigation with green plants and green roofs using the UFORE model[J]. Urban Ecosystems(11): 409-422.

FANG Q, HUANG S Q, 2016. A paradoxical mismatch between interspecific pollinator moves and heterospecific pollen receipt in a natural community[J]. Ecology, 97(8): 1970-1978.

FLANAGAN R J, MITCHELL R J, KARRON J D, 2010. Increased relative abundance of an invasive competitor for pollination, *Lythrum salicaria*, reduces seed number in *Mimulus ringens*[J]. Oecologia, 164, 445-454.

FRANCIS R A, HOGGART SPG, 2009. Urban river wall habitat and vegetation: observations from the River Thames through central London[J]. Urban Ecosystems, 12(4): 465-485.

FRANCIS R A, LORIMER J, 2011. Urban reconciliation ecology: the potential of living roofs and walls[J]. Journal of Environmental, 92(6): 1429-1437.

FRANCIS R A, 2011. Wall ecology: A frontier for urban biodiversity and ecological engineering[J]. Progress in Physical Geography, 35(1): 43-63.

GOLUBIEWSKI N E, 2006. Urbanization increases grassland carbon pools-effects of landscaping in Colorado's Front Range[J]. Ecological Applications, 16 (2): 555-571.

GONZALEZ-TEUBER M, QUIROZ C L, CONCHA-BLOOMFIELD I, et al., 2017. Enhanced fitness and greater herbivore resistance: Implications for dandelion invasion in an alpine habitat[J]. Biological Invasions, 19, 647-653.

GOODELL K, PARKER I M, 2017. Invasion of a dominant floral resource: Effects on the floral community and pollination of native plants[J]. Ecology, 98(1): 57-69.

GREGG J W, JONES C G, DAWSON T E. 2003. Urbanization effects on tree growth in the vicinity of New York City[J]. Nature, 424(6945): 183-187.

HAALAND C, VAN DEN BOSCH C K, 2015. Challenges and strategies for urban green-space planning in cities undergoing densification: a review[J]. Urban forestry and urban greening, 14(4): 760-771.

HAO J H, QUANG S, CHROBOCK T, et al., 2011. A test of Baker's Law: Breeding systems of invasive species of Asteraceae in China[J]. Biological Invasions, 13(3): 571-580.

HARRISON P A, BERRY P M, SIMPSON G, et al., 2014. Linkages between biodiversity attributes and ecosystem services: A systematic review[J]. Ecosystem Services(9): 191-203.

JIM C, 2013. Sustainable urban greening strategies for compact cities in developing and developed economies [J]. Urban Ecosystems, 16 (4): 741-761.

JIM C Y, CHEN W Y, 2010. Habitat effect on vegetation ecology and occurrence on urban masonry walls[J]. Urban Forestry & Urban Greening, 9(3): 169-178.

KAISER-BUNBURY C N, MOUGAL J, WHITTINGTON AE, et al., 2017. Ecosystem restoration strengthens pollination network resilience and function[J]. Nature, 542, 223-227.

KANDORI I, HIRAO T, MATSUNAGA S, et al., 2009. An invasive dandelion unilaterally reduces the reproduction of a native congener through competition for pollination[J]. Oecologia, 159(3): 559-569.

KANNIAH K D, MUHAMAD N, KANG C S, 2014. Remote sensing assessment of carbon storage by urban forest[J]. IOP Conference Series: Earth and Environmental Science, 18(1): 12151-12155.

KNAPP S, KTHN I, SCHWEIGER O, et al., 2008. Challenging urban species diversity: contrasting phylogenetic patterns across plant functional groups in Germany[J]. Ecology Letters(11), 1054-1064.

KUO F E, SULLIVAN W C., 2001. Environment and crime in the inner city: does vegetation reduce crime [J]. Environment and behavior, 33(3): 343-367.

LA SORTE F A, MCKINNEY M L, PYSEK P, et al., 2008. Distance decay of similarity among European urban floras: the impact of anthropogenic activities on beta diversity [J]. Global Ecology and Biogeography, 17 (3): 363-371.

LAWRENCEA A B, ESCOBEDOA F J, STAUDHAMMERA C L, et al., 2012. Analyzing growth and mortality in a subtropical urban forest ecosystem[J]. Landscape and Urban Planning, 104 (1): 85-94.

LEFCHECK J S, BYRNES J E K, ISBELL F, et al., 2015. Biodiversity enhances ecosystem multifunctionality across trophic levels and habitats[J]. Nature Communications(6): 6936.

LI D J, STUCKY B J, DECK J, et al., 2019. The effect of urbanization on plant phenology depends on regional temperature[J]. Nature Ecology & Evolution(3): 1661-1667.

LI J, DONG S C, LI Z H, et al., 2014. A bibliometric analysis of Chinese ecological and environmental research on urbanization[J]. Journal of Resources and Ecology, 5(3): 211-221.

LOPEZARAIZA-MIKEL M E, HAYES R B, WHALLEY M R, et al., 2007. The impact of an alien plant on a native plant-pollinator network: An experimental approach[J]. Ecology Letters(10): 539-550.

MACE G M, NORRIS K, FITTER A H, 2012. Biodiversity and ecosystem services: a multilayered relationship[J]. Trend s in Ecology & Evolution, 27(1): 19-26.

MAVADDAT N, KINMONTH A L, SANDERSON S, et al., 2011. What determines self-rated health (SRH)? a cross-sectional study of SF-36 health domains in the EPIC-Norfolk cohort[J]. Journal of epidemiology and community health, 65(9): 800-806.

MAZZOLARI A C, MARRERO H J, VÁZQUEZ D P, 2017. Potential contribution to the invasion process of different reproductive strategies of two invasive roses[J]. Biological Invasions(19): 615-623.

MCKINNEY A M, GOODELL K, 2011. Plant-pollinator interactions between an invasive and native plant vary between sites with different flowering phenology[J]. Plant Ecology, 212(6): 1025-1035.

MCKINNEY M L, LA SORTE F A, 2007. Invasiveness and homogenization: synergism of wide dispersal and high local abundance[J]. Global Ecology and Biogeography(16): 394-400.

MCPHERSON E G, KENDALL A, 2014. A life cycle carbon dioxide inventory of the million trees Los Angeles program[J]. International Journal of Life Cycle Assessment, 19 (9) : 1653-1665.

MOUILLO D, CRAHAM MAJ, VILLGER S, et al., 2013. A functional approach reveals community responses to disturbances[J]. Trends in Ecology & Evolution, 28(3): 167-177.

ORDOÑEZ J C, VAN BODEGOM P M, WITTE JPM, et al., 2009. A global study of relationships between leaf traits, climate and soil measures of nutrient fertility[J]. Global Ecology and Biogeography, 18, 137-149.

PETANIDOU T, GODFREE R C, SONG D S, et al., 2012. Self-compatibility and plant invasiveness: Comparing species in native and invasive ranges [J]. Perspectives in Plant Ecology, Evolution and Systematics, 14, 3-12.

QIAN S H, QI M, HUANG L, et al., 2016. Biotic homogenization of China's urban greening: A meta-analysis on woody species[J]. Urban Forestry & Urban Greening, 18: 25-33.

QIU Y N, CHEN B J W, SONG Y J, et al., 2016. Composition, distribution and habitat effects of vascular plants on the vertical surfaces of an ancient city wall[J]. Urban Ecosystems, 19(2): 1-10.

RAZANAJATOVO M, MAUREL N, DAWSON W, et al., 2016. Plants capable of selfing are more likely to become naturalized[J]. Nature Communications(7): 13313.

REICH P B, TILMAN D, ISBELL F, et al., 2012. Impacts of biodiversity loss escalate through time as redundancy fades[J]. Science, 336(6081) : 589-592.

REN Y, WEI X, WEI X, et al., 2011. Relationship between vegetation carbon storage and urbanization: a case study of Xiamen, China[J]. Forest Ecology and Management, 261 (7) : 1214-1223.

ROTH M, 2007. Review of urban climate research in (sub) tropical regions[J]. International Journal of Climate, 27(14): 1859-1873.

SCHIPPERIJN J, BENTSEN P, TROEL S J, et al., 2013. Associations between physical activity and characteristics of urban green space[J]. Urban forestry & urban greening, 12(1): 109-116.

SPEAK A, TOTHWELL J, LINDLEY S, et al., 2012. Urban particulate pollution reduction by four species of green roof vegetation in a UK city[J]. Atmospheric Environment, 61(10): 283-293.

SUN S G, BENJAMIN M R, LI B, 2013. Contrasting effects of plant invasion on pollination of two native plants with similar morphologies[J]. Biological Invasions, 15(10): 2165-2177.

TAIT C J, DANIELS C B, HILL R S, 2005. Changes in species assemblages within the Adelaide Metropolitan Area, Australia, 1836-2002[J]. Ecological Applications, 15(1): 346-359.

TILMAN D, 2004. Niche tradeoffs, neutrality, and community structure: A stochastic theory of resource competition, invasion, and community assembly[J]. Proceedings of the National Academy of Sciences of the United States of America, 101, 30.

TSCHARNTKE T, TYLIANAKIS J M, RAND T A, et al., 2012. Landscape moderation of biodiversity patterns and processes-eight hypotheses[J]. Biological Reviews, 87(3): 661-685.

TUCKER C M, CADOTTE M W, CARVALHO S B, et al., 2016. A guide to phylogenetic metrics for conservation, community ecology and macroecology[J]. Biological Reviews, 92(2): 211.

TWOHIG-BENNETT C, JONES A, 2018. The health benefits of the great outdoors: a systematic review and meta-analysis ofgreenspace exposure and health outcomes[J]. Environmental research, 166: 628-637.

TYLIANAKIS J M, MORRIS R J, 2017. Ecological networks across environmental gradients[J]. Annual Review of Ecology, Evolution, and Systematics, 48(1): 25-48.

VAN ETTEN M L, CONNER J K, CHANG S M, et al., 2017. Not all weeds are created equal: A database approach uncovers differences in the sexual system of native and introduced weeds[J]. Ecology and Evolution, 7 (8): 2636-2642.

WARD M, JOHNSON S D, ZALUCKI M, 2012. Modes of reproduction in three invasive milkweeds are consistent with Baker's Rule[J]. Biological Invasions, 14(6): 1237-1250.

WINTER M, KÜHN I, NENTWIG W, et al., 2008. Spatial aspects of trait homogenization within the German flora[J]. Journal of Biogeography, 35(12): 2289-2297.

WRIGHT S J, KITAJIMA K, KRAFT NJB, et al., 2010. Functional traits and the growth-mortality trade-off in tropical trees[J]. Ecology, 91(12): 3664-3674.

ZHANG B, XIE G D, GAO J X, et al., 2014. The cooling effect of urban green spaces as a contribution to energy-saving and emission-reduction: a case study in Beijing, China[J]. Building and Environment (76): 37-43.